U0836399

畜牧兽医类专业适用

猪 高 效 生 产 技 术

主编　徐长军

苏 州 大 学 出 版 社

图书在版编目(CIP)数据

猪高效生产技术／徐长军主编. —苏州：苏州大学出版社，2012.9（2013.1重印）
（畜禽生产新技术丛书）
畜牧兽医类专业适用
ISBN 978－7－5672－0266－5

Ⅰ.①猪…　Ⅱ.①徐…　Ⅲ.①养猪学　Ⅳ.①S828

中国版本图书馆CIP数据核字(2012)第215114号

猪高效生产技术
徐长军　主编
责任编辑　廖桂芝

苏州大学出版社出版发行
（地址:苏州市十梓街1号　邮编:215006）
江苏淮阴新华印刷厂印装
（地址:淮安市淮海北路44号　邮编:223001）

开本787×960　1/16　印张17.75　字数345千
2012年9月第1版　2013年1月第2次印刷
ISBN 978－7－5672－0266－5　定价:34.00元

苏州大学版图书若有印装错误,本社负责调换
苏州大学出版社营销部　电话:0512-65225020
苏州大学出版社网址 http://www.sudapress.com

《畜禽生产新技术丛书》编委会

主　任　张希成

副主任　孙　杰

总主编　程　凌　何东洋

编　委　陈光明　杜光波　张洪文　陈　剑
罗永光　徐长军　钱忠兰　王　兵
孙宝权　李心海　迟　兰　刘明美
张林吉　沈　超　林志平　姜正前
穆庆道　蒋蓓蕾　戴乐军　文　风

总 序

随着社会主义新农村建设的顺利推进以及现代畜牧业的发展，畜禽养殖不仅逐步走上了规模化、标准化和产业化的道路，而且成为了增加农民收入的重要支柱产业之一。但是，畜禽生产中良种普及率的提高不快、科学养殖方法的普及不广、疫病防治制度的落实不够等问题仍然在一定程度上制约着畜牧业的发展。为此，编者结合多年生产和教学实践经验，从实际、实用、实效出发，本着服务农村、服务农民、服务农业的精神编写了这套畜禽生产新技术丛书。

丛书分为《畜禽营养与饲料利用技术》、《牛高效生产技术》、《禽高效生产技术》、《猪高效生产技术》、《动物防疫与检疫技术》、《宠物疾病防治技术》、《畜禽产品加工与贮藏技术》、《畜禽养殖基础》等分册。丛书编写中吸收和采用了本领域的生产新技术，尤其是根据畜禽养殖的实际生产过程并参照国家相关的职业资格标准，重构了学习内容和编排了学习顺序，以期使学习内容和学习过程更加贴近生产实际，以培养学习者科学组织畜禽生产以及解决生产中实际问题的能力。

丛书的编写遵循项目课程教学的要求，总体上采取了模块化的体例结构，以生产任务引入理论知识，通过案例分析讲解知识，指导实践操作。各分册的体例略有不同，大多附有知识目标、技能目标、单元小结和复习思考题等相关栏目，以便于学习者掌握知识重点、实践操作技能并巩固提高。

丛书的编写充分考虑了学习者的知识背景、学习习惯、认知能力。理论知识的阐述简明扼要，深入浅出，技能培养以养殖生产任务为主线，贴近生产，针对性强，在重要的学习环节穿插了必要的图表，图文并茂，具有很强的实用性、科学性和先进性。

丛书可为各类规模养殖场畜牧兽医技术人员、广大养殖专业户提供生产指导，也可作为职业教育畜牧兽医类专业的教学用书，还可以作为职业农民以及大学生村官的专业培训教材使用。

本书的编写得到了诸多生产企业的生产一线技术专家的热情指导和帮助，在此一并表示感谢。

由于编者的水平与能力有限，不足之处在所难免，敬请指正。

丛书编委会

前言

本书按照“以能力为本位，以职业实践为主线，以项目课程为主体的模块化专业化课程体系”的总体要求，通过专业调研、生产任务及岗位工作分析，明确职业岗位、工作任务和职业要求。本书在编写过程中依据猪的生产流程和工作岗位任务，将全书划分为六个相对独立的工作任务项目，并将每个课程项目与猪场的工作岗位作了对应，例如：猪生产前的筹划项目与生产场长工作岗位相对应，种猪的选育和种猪的生产与配种技术员岗位相对应，种猪的生产与妊娠舍技术员和产房技术员岗位相对应，幼猪培育与保育舍技术员岗位相对应，育肥猪生产与育肥舍技术员岗位相对应，猪的常见病与兽医技术员岗位相对应。另外，在六个课程项目中，项目一、项目四、项日五及项目二中的部分内容与“猪饲养工”职业资格考核内容基本一致；项目二及项目三中的部分内容与“猪繁殖工”职业资格考核内容基本一致；项目六与“猪防治员”职业资格考核内容部分基本一致。

本书选编内容的依据是：职业岗位工作任务与国家职业标准工作要求。在知识、技能的编排上以完成工作任务并符合工作逻辑为原则，强调以典型工作任务为载体设计，国家职业标准工作要求与工作目标的有机结合，强调整个教学、学习过程是获得具有实用价值的养猪知识与技能。

编　者

目录

项目一 猪生产前的筹划

项目二 猪种的选育

项目五　育肥猪的生产

项目六 猪的常见病

项目一

猪生产前的筹划

发展养猪业不仅需要有人和猪，而且要有养猪知识的积累，更需要在生产前进行筹划。猪生产前的筹划主要包括饲料的筹划、场址的选择、猪场的分区及设施建设、猪场的建筑设计及布局等方面。这些因素不但影响猪的生产过程，而且关系到生产效益的好坏，直接影响猪场的发展前景。

模块一　猪的饲料筹划

养猪生产者都知道，猪的饲料成本在养猪成本中占70%以上。而现今我国饲料原料短缺的形势是严峻的。发展好饲料原料产业，是发展畜牧业、丰富民众“菜篮子”的基础，也是在“十二五”期间实现畜牧业的产业化和完成“保证生产方式转变，实现安全生产和转变草原牧区生产方式”这三大任务的基本要求。我国是养猪大国，需要大量饲料，而国际谷物贸易主要被美国ADM公司、美国邦吉公司、美国嘉吉公司和法国路易达孚公司四家企业掌控，他们控制了原料市场份额的80%以上。尤其是蛋白质饲料，是猪饲料中的重要成分，特别缺乏，我国是世界上最大的大豆进口国，即没有定价权。所以，饲料的筹划成为养猪业首要解决的问题。发展养猪业不仅原料要有来源，还要不断地开发饲料的来源，尤其是蛋白质饲料的开发。生产中必须依据猪的生理特点去选择饲料，使用有效的加工方式、方法，采用合理的饲喂方法。目的就是提高饲料利用率，降低饲料成本。

任务一　分析猪的消化生理特性及对饲料的消化特点

一、猪的消化生理特性

（一）猪属杂食动物

猪既具有草食动物的特征，又具备肉食动物的特点。它有发达的臼齿、切齿和犬齿，而且猪胃是介于单胃和复胃之间的复杂胃。因此，猪既能消化植物性饲料，又能消化动物性及矿物质饲料。

（二）猪饲料来源广

猪嘴筒突出有力，吻突发达，能有力地掘食地下块根、块茎饲料。

（三）猪吸收营养快

猪的采食量较大，饲料通过消化道的时间也快。猪与牛、马消化饲料的速度比较见表1-1。

表1-1　干物质需要量及饲料通过消化道的时间

项目	猪	牛	马
每100kg干物质需要量/kg	4.5	2.5	2.0
饲料通过消化道的时间/h	36～60	168～192	72～96

二、猪对饲料的消化特点

（一）猪的消化能力强

猪不仅能很好地消化利用精饲料，而且能较好地消化利用青饲料和优质的粗饲料，还可以利用一些优质的干草粉。据报道，猪对青草中有机物的消化率为64.6%，对优质干草中有机物的消化率为51.2%。

（二）猪对粗纤维的消化率低

粗纤维对猪而言，一般只起填充饱腹的作用，应少喂或不喂。猪消化道内几乎没有能消化粗纤维的酶类，只是在大肠的后部有少量存在。猪对粗纤维的消化利用远远比不上牛、羊等反刍家畜。

任务二　了解猪常用饲料及其特性

一、玉米

玉米是高能饲料，能量浓度在谷物饲料中占首位，平均每千克干物质总能量为18MJ

左右，有"饲料之王"之称。在猪饲料配方中玉米所占比例最大，一般在40%～65%。

玉米的营养特性：含淀粉多，脂肪含量高，能量较高，适口性好，消化率高。缺点是：蛋白质、矿物质和维生素含量少，且氨基酸不平衡，特别是缺乏赖氨酸和色氨酸；不饱和脂肪酸含量高；易被霉菌污染，破碎玉米脂肪易氧化酸败，应注意将玉米水分含量控制在13%～14%以下并保证粒的完整性。故不能单纯用玉米喂猪，应合理搭配其他饲料或补充优质蛋白质、矿物质和维生素饲料。另外，玉米含脂肪较多(4%以上)，脂肪内不饱和脂肪酸含量高，喂育肥后期猪时，应适当减少玉米含量，以防猪肉中脂肪变软，影响肉的品质。黄玉米含较多的维生素E和胡萝卜素，且叶黄素含量丰富，可使畜产品着色。

二、大麦

大麦是谷类饲料中含蛋白质较高的一种精料，粗蛋白质占10%～12%。其饲用价值相当于玉米的90%。在猪饲料配方中所占比例为10%～25%，种猪用量较大。

营养特性：大麦的粗纤维含量较高，占5%～8%，约为玉米与高粱的2倍。大麦的蛋白质含量约为11%，其中猪的第一限制性氨基酸赖氨酸的含量为0.4%，这在谷物类饲料中并不多见。大麦的粗脂肪含量低，维生素B族含量丰富，但脂溶性维生素A、D、K含量低。用以大麦为主的饲料喂猪，生产出的猪肉品质优良。由于大麦有一层硬皮，为提高消化率必须磨碎后喂猪，其营养价值可提高18%左右。

三、小麦

小麦对猪的适口性较佳，可全量取代玉米用于育肥猪，但由于其热能低于玉米，利用效率差一些，用小麦喂肉猪以粗碎为宜，太细会影响适口性。乳猪料中一般用粉末状小麦。小麦在猪饲料中所占比例一般在10%～20%，若超过30%，饲料中应加相应的酶；否则，猪会排软粪。

营养特性：小麦的粗蛋白质含量较高，占13.9%，是玉米的1.5倍，但品质较差。小麦同玉米一样缺乏赖氨酸，但色氨酸较丰富，是玉米的2倍。小麦的粗纤维含量和玉米相当，粗脂肪含量低于玉米，是玉米的一半左右。钙、磷含量不平衡，钙少磷多。微量元素铁、铜、锰、锌、硒的含量较少。小麦含维生素B族和维生素E多，而维生素A、D、C极少。

四、高粱

高粱籽粒中含有单宁，主要存在于种皮中，具有苦涩味，适口性较差。当饲粮中高粱比例较大时会影响动物食欲，降低采食量，还会导致动物便秘。此外，单宁还会影响能量、蛋白质及一些矿物质的利用。在猪日粮中高粱所占比例一般不宜超过20%。

营养特性:富含淀粉,营养成分与玉米相似,喂猪效果稍低于玉米;高粱中赖氨酸、色氨酸、蛋氨酸的含量比玉米还低,也就是说,高粱内所含蛋白质的品质较差;含钙很少,并且缺乏胡萝卜素和维生素 D。

五、稻谷

稻谷是我国第一大粮食作物。用做猪饲料的稻谷,按加工程度不同可分为稻粒(未脱壳)和糙米(已脱壳)。利用稻粒配制猪全价饲料时,应考虑粗纤维的含量,用糙米则完全可以取代玉米。利用稻谷配制猪全价饲料时,考虑稻谷的粗纤维含量,饲料中的添加量一般为:体重 25 ~60kg 的猪为 10% ~30%,体重 60 ~100kg 的猪为 20% ~50%,妊娠母猪为 30% ~70%,哺乳母猪为 10% ~40%。

营养特性:稻粒粗纤维含量高达 8%,而糙米的粗纤维含量只有 1% 左右而且是优质能量饲料。糙米中脂肪含量约为 2%,B 族维生素含量丰富,但几乎不含维生素 A,使用时应注意添加。用稻谷做猪饲料的优点是育肥猪的肉品质较好。

六、麦麸

麦麸是小麦磨面粉的副产品。麦麸的营养价值与加工程度有关。面粉出的多则麦麸产量少,营养价值低;面粉出的少,麦麸产量多,营养价值高。麦麸有轻泻作用,母猪产后用温水冲麦麸饲喂能调节猪的消化功能,防止厌食。由于麦麸粗纤维含量高,能量低,饲喂仔猪时不宜超过 5%,母猪可提高至 30%。

营养特性:麦麸含粗蛋白约 15.7%,粗纤维约 10%,能量低。麦麸中钙少磷多,使用时要注意钙的补充。麦麸质地疏松、适口性好,是喂猪的较理想饲料。

七、米糠

米糠是糙米加工成白米时的副产品,营养价值随白米的加工程度而不同。加工的米越白,米糠的营养价值越高。米糠具有轻泻作用,在饲粮中用量不宜过多,尤其是仔猪和妊娠母猪。育肥猪喂量过多能使胴体脂肪变软。

营养特性:粗纤维含量高(13.7%)和灰分高(11.9%)。粗蛋白质含量 13% ~14%,粗脂肪含量大约为 14.4%,所以能量高,但不易贮存,尤其是夏季容易氧化而酸败。米糠榨油后成为米糠饼,其脂肪含量低,能量也降低,但易保存,不易氧化酸败,其他营养成分与米糠相似。

八、豆科籽实

豆科籽实常用做饲料的有大豆、豌豆和蚕豆(胡豆)。在我国大豆的种植面积较大,总产量比豌豆、蚕豆多,用做饲料时的添加量约为30%。

营养特性:这类饲料除具有植物性蛋白质饲料的一般营养特点外,最大的优点是蛋白质品质好,赖氨酸含量接近2%,与能量饲料配合使用,可弥补部分赖氨酸缺乏的弱点。但该类饲料含硫氨基酸受限。另一特点是脂溶性维生素A、D较缺乏。豌豆、蚕豆的维生素A含量比大豆稍多,B族维生素也仅略高于谷实类。

豆科籽实含有抗胰蛋白酶、皂素、血细胞凝集素和产生导致甲状腺肿的物质,它们影响该类饲料的适口性、消化率以及动物的一些正常生理过程。这些物质经适当热处理就会失去作用。因此,这类饲料应当熟喂,且喂量不宜过大,一般在饲料中配给10%~20%。否则,会使肉质变软,影响胴体品质。

九、大豆饼(粕)

豆粕和豆饼是制油工业不同加工方式的副产品。豆粕是浸提法或预压浸提法取油后的副产物,粗蛋白质含量在43%~46%;豆饼的加工工艺机械压榨浸油。豆粕(饼)的质量与加工工艺条件有关。品质良好的豆粕颜色应为淡黄色至淡褐色。颜色太深表示加热过度,蛋白质品质较差;颜色太浅可能是生产中加热不足,大豆中的抗胰蛋白酶灭活不足,此时会影响消化,食用时易导致仔猪拉稀。仔猪配合饲料中,大豆饼(粕)用量为15%~25%;生长育肥猪前期用量为10%~25%,后期用量为6%~13%,不能过高,否则产生软脂猪肉;妊娠母猪配合饲料中用量为4%~12%;哺乳母猪用为10%~20%。

营养特性:豆粕(饼)粗蛋白质含量一般在40%以上,是最优质的植物性蛋白质饲料,富含赖氨酸和胆碱,消化率高,适口性好,但蛋氨酸不足,且胡萝卜素、硫胺素和核黄素含量较少。未经榨油的大豆经过适当处理(如炒熟、膨化或110℃高温处理数分钟)后,富含油脂(18%)和蛋白质(38%),香味浓,可作为猪饲料的良好组成成分。大豆饼(粕)适口性好,不同生理阶段的猪均可食用。

十、鱼粉

优质鱼粉由鲱鱼、鳕鱼、沙丁鱼及鲥鱼等全鱼加工而成。其加工工艺主要是高温、高压蒸煮,脱去鱼油及部分水分。纯鱼粉一般为黄棕色或黄褐色,也有少量的白鱼粉、灰白鱼粉等,依鱼的品种不同而有差别。鱼粉具有烹烤过的鱼香味,并稍带有鱼油味。鱼粉为粉状,含鳞片、鱼骨等,处理良好的鱼粉均有可见的肉丝。

营养特性:国产鱼粉蛋白质水平为55%~60%,较进口鱼粉(60.0%~65.0%)低,原因在于其脂肪含量与灰分含量较高。鱼粉的氨基酸构成平衡,赖氨酸、蛋氨酸等必需氨基酸含量较高,进口鱼粉赖氨酸含量为6.5%~6.9%,蛋氨酸含量为0.6%~0.8%,适合与植物性蛋白质饲料搭配使用。鱼粉中各种维生素含量均较丰富,尤以脂溶性维生素含量丰富,其中维生素 B_{12} 含量很高;此外,钙含量为3.5%~5.0%,磷含量为2.5%~3.4%,硒和锌含量亦较丰富。鱼粉中的蛋白质营养价值较高,饲养效果较好。鱼粉含有一定量的盐分,含盐量通常在1%~4%。

十一、肉骨粉

肉骨粉系列是用肉类加工厂的动物骨骼、内脏和不能食用的胴体等经蒸煮、干燥、粉碎后制成的,含磷量在4.4%以下的为肉粉,4.4%以上的为肉骨粉。

营养特性:进口的优质肉骨粉蛋白质含量为50%,粗脂肪为8%;含钙磷丰富,钙为8.5%,磷为4%,且磷的利用率较高。国产肉骨粉含蛋白质较低,一般为20%~26%,高者可达40%~50%,品质相对较低,且原料变化较大,质量难以保持稳定,影响使用效果。

十二、血粉

血粉是畜禽被屠宰后所得鲜血经干燥而制成的,为红褐色直至黑色。滚筒干燥的血粉呈沥青状,黑里透红;喷雾干燥的血粉为亮红色小珠;蒸煮干燥的血粉为红褐色至黑色,随着干燥温度的增加而加深色泽。血粉有特殊的气味,呈粉末状,滚筒干燥的血粉为细粉状,蒸煮干燥的血粉为小圆粒或细粉状。

营养特性:血粉粗蛋白含量为80%~85%;赖氨酸含量相当高,为4.5%~5.5%;但蛋氨酸和异亮氨酸含量较低,蛋氨酸含量为1.65%~1.81%;精氨酸含量亦较低。在使用血粉时应注意与蛋氨酸、异亮氨酸含量高的饲料搭配使用。钙含量0.25%~0.33%,磷含量0.25%~0.35%。血粉蛋白质与氨基酸的利用率受血粉加工工艺的影响,一般干燥方法所获血粉的消化率很低;而喷雾干燥血粉的氨基酸消化率较高,可达90%。血粉的适口性较差,饲料中的使用量不宜过高,在猪、鸡饲料中所占比例一般在3%以下。

发酵血粉是我国开发饲用血粉的一个重要方向。利用米曲霉发酵后,血粉的消化吸收率得以改善,营养价值有所提高。发酵血粉的蛋白质含量一般在60%~65%,赖氨酸为3%~4%。

十三、羽毛粉

羽毛粉是由屠宰家禽后清洁而未腐败的羽毛经蒸汽高压水解后的产品。除蒸汽高温高压水解法外,还有化学法、生物法与复合处理法,这些方法均可明显提高羽毛粉的消化率。

水解羽毛粉的蛋白质含量一般在81% ~83%,但蛋白质品质较差,蛋氨酸、赖氨酸与色氨酸含量较低,精氨酸与胱氨酸含量较高。羽毛粉可代替约2.5%豆饼中的蛋白质,羽毛粉和骨粉、杂碎粉混用,可代替5%的大豆蛋白质,饲料效果更为显著。

任务三 合理利用饲料的加工调制方法

为了便于消化,提高饲料的利用率,去除某些有毒、有害物质,饲料在饲喂前一般都要进行调制。饲料原料的调制方式主要有粉碎、制粒、膨化、焙炒熟化、发酵、青贮、打浆等。

一、饲料加工

(一) 粉碎

粉碎加工用于各类籽实饲料及块状饲料。其目的主要是减少咀嚼,增加与消化液的接触面积,从而提高饲料养分的利用率。仔猪消化能力差,而限饲的母猪由于吃得很快,咀嚼不充分,饲料均宜粉碎得较细。此外,粉碎的粗细因猪的生理阶段不同有一定差异,且粉碎的细度对饲料消化率的影响很大。细粉碎比粗粉碎可使消化率提高10%左右,比整粒饲喂可提高20%以上。对于早期断奶仔猪,特别是第一周,越细越好。玉米粉碎粒度从1 000μm降至300μm,每减少100μm,增重效果可提高约5.5%。

(二) 制粒

加工成粉状并经配合的猪饲料,即全价饲料,通过制粒,可改善饲料的适口性,提高养分的消化率,避免动物挑食,减少浪费。制粒后的饲料,可提高饲料5% ~15%的采食量和利用率。在制粒过程中,一般要经过蒸汽、热和压力的综合处理,使淀粉类物质糊化、熟化,改善饲料的适口性,使养分更容易消化、吸收,从而提高其利用率。

制粒并经冷却的颗粒料,水分低于14%,不易霉变,易于保存。制粒后,体积变小,便于贮存、运输;也不像粉料那样,在运输中经抖动后出现分层而破坏饲料组分的均匀度,降低适口性和饲料的营养价值。

(三) 膨化

膨化是指将饲料加温、加压和加蒸汽调制处理,并挤压出模孔或突然喷出容器,使之骤然降压而实现体积膨大的加工过程。饲料膨化处理有比制粒更好的效果,但成本较高。对于猪饲料,主要用于膨化大豆。膨化的优点主要有:

(1) 饲料淀粉的糊化程度比制粒更高,可破坏和软化纤维结构的细胞壁,使蛋白质变性，脂肪稳定，而且脂肪可从粒料内部渗透到表面，使饲料具有一种特殊的香味。因此，经膨化处理的饲料更容易消化吸收。

（2）膨化的高温处理几乎可杀死所有的微生物，从而减少饲料对消化道的感染。

（3）用全脂膨化大豆代替豆粕，饲喂早期断奶的仔猪，也可取得较快的生长速度和较好的饲料转化率。但对于育肥猪（80kg 以上的猪），饲喂膨化大豆较豆粕并无明显优势。

（四）焙炒熟化

焙炒可使谷物等籽实饲料熟化，一部分淀粉转变为糊精而产生香味，也有利于消化。豆类焙炒可除去生味和有害物质，如大豆的抗胰蛋白酶因子。焙炒谷物籽实主要用于仔猪诱食料和开口料，气味香也利于消化。通常焙炒的温度为 130℃ ~150℃，加热过度可引起或加重猪消化道（胃）的溃疡。烘烤类似焙炒，只是加热较均匀，不像焙炒，一些籽实可能加热过度，降低其营养价值。

（五）发酵

发酵是指将饲料按 0.5% ~1% 接种酵母菌，保持适当水分，一般以能捏成团，松开后能散裂开为准。温度对发酵的影响很大，温度偏低，发酵时间延长。发酵后如不需烘干，原料湿一点也不影响发酵的效果。通过发酵可提高饲料的消化率，减少肠道疾病。

（六）青贮

青贮是指将饲料加工成一定细度（长度），在一定水分和厌氧条件下，经乳酸菌发酵。青贮饲料可长期保存、保鲜。发酵好的青贮饲料有一股酸香味，适口性也不错。此加工方式一般用于处理青绿饲料。

（七）打浆

打浆主要用于各种青绿饲料和各种块茎饲料。将新鲜干净的青绿或块茎饲料投入打浆机中，搅碎，使水分溢出，变成稀糊状。含纤维多的饲料打成浆后，还可以用直径 2mm 的钢丝网过滤除去纤维等物质。打浆后的饲料应及时与其他饲料混合后饲喂，不宜长时间存放，特别是夏季，以免变质。

二、饲料的调制及利用

（一）改熟喂为生喂

据试验，玉米、高粱、糠麸等禾本科籽实饲料一经煮熟，100kg 只相当于 89.4kg 生喂的效果。而青饲料经过煮熟（尤其是焖锅煮）不仅破坏了饲料中的维生素，引起蛋白质变性，降低营养价值，而且还会引起亚硝酸盐中毒。

（二）改稀喂为稠喂

饲料中不宜多加水。料水比例超过 1:2.5 时，会冲淡消化液，减少消化液分泌，降低各种消化酶活性，影响对饲料的消化与吸收，从而影响猪增重和饲料转化率。料水比以不超过1:(0.5~2)为好。

任务四 计划并开发猪饲料

一、猪饲料的计划

根据所养猪头数及各月份的出生、死亡、购入、卖出、淘汰等情况变化，以及饲料的组织、运输与贮存、加工等条件，制订出全年及各阶段的饲料供给计划。一般成年公猪一年所需混合精料700~800kg，母猪800~900kg，仔猪20~30kg，肉猪或后备猪330~350kg。

二、饲料开发利用

据专家预测，2030年我国人口达到最高峰16亿时，粮食的总需求量为7.43亿吨，超过目前生产能力的50%，同时耕地面积进一步缩小，大约只有现在的80%。虽然有关专家指出，通过增加复种指数和利用科学技术提高单产，我国粮食产量在2030年可望达到7.1亿吨，但这仍存有明显变数。21世纪中国的粮食问题，实际上是解决养殖业所需的饲料粮问题，开发饲料资源利用迫在眉睫。

（一）大力推广配合饲料

现在多数小型养猪户还坚持“精料不够粗料补”的做法，而生产实践证明，应该大力推广配合饲料。因配合饲料喂猪能较全面地满足猪对各种营养物质的需要，使猪长得快，出栏早，可以提高种猪生产性能和缩短肥育期、节省饲料。

（二）以当地大宗饲料为基础，充分利用当地饲料资源

大宗饲料是指玉米、小麦、大麦和饼粕等，由于各地的地理环境、地理条件的不同，生产出的饲料的营养成分含量也不一样。所以，养猪应以当地饲料为基础，而且当地饲料资源丰富，可以采集青草、野菜、野果、落果、蔬菜等做饲料。只要努力开发和利用当地饲料资源，既能较好地满足猪的营养需要，又可降低养猪成本。

（三）充分利用添加剂，但不偏重使用

饲料添加剂是指在饲料加工、制作、使用过程中添加的少量或者微量的成分。饲料添加剂作为配合饲料的核心部分，在饲料工业和养猪业中具有非常重要的作用，如完善配方饲料的营养，提高饲料利用率，增加猪的食欲，促进生长发育，预防疾病，减少饲料贮存期的养分损失及改善猪产品品质等。但目前无公害畜产品生产，饲料添加剂也显示了它的负面作用，如化学品、抗生素药品、激素、有害微生物等在食品中出现的机会越来越多。随

着经济的发展和人民生活水平的提高,人们追求无公害食品的呼声越来越高,这必然对畜产品的生产提出更高的要求。一方面,既要保证饲料和饲料添加剂安全,又要合理使用。另一方面,既要预防疾病,又要促进生产。而在目前的畜产品生产过程中,生产者为了获得较高的经济效益,不顾饲料及饲料添加剂的要求,想用就用,想用多少就用多少,导致饲料安全事件频繁发生,如二噁英事件、瘦肉精肉品中毒事件等。所以不要偏重添加剂的使用。

（四）饲料应尽量多样化,充分利用农副产品

尽量选择适口性好、来源广、营养丰富、价格便宜、质量可靠的原料。要在同类饲料中选择当地资源多、产量高且价格低的饲料原料,且要满足营养价值的需要。特别是要充分利用农副产品,以降低饲料费用和生产成本。

各种饲料原料都有其独特的营养特性,单独的一种饲料原料不能满足猪的营养需要,因此,应尽量保持饲料的多样化,达到养分互补,提高配合饲料的全价性和饲养效益。

（五）制作青贮饲料

青贮是保存和贮藏饲料既经济又安全的方法,是合理配合日粮及高效利用饲料牧草资源的基础,能有效保存青绿植物的营养成分,扩大饲料来源。用青贮饲料喂猪的优点有:第一,可节约大量粮食;第二,可推动种植业的发展;第三,可减少环境污染;第四,有利于改善人们的膳食结构。所以,饲料青贮不仅可以提高饲料的利用率而且开发了饲料资源。

（六）开发鸡粪用做猪的饲料

鸡粪是所有常规畜禽粪便中营养价值最高的,因为鸡肠相对于牛、羊、鹅、猪而言较短,食物在肠道中逗留的时间不长,所以鸡饲料的养分一般只能吸收其中的1/3左右,大部分从直肠排出体外。鸡粪含粗蛋白约28%、纯蛋白13%,总氨基酸8%,且各种氨基酸比较平衡,此外还含有丰富的B族维生素和多种微量元素。所以,鸡粪是廉价的低能蛋白饲料,用鸡粪代替部分蛋白料,再补充一些能量饲料,不仅能大大提高畜牧养殖业的经济效益,而且能减少污染,净化环境,形成生态产业链。

鸡粪的加工处理方式多种多样,有物理方法、化学方法、微生物发酵法、多种方式综合法。洋法与土法、古老与现代并存,各有优劣,应因地制宜。鸡粪发酵作肥料的传统老办法是,让其自然堆积发酵5~6个月,作饲料也要20天或1个月左右,这样臭味散发,既污染环境又造成养分大量流失。而用微生物发酵法处理鸡粪,不仅能提高鸡粪的营养价值,而且成本低廉,操作简单,易于推广,因而受到用户欢迎。用发酵菌液处理,可使发酵过程大大加快,对工厂化大规模处理鸡粪特别方便。但不同性能的发酵菌液的差异较大,体现在发酵时间长短不同,发酵菌液用量不同进而经济成本不同,发酵操作繁简程度不同进而劳动强度不

同,发酵成品气味颜色外观状况及菌体蛋白转化、养分保存与提升情况,即成品品质不同,等等。用发酵后的鸡粪喂猪时,要结合精料一起用,发酵鸡粪可在配料中占30%左右,母猪最高可占50%,用适量的水混合拌匀后喂猪。饲喂鸡粪发酵料的猪,要定期进行药物驱虫。实验证明,猪喜欢吃发酵鸡粪,生长迅速,且极少生病,饲养成本大幅度降低,猪肉品质优良。

注意喂养时有一个驯化的过程。首先试喂少量发酵鸡粪,添加量为10%左右,等猪适应后,再慢慢增加用量。

模块二　猪场场址的选择

猪场场址的选择,应根据猪场生产特点、生产规模、饲养管理方式及生产集约化程度等方面的实际情况,对地势、地形、土质、水源,以及居民点的位置、交通、电力、物质供应及当地气候条件等进行全面考虑。

任务一　调查影响猪生产的地理环境因素

一、地形地势

场地的高低和走向趋势即是地势。在猪场场址选择中,如果选择较高的地势,必然有利于今后场区污水、雨水的排放,由此而产生的有利影响是猪场建筑时排水设施的投资相对减少,场区内湿度相对较低,病原微生物、寄生虫及蚊蝇等有害生物的繁殖和生存受到限制,猪舍环境控制的难度有所降低,卫生防疫方面的费用也相对减少。此外,在平原地区很多场地是平坦而向阳的,但是山区和丘陵地区还需要考虑以下两个问题:一是坡度的大小,二是背阴还是向阳。坡度过大必然增加施工难度,对以后生产管理、运输等也不利(例如妊娠母猪的摔跌会导致机械性流产)。背阴的场地会因缺少太阳辐射或湿度过大导致猪的健康状况恶化和生产性能降低。因此,在没有足够大的平坦场地可供选择时,坡度在20%以下,避开风口、向阳的东南或南向缓坡地带可以作为考虑的对象。

另外,场地的优劣还与地形有很大关系。这主要涉及地形的开阔与狭长、整齐与凌乱以及面积大小三个方面的问题。开阔的地形对猪场通风、采光、施工、运输和管理等方面都十分有利,而狭长的地形不仅影响以上诸方面,而且会因边界的拉长而对建筑物布局、卫生防疫和环境保护增大难度。除此之外,场地面积往往也很重要,多数设计者会首先考虑场地面积的大小,但有时也会因考虑不周或因社会、经济等方面的原因选择了过小的场地，由此产生的结果往往是牺牲卫生安全必要的建筑物间距，导致的后果是猪的生产安全受到各种潜在的威胁，例如通风、采光、防火、疫病隔离等方面普遍受到影响。另一种可能出现的问题是，设计者只考虑了当前建场的面积需要，没有留有余地，有时会对未来猪场的发展造成很大的局限性。

二、水源水质

可供猪场选择的水源主要有两种，即地下水和地面水。不管以何种水源作为猪场的生产用水，都必须满足以下两个条件。

（一）水量充足

水源水量必须满足场内生活用水、猪只饮用及饲养管理用水（如清洗调制饲料、冲洗猪舍、清洗机具、用具等）的要求。

（二）水质符合卫生要求

在水污染比较严重的地方，地面水的水质是必须要考虑的。如果依靠自来水公司供给饮用水，无疑会增大养猪的成本；而猪场自己解决饮用水时，则应考虑水源净化消毒和水质监测的投资。另一方面，如果考虑掘井开采地下水资源，就要计算水需要量以决定水井的数量，从而对所需投资作出估算，可能付出的投资和维持费用大小即可作为选择何种水源的依据。如果采用冲洗用水和饮用水分开的方式，由于冲洗用水主要考虑水量的问题，经一般净化消毒处理和简单的水质监测即可大量使用地面水资源，可节约用水的成本。

三、土壤特性

在很多地方，土质一般都不是猪场建筑要考虑的主要内容。因为其性质和特点在一定的地方往往比较稳定，而且容易在施工和管理中对其缺陷进行弥补。但是缺乏长远考虑而忽视土壤潜在的危险因素也可能导致严重的问题，比如场地土壤的膨胀性、承压能力对猪场建筑物利用期具有很大的影响，而土壤中可能存在的恶性传染病原对猪群的健康则具有致命的危险。因此，在选择场址时，对土壤的情况作一定的调查也是很有必要的。如果其他条件差异不大，选择沙质壤土比选择黏土有较大的好处，原因在于污水或雨水比较容易渗透进入地下，场区地面能够经常保持干燥。

四、周围环境

较大规模的猪场在饲料、猪产品、废弃物和其他生产物质的运输方面任务十分繁重，要求有较好的交通条件，但是出于防疫卫生安全和环境保护的考虑，又要求猪场建在较安静、偏僻的地方,因此在保证交通方便的情况下,应合理确定猪场场址与交通道路的距离。根据猪场防疫和生产的经验,距离交通主干道 1 000m,一般公路 500m 可视为合理。如果利用防疫沟、隔离林或围墙将猪场与周围环境分隔开,则可适当减少这种间距以方便运输和对外联系。场与周围居民点的关系也是必须考虑的问题。调查猪场生产污水的流向、臭气扩散的范围和方向及居民点可能对猪场生产造成的各种影响,对选择猪场的位置很有帮助。虽然猪场选在高处比较干燥,但如果离居民点较近时,就得考虑应当低于居民点的地势,以避免以后生产污水可能引起的纠纷。而臭气的影响主要与距离和风向有关,要想减少相互的不利影响,猪场与居民点保持 1 500m 以上的距离很有必要。同时,考虑风向时,到当地气象部门取得风向图有助于作出明智的选择。

五、电源

现代规模化猪场往往需要采用成套的机电设备来进行饲料加工、供水供料、照明保温、通风换气、消毒冲洗等环节的操作,再加上生活用电,一个万头猪场的装机容量往往达 70 ~ 100kW,因此,靠近猪场应有方便充足的电源条件。为应付临时停电,猪场应配备小型发电机组。

任务二 分析地理环境因素对猪生产的影响

一、地形地势

地形狭长或边角多不利于场地的规划;面积不足会造成建筑拥挤,给生产管理带来不便。地势要较高、干燥、平坦、背风、向阳、有缓坡。地势低洼易积水潮湿,夏季通风不良,空气闷热,易孳生蚊蝇和病原微生物,而冬季则阴冷。有斜坡便于排水。背风、向阳利于防寒。

二、场地面积

猪场占地面积依据猪场生产的任务、性质、规模和场地的总体情况而定。生产区面积一般可按每头繁殖母猪 40 ~ $50m^2$ 或每头上市商品猪 3 ~ $4m^2$ 进行计划。

三、水源水质

水源不足不利于猪的生长发育。猪若缺水,新陈代谢减慢、紊乱,导致猪的生长速度减慢,母猪泌乳量下降甚至更严重的后果。同时,水源不足也不利于饲养管理(清洗调制饲料,清洗猪舍、用具等)。水源不卫生,用具不干净,易导致猪生病。

四、土壤特性

土壤的物理、化学和生物学特性,都会影响猪的健康和生产能力。猪场对土壤的要求是透气性好,易渗水,热容量大,这样可抑制病原微生物、寄生虫和蚊蝇的孳生,也可使场区昼夜温差较小。土壤的化学成分也会影响猪的代谢和健康,某些化学元素过多或过少都会造成地方病,如缺碘造成甲状腺肿大,氟过多则造成斑齿和大骨节病。土壤虽有净化作用,但是许多微生物可存活多年,应避免在旧猪场场址或其他畜牧场场址建造,因为这些地方土壤不透气,不易渗水,热容量小,易孳生蚊蝇和病原微生物,并使昼夜温差较大。土壤中某些化学元素缺乏或过多,都会造成地方病,如缺碘致甲状腺肿,缺硒致白肌病,多氟致斑釉齿和大骨节病等。

五、周围环境

养猪场饲料、产品、粪污废弃物等运输量很大,交通方便才能降低生产成本和防止污染周围环境,但是交通干线往往会造成疫病传播,因此场址既要交通方便又要与交通干线保持距离。具体要求为:距铁道和国道不少于2 000 ~3 000m,距省道不少于2 000m,县乡和村道不少于500 ~1 000m;与居民点的距离不少于1 000m,与其他畜禽场的距离不少于3 000 ~5 000m,尤其是猪场,距离最近的村庄最好不少于2 000m;高压线不得在仔猪舍和保育舍上面通过;周围要有便于生产污水进行处理以后(达到排放标准)排放的水系。交通不便,不利于运输;噪音不利于猪的生产;污染有害于猪的健康;离居民太近,妨碍居民的生活质量;有其他养殖场或屠宰场会导致疾病的传播等。

六、电源

电力配备应根据猪场的总用电量及未来发展的需要选择合适的变压器容量和供电线路。并能确保供电正常,必要时可建设双回路供电线路。供电不正常的地方,应有应急措施,必要时应配备发电机。

任务三　总结猪场场址的选择要求

一、地形地势

猪场地形地势的选择除了符合无公害生产准则的要求外,还要求建场场地的地形开阔、整齐、有足够的面积（一般可按存栏基础母猪每头 45 ~ 50m^2 或年出栏商品猪每头 2.7 ~ 3.0m^2），地势平缓，但有一定坡度（坡度小于或等于 15°），以便于排污。地势要高、干燥、平坦、背风、向阳。

二、水源水质

猪场的水源要求水量充足，水质良好，符合卫生标准，易于净化和消毒，便于取用和进行卫生防护。一般来讲，深层地下水水量较为稳定，水质较好。猪场水主要用于猪饮水、清洁用水等。不同阶段猪耗水量不一样（表 1-2）。

表 1-2　猪日耗水量

生长阶段	日耗水量/kg	生长阶段	日耗水量/kg
断奶:12kg	2.3 ~ 3.2	母猪:90 ~ 172kg	5.4 ~ 13.6
生长猪:27 ~ 36kg	3.2 ~ 4.5	母猪:产仔前	13.6 ~ 17.2
育肥猪:37 ~ 90kg	4.5 ~ 7.3	母猪:哺乳期	18.1 ~ 22.7

三、土壤土质

以沙质壤土为好，无污染，矿物质丰富但不超标。土壤的物理、化学和生物学特性影响猪群的健康和生产力，也影响猪场的环境卫生状况。猪场场地要求透气性和透水性好的土壤，并避免在旧猪场（包括其他旧牧场）的场地上改建或新建猪场。

四、电源

猪场需要建在靠近电源，供电有保障的地方。另外，要自备供电系统，以防停电。

五、交通

猪场的饲料和商品猪等的进出量较大，故应建在交通比较方便的地区，但应避开交通主要干道。一般距交通干道在 300 ~ 500m。

六、猪场位置

猪场应位于居民的下风区，距居民生活区、工作区、生产区较远（一般在 500m 以外）的地方，并设在下风方向，还要远离其他养殖场和屠宰场（表 1-3）。这样既有利于自身的安全，又可减少猪场污水、污物和有害气体对居民健康的危害。

表 1-3 养猪场与其他牧场的距离

畜牧场	与猪场的最小距离/m	畜牧场	与猪场的最小距离/m
猪场	300	兔场、毛皮兽场	200
牛场	300	养禽场	200
羊场	300	畜禽加工厂	1 000

七、猪场小气候

给猪场营造小气候的目的是减少外界环境因素的变化对猪的应激，提高猪的适应性。绿化是对整个猪场造成一个小气候环境的有效措施。在猪场的周围种植较大、较密的树种，可有效地防止冷风侵袭和遮阴。如在猪舍外前墙种植藤蔓植物（如金瓜、丝瓜、扁豆、牵牛、黄瓜、西葫芦等），让其自然爬上棚架攀搭成绿荫凉棚，与室外造成明显的温差，至少相差 2℃，不仅防暑十分有效，同时还增加了经济收入，是当前的环境控制新技术。

除了上述要求，饲料和能源燃料尽量就地供应，以减少环境污染和生产运输成本。此外，由于猪场的排污量大，粪便处理是个不容忽视的问题，作为无公害的养殖生产，粪便应当经过适当的工艺处理，将优质的有机肥提供给附近的农田加以综合利用，所以猪场的选址还要考虑猪场粪便就地利用的环境条件。

模块三　猪场区域与设施

猪场区域规划和设施合理，既可方便生产管理，也可为严格执行防疫制度打下良好的基础。规模化养猪已成为我国养猪业发展的总趋势，它需要应用先进技术，产业化生产程度高、生产效益高。随着规模化猪场建设规模及速度的不断提高，猪场出现了许多新问题，如猪场规划设计、生产工艺以及设施等不合理，可造成猪场投产后环境污染严重、疫病难以控制、生产效率低下，甚至出现猪场倒闭等问题。

任务一　划分猪场区域

完善的集约化、工厂化猪场应包括四大区域，即生产区、辅助生产区（办公区）、生活区及隔离区。其中生产区是猪场的主体。

一、生产区

生产区是猪场的主要区域，应占猪场面积的 75% ~80%，放在猪场的中央位置，辅助生产区的下风区。禁止外来车辆进入,谢绝参观。生产区的主体部分是各类猪舍,其中种猪舍尤其是公猪舍应位于上风向,而肉猪舍则应位于下风向,其他附属建筑有更衣室、洗澡室、消毒室、消毒池、药房、化验室、人工授精室、猪台、装猪台等。

二、辅助生产区(办公区)

辅助生产区主要包括办公室(场长室、财会销售室等)、饲料生产车间、饲料仓库(原料库、成品库)、水塔、水泵房、沐浴消毒室、机修车间、暖气锅炉等。辅助生产区的位置一般在生活区与生产车间之间,以便于为生产区服务。有的猪场将饲料生产及仓库建在生产区内。

三、生活区

生活区亦称生活福利区,该区主要包括职工宿舍、食堂、汽车库、资料档案室、文化娱乐室和体育运动场等。要求设在地势较高的上风向或偏风向。为了防止生产区对生活区空气污染,两区最好保持 300m 的距离,一般独成一院。

四、隔离区

隔离区包括兽医室、病猪隔离间、尸体剖检和处理设施、粪污处理区等。该区设在下风向、地势较低的地方。兽医室可靠近生产区,病猪隔离间等其他设施应远离生产区。

任务二　规划猪场设施

一、猪场规划的原则

1. 区域安排便于管理与生产
2. 猪场的布局便于防疫
3. 节约用地
4. 因地制宜,充分有效地利用猪场的地形和地势

二、猪场的设施及要求

(一) 道路

道路的功能是用于猪场内外人员出入、饲料、猪及废弃物的运输。为保证猪群健康,防止场内外的交叉感染和保持场区的环境卫生,应根据工艺流程要求和猪舍布局分设清

洁道、污染道和猪群流动专用道。清洁道一般位于场中部靠每栋猪舍管理间一端，用于饲养人员出入和运送饲料；污染道一般在各栋猪舍的另一端，是清扫废弃物、运出病猪、死猪的专用道。清洁道出口与场区大门相通，污染道出口与粪尿污水处理相通。清洁道与污染道互不交叉，道路出入口各自分开。清洁道即主干道，为 8 ~ 10m 宽；污染道即便道，至少为 4m 宽；猪转群专用道（两边带矮围墙）净宽 0.6m。场区各条道路不要设固定障碍物，以便发生意外事件时，车辆能顺利进出。

（二）消毒

1. 更衣消毒室

更衣消毒室是供工作人员更衣消毒的地方，一般设置在猪场生产区的入口处。其功能是对进入生产区的人员进行消毒，以防将外来病原微生物带进猪场，有利于卫生防疫。消毒室地面上设有消毒池，池中铺设浸满消毒液的垫子，消毒室的墙壁和屋顶安装紫外线消毒灯。人员进入消毒室后要在垫子上站 3 ~ 5min，经紫外线消毒灯和消毒液的消毒后，在淋浴室更衣洗浴后换上场内工作服和工作鞋，并再次经过出口处消毒室消毒后方可进入猪场。

2. 消毒池

消毒池是供人员和车辆进行消毒的设施，分为车辆消毒池和人员消毒池两种。

（1）车辆消毒池：设置在养猪场的大门口，深 0.2 ~ 0.3m，宽度根据进出车辆的宽度确定，一般 3 ~ 5m，长度要使车轮在池内药液中滚过 1 ~ 1.5 周，通常 5 ~ 10m，池边应高出消毒液 20 ~ 30mm，进出口处为 1∶（5 ~ 8）的坡度与地面相连，池底有 0.5% 的坡降朝向排水孔，消毒池也可同地面一样用混凝土浇筑，但其表面应用 1∶2的水泥砂浆抹面。在车辆消毒池两侧（或一侧）还应设置放有消毒液浸泡的消毒垫，脚踏消毒池供进场人员消毒。

（2）人员消毒池：一般设置在消毒更衣室的出口和各猪舍及兽医室等的入口处。池深 0.15 ~ 0.2m，长 1.5 ~ 3.0m。消毒池内放置消毒液或消毒液浸泡过的消毒垫。

消毒池要定期进行清洗，池内的消毒液也要定期更换，以免池内药液失效。

（三）饲喂

猪场饲料的贮存、输送和饲喂，不仅要花费大量的劳力，而且对饲料的充分利用、清洁卫生都有很大影响。猪场饲料供给和饲喂的最好办法是：经饲料厂加工好的全价配合饲料，直接用专用车运输到猪场，送入饲料塔中，然后用螺旋输送机将饲料输入猪舍内的自动落料饲槽内进行饲喂。这种工艺流程，不仅能使饲料保持新鲜，不受污染，减少包装、装卸和散漏损失，而且还可以实现机械化、自动化作业，节省劳动力，提高劳动生产率。由于这种供料饲喂设备投资费用高、用电多，目前只在少数有条件的猪场应用。而我国大多数猪场还是采用袋装，用汽车运送到猪场，卸入饲料库，再用饲料车人工运送到猪舍，进行人工饲喂。尽管人工运送饲喂劳动强度大,劳动生产率低,饲料装卸、运送损失大,又易污染,但这种方式机动性好,设备简单,投资少,故障少,不需要电力,任何地方都可采用。

1. 饲料运输车

根据卸料的工作部件不同,饲料车可分为机械式和气流输送式两种。机械式卸料运输车是在载重车上加装饲料罐而组成,罐底有一条纵向搅龙,罐尾有一立式搅龙,其上有一条与之相连的悬臂龙,饲料通过搅龙的输送即可卸入7m高的饲料塔中。气流输送式卸料运输车,也是在载重车上加装料罐而组成,罐底有一条或两条纵向搅龙,所不同的是在搅龙出口处设有鼓风机,通过鼓风机产生的气流将饲料输送进入15m以内的贮料仓中。这种运输车适宜装运颗粒料。

2. 贮料仓(塔)

贮料仓多用1.5~3mm厚的镀锌钢板压型组装而成,由4根钢管作支腿。仓体由进料口、上锥体、柱体和下锥体构成,进料口多位于顶端,也有在锥体侧面开口的,贮料仓的直径约2m,高度多在7m以下,容量有2吨、4吨、5吨、6吨、8吨、10吨等多种类型。在实际生产中,由于贮料仓的下锥体夹角设计不合理,饲料贮存后在出口处易起拱。为防止起拱,在设计时下锥体夹角不能大于45°,或将下锥体做成斜锥体形,以破坏拱起的条件,必要时加机械振动器装置。一个完善的贮料仓要密封,以避免漏进雨水、雪水。设有出气孔,还应装有料位指示器。

3. 饲料输送机

把饲料由贮料仓直接分送到食槽、定量料箱或撒落到猪床面上的设备,叫饲料输送机。饲料输送机种类较多,以前多采用卧式搅龙输送机和链式输送机,近年来使用较多的是螺旋弹簧输送机和塞管式输送机。

4. 加料车

加料车广泛应用于将饲料由饲料仓出口装送至食槽,如定量饲养的配种栏、妊娠母猪栏和分娩栏的食槽。加料车有手推机动加料车和手推人工加料车两种。

5. 食槽

饲料中用于盛放饲料的设备即为食槽,根据饲喂方式的不同分为自动食槽和限量食槽两种形式。食槽的形状有长方形、圆形等,不管哪种形状的食槽都要求坚固耐用,减少饲料浪费,保证饲料清洁,不被污染,便于采食、加料和清洗。

(1) 自动食槽:指采用自由采食喂饲方式的猪群所使用的食槽。它是在食槽的顶部装有饲料贮存箱,随着猪只的采食,饲料在重力的作用下不断落入食槽内,可以间隔较长时间加料,大大减少了饲喂工作量。自动食槽通常用的加工材料主要是钢板或聚乙烯塑料等,也可用水泥预制板拼装而成,有长方形、圆形等多种形状。按采食面划分,长方形自动食槽分为单面和双面两种。前者供一个猪栏使用，后者供两个猪栏使用。长方形自动食槽的技术参数为：高度 70～90cm，前缘高度 12～18cm，最大宽度为 50～70cm；保育猪、生长猪和育肥猪的采食间隔分别为 12cm、15cm 和 25cm。

(2) 限量食槽：指采用限量饲喂方式的猪群所使用的食槽，常用水泥、金属等材料制造。其中高床网上饲养的母猪栏内常配备金属材料制造的限量食槽。公猪用的限量食槽长度为 500～800mm。群养母猪限量食槽长度根据它所负担猪的数量和每头猪所需要的采食长度(300～500mm)而定。

(3) 仔猪补料槽：指为仔猪补充饲料所用的食槽，有长方形、圆形等多种形状。

(四) 供水

供水设备主要由供水池(塔)、管道和饮水器(图 1-1)组成。猪场的供水可分为饮用水和清洗用水两部分，水源丰富的猪场可用一套供水系统。水池(水塔)根据猪场饲养规模设计建造。目前采用最多的是通过压力供水的鸭嘴式自动饮水器。饮水器安装的位置：限位栏和分娩栏应安装在猪食槽旁；普通栏、保育栏应安装在靠排粪尿栏墙旁。

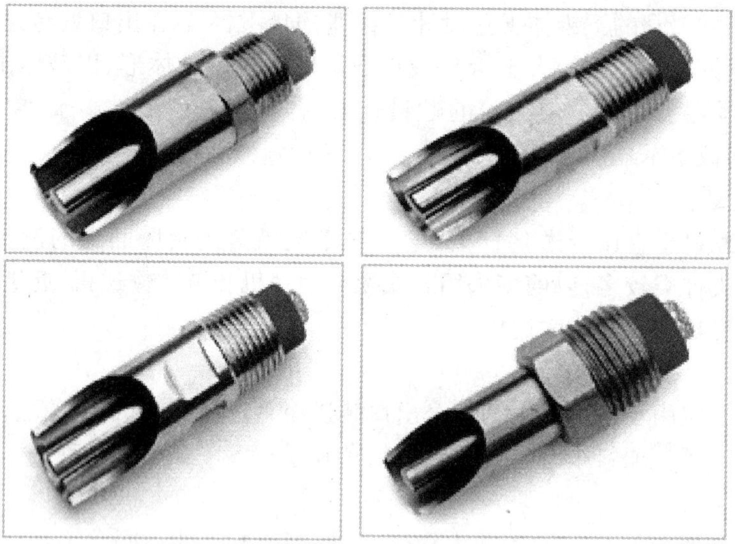

图 1-1　饮水器

(五) 排水

排水设施是养猪场重要的卫生设施之一。如果排水不畅，在雨季就会造成场地泥泞，不仅会直接影响猪的健康，使其生产力下降，而且还会给运输、管理工作带来困难。完善合理的排水设施可保证场地干燥，有利于改善猪场环境状况，为人、畜创造良好的生存和生活环境。

通常在猪场道路一侧或两侧设置明沟排水，排水沟的截面为上宽下窄的梯形，上口宽300～600mm，沟底应设计成1%左右的坡度，以使水流畅通。

全场的排水设施应连成网，最后由一总排水沟将雨水、雪水排入附近的水体中。

应当注意的是，猪场排水设施不可与排除猪粪尿和污物的排污系统混用，以免使粪污等流入天然水污染环境，或使雨水、雪水流入污水处理系统而增加处理量和处理难度。

（六）通风、保温、降温

1. 通风系统

设计良好的通风系统，可使猪舍经常保持冷暖适宜、干燥清洁，不但能及时排除舍内的臭味或有害气体，而且还能防止疾风对猪体的侵害。

（1）自然通风：在自然通风的情况下，猪舍应合理地设计朝向、间距、门窗的大小和位置及屋面结构。一般情况下，单栋建筑物的朝向与当地夏季主导风向垂直，猪舍间距大于2倍猪舍的高度，通风情况最好。但是目前兴建的规模化养猪场都是一个建筑群，要获得良好的自然通风，一般将猪舍的朝向与夏季主导风向成30°左右布置，舍间距约为猪舍高度的3倍以上。自然通风主要靠热压通风，要求在猪舍顶部设置排气管，墙的底部设置进气管。

（2）机械通风（图1-2）：机械通风有三种方式，即负压通风、正压通风和联合通风。负压通风是指用抽风机抽出舍内污浊空气，让新鲜空气通过进气管进入舍内；正压通风是指用风机将舍外新鲜空气强制性送入舍内，使舍内压力增高，污浊空气经风管自然排除，联合式通风是一种同时采用负压通风和正压通风的方式，适用于大型封闭式猪舍。

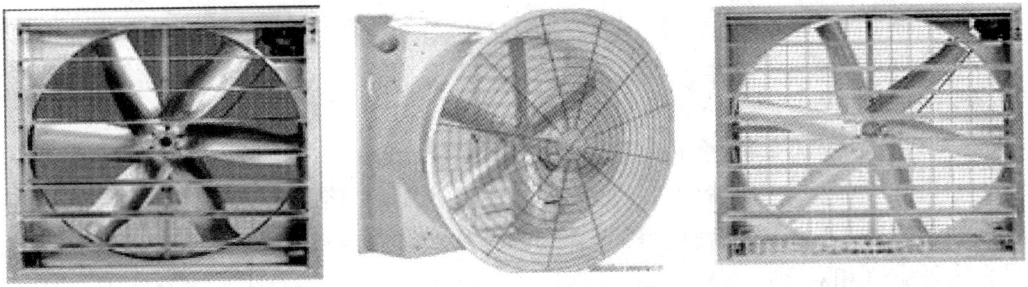

图1-2　机械通风设施

现代规模化养猪猪群密度大，舍内环境经常随着猪只的数量、体重及室外气温的变化而改变，有时单靠自然通风是不够的，还要设置必要的机械通风装置，通过风机送风和排风，从而调节猪舍内的空气环境。例如，美国三德公司封闭式猪舍通风系统的在屋顶正中设计垂直通风道并安装蒸发式冷风机，把风送入设置在屋架下弦的水平风道，再经水平风道两侧面的送风口均匀地送到舍内；南北两侧墙上装有排风机，墙的内侧有通气管与排风机相连，这样有助于把接近地面的部分气体抽出，是一种良好的机械通风方式。

2. 保温

对猪舍进行合适的保温设计，既可以解决低温寒冷天气对养猪的不利影响，又可以节约能源，夏天还可以隔热和减少太阳的热辐射。因此，在设计猪舍时应尽可能采用导热系数较小的材料修建屋面、墙体和地面，以利保温和防暑。现代化猪舍的供暖，分集中供暖和局部供暖两种方法。集中供暖主要利用热水、蒸汽、热空气及电能等形式。在我国养猪生产实践中，多采用热水供暖系统，该系统包括热水锅炉、供水管路、散热器、回水管及水泵等设备；局部供暖最常用的有电热地板、电热灯等设备。

目前多数猪场采用高床网上分娩育仔，要求满足母猪和仔猪不同的温度需要，如初生仔猪要求32℃～30℃，母猪则要求15℃～22℃。常用的局部供暖设备是采用红外线灯或红外线辐射板的加热器，前者发光、发热，其温度通过调整红外线灯的悬挂高度和开灯时间来调节，一般悬挂高度为40～50cm；后者应将其悬挂或固定在仔猪保温箱的顶盖上，辐射板接通电流后开始向外辐射红外线，在其反射板的反射作用下，使红外线集中辐射于仔猪卧息区。由于红外线辐射板加热器只能发射不可见的红外线，还须另外安装一个白炽灯泡供夜间仔猪出入保温箱。

3. 降温

（1）湿帘—风机降温系统：是一种利用水蒸发降温原理为猪舍进行降温的系统，由湿帘、风机、循环水路和控制装置组成，在炎热地区的降温效果十分明显，是一种现代化的降温系统。

（2）喷雾降温系统：是一种利用高压使水雾化后漂浮在猪舍空气中，以吸收空气的热量使舍温降低的喷雾系统，主要由水箱、压力泵、过滤器、喷头、管路及自动控制装置组成。喷雾降温时，随着气温的下降，空气的含湿量增加。用该系统降温一定时间后（一般为1～2min），可达到湿热平衡，舍内空气水蒸气含量接近饱和。此时，地面可能也被大水滴打湿。如果继续喷雾，会使猪舍过于潮湿而产生不利影响，猪越小，影响越大，因此喷头必须周期性地间歇工作。这种舍内呈周期性的高湿，对舍内环境的不利影响相对要小得多。如果舍内外空气相对湿度本来就高，且通风条件又不好时，则不宜进行喷雾降温。喷雾时辅以舍内空气一定流速可提高降温效果。空气的流动可使雾粒均匀分布，加速猪体表、地面的水分及漂浮雾粒的汽化。

（3）喷淋降温或滴水降温系统：是一种将水喷淋在猪身上为其降温的系统，主要由时间继电器、恒温器、电磁水阀、降温喷头和水管等组成。降温喷头是一种将压力水雾化成小水滴的装置。而滴水降温系统是一种通过在猪身上滴水而为其降温的系统，其组成与喷淋降温系统基本相同，只是用滴水器代替了喷淋降温系统的降温喷头。

（七）粪便处理

1. 漏缝地板（图 1-3）

现代化猪场为了保持栏内的清洁卫生，改善环境条件，减少人工清扫，普遍采用粪尿沟上设置各种漏缝地板（图 1-3），如漏缝地板有钢筋混凝土板条、钢筋编织网、钢筋焊接网、塑料板块、陶瓷板块等。对漏缝地板的要求是耐腐蚀、不变形、表面平而不滑、导热性小、坚固耐用、漏粪效果好、易冲洗消毒，适应各种日龄猪的行走站立，不卡猪蹄。钢筋混凝土板块、板条，其规格可根据猪栏及粪沟设计要求而定，漏缝断面呈梯形，上宽下窄，便于漏粪。其主要结构参数见表 1-4。金属编织地板网由直径为 5mm 的冷拔圆钢编织成 10mm × 40mm、10mm × 50mm 的缝隙片与角钢、扁钢焊合，再经防腐处理而成。这种漏缝地板网具有漏粪效果好、易冲洗、栏内清洁、干燥、猪行走不打滑、使用效果好等特点，适宜分娩母猪和保育猪使用。塑料漏缝地板由工程塑料模压而成，可将小块连接组合成大面积，具有易冲洗消毒、保温好、防腐蚀、防滑、坚固耐用、漏粪效果好等优点，适用于分娩母猪栏和保育猪栏。

图 1-3　漏缝地板

表 1-4　不同材料漏缝地板的结构与尺寸/mm

猪群	铸　铁		钢筋混凝土	
	板条宽	缝隙宽	板条宽	缝隙宽
幼猪	35 ~ 40	14 ~ 18	120	18 ~ 20
育肥猪、妊娠猪	35 ~ 40	20 ~ 25	120	22 ~ 25

2. 舍内粪沟的设计

目前猪舍内的排污设计有人工拣粪粪沟、自动冲水粪沟和刮粪机清粪。为了保证排污彻底而顺畅，设计的粪沟须有足够的宽度和坡度及一定的表面光滑度，自动冲水粪沟还必须有足够的冲水量。粪沟设计的一般情况是：人工拣粪粪沟宽度为 25 ~ 30cm、始深 5cm、坡度 0.2% ~ 0.3%，主要用来排泄猪尿和清洗水，猪粪则由工人拣起运走；自动冲水粪沟宽度为 60 ~ 80cm、始深 30cm、坡度 1.0% ~ 1.5%，将猪粪尿收集在粪沟内，然后由粪沟始端的蓄水池定时放水冲走;刮粪机清粪的粪沟宽为100~200cm、坡度0.1%~0.3%,利用卷扬机牵引刮粪机将粪沟内的猪粪尿清走。

(八) 绿化

绿化是猪场环境改善最有效的手段之一。它不但对猪场环境的美化和生态平衡有益,而且对工作、生产也会有很大的促进作用。

1. 绿化的作用

绿化可以美化场区环境;可以净化空气,绿色植物可吸收大气中的有毒、有害物质,过滤、减轻异味;可调节场区气温,改善猪舍小气候;可减少场区灰尘及细菌含量;可净化水源,树木是一种很好的水源过滤器。猪场内大量浑浊、有臭气的污水流经较宽广的绿化带后,可深入地层,经过过滤可以变得洁净、无味,使水中细菌含量减少90%以上,从而大大改善猪场水质。绿化可减弱噪音,猪场内部的交通运输工具、机械的开动、粪尿清除产生的声音以及猪本身的鸣叫、采食、走动、斗殴都可能产生噪音,这些噪音对猪群的休息、采食、增重都有不良影响。树木与植被等对噪音具有吸收和反射的作用,可以降低噪音强度。绿化还有利于防疫、防污染,同时也能起到隔离带的作用。

2. 绿化遵循的原则

① 从保护环境的观点出发,合理规划;② 本着统一安排、统一布局,既要有长远考虑,又要有近期安排,要与猪场的建设发展协调一致;③ 保证安全生产,不影响地下、地上管线和猪舍的采光;④ 绿化苗木选择时要考虑各功能区的特点、地形、土质特点、环境污染等情况,在满足各项功能要求的前提下,还可适当结合猪场生产,种植一些经济植物,以充分合理地利用土地,提高整场的经济效益。

3. 绿化布局

在场界周边种植乔木、灌木混合林带;场内各区域,如生产区、生活区及行政管理区的四周,都应设置隔离林带,一般可采用绿篱植物或以栽种刺笆为主;场区道路宜采用乔木为主,乔灌木搭配种植;运动场一般可选择枝叶开阔、生长势强、冬季落叶后枝条稀少的树种,如杨树、槐树、法国梧桐等。车间及仓库周围是猪场绿化的重点部位,在设计时应充分考虑利用园林植物的净化空气、杀菌、减噪等作用,根据实际情况,有针对性地选择对有害气体抗性较强及吸附粉尘、隔音效果较好的树种;对于生产区内的猪舍,不宜在其四周密植成片的树林,而应多种植低矮的花卉或草坪,以利于通风,便于有害气体扩散;行政管理区和生活区是与外界社会接触和员工生活休息的主要区域,可以适当地进行园林式的规划,以提升企业的形象和美化员工的工作环境。

(九) 防护

为了保证猪场的防疫安全,防止场外动物和人员进入猪场,猪场内外应划分明确,四周应建筑较高的密封围墙。为了更好地防疫,应在场的周围建筑坚固的防疫沟,并放一定深度的水,以杜绝场外动物如老鼠等通过大洞进入场区。防疫沟一般宽1.0～1.5m,深1.5～1.7m。

模块四　猪场建筑设计

猪场建筑设计是指在猪场场区范围内按照饲养工艺要求合理设计各类建筑物的排列方式和顺序,确定其位置、朝向和相互之间的距离。猪场建筑布局是否合理,不仅关系到猪场的生产联系和管理是否方便、工作人员的劳动强度大小和生产效率的高低,而且直接影响到猪场的环境、气候,以及猪场的卫生防疫。

任务一　调查猪舍环境气候因素

猪的生理特点是:小猪怕冷,大猪怕热,大小猪都不耐潮湿,还需要洁净的空气。因此,规模化猪场猪舍的结构和工艺设计都要围绕着这些特点来考虑。而这些因素又是相互影响、相互制约的。例如,在冬季为了保持舍温,需门窗紧闭,但造成了空气的污浊;夏季向猪体和猪圈冲水可以降温,但增加了舍内的湿度。由此可见,猪舍内的小气候调节必须综合考虑。

一、温度

猪正常生产性能的发挥需要适宜的环境温度,环境温度过高或过低都影响猪的生长和发育。低温会降低饲料的转化率和猪体的抵抗力;高温会使猪的采食量、猪肉品质、母猪繁殖性能、公猪精液品质下降,并易引发中暑。

二、湿度

无论是幼猪还是成年猪,当其所处的环境温度在较佳范围内时,舍内空气的相对湿度对猪的生产性能基本无影响。相对湿度过低时猪舍内容易飘浮灰尘,还对猪的黏膜和抗病力不利;相对湿度过高会使病原体易于繁殖,也会降低猪舍建筑结构和舍内设备的寿命。猪场湿度一般在40%～75%。过低或过高都易引起呼吸道、消化道疾病,影响饲料的利用率。

三、光照

光照会显著影响仔猪的免疫功能和机体的物质代谢。延长光照时间或提高光照强度,可增强肾上腺皮质的功能,提高免疫力,促进食欲,增强仔猪消化功能,提高仔猪增重速度与成活率;光照对生长肥育猪有一定影响,适当提高光照强度可增进猪的健康,提高猪的抵抗力;但提高光照强度也增加猪的活动时间;光照对种猪的性成熟有明显影响,较长的光照时间可促进性腺系统发育,性成熟较早;短光照,特别是持续黑暗,会抑制性系统发育,性成熟延迟。猪的繁殖与光照密切相关。配种前及妊娠期的光照时间显著影响母猪的繁殖性能。在配种前及妊娠期延长光照时间,能促进母猪雌二醇及孕酮的分泌,增强卵巢和子宫的功能,有利于受胎和胚胎发育,提高受胎率,减少妊娠期胚胎死亡。光照对肉猪的影响不大。

四、空气新鲜度

通风良好有利于排除猪舍内的有害气体(如氨气、硫化氢等)。有害气体浓度过高会抑制猪的生长发育,严重时导致中毒而死亡。

任务二　划分猪舍形式

猪舍是养猪场的核心部分和主要环境工程设施。猪舍必须满足猪群的生物学特性要求。理想的猪舍首先要求冬暖夏凉,舍内环境温度适宜猪的生长发育;其次,空气质量优良,保持干燥;第三,要适合生产工艺流程,利于操作管理和实现机械化和自动化;第四,保证结构牢固适用,以减少维护费用,降低生产成本。

一、按屋顶形式分

(一)坡式

猪舍屋顶的坡式分为单坡式、不等坡式、双坡式三种。单坡式猪舍屋顶由一面斜坡构成,构造简单,屋顶排水好,通风透光好,投资少,但冬季保暖性差,多为农村养猪采用。不等坡式又名道士帽式或联合式,其主要优缺点与单坡式基本相同,但较单坡式保温性稍好和投资稍多,此种猪舍在我国农村采用很广泛。双坡式猪舍建材要求较高,多用在跨度较大的猪舍,优点大致与不等坡式相同,目前在大型猪场使用最广泛。

(二)拱式

拱式屋顶的主要优点是不需木、瓦、铁钉等材料,但结构设计要求严格。此种屋顶可为各种猪舍所采用，特别是近年来我国烧制生产的“花空心拱壳砖”，更为拱式猪舍的冬暖夏凉创造了有利条件。

（三）半气楼式

该形式设置高低两个屋顶，在两屋顶之间安装可转动的一列玻璃窗扇，供靠北墙一列猪栏的采光和整个猪舍的通风换气之用。该形式猪舍夏秋季比较凉爽，但冬季与早春保温不够理想。目前北京郊区新建双列猪舍多采用此种形式。

二、按墙的结构和有无窗户分

（一）开放式

开放式猪舍的三面有墙，一面无墙，通风透光好，不保温，造价低。四面敞开，仅有顶棚的猪舍称为棚舍。开放式猪舍里外同冷热，舍内环境受外部自然环境影响的支配，不能实现人工控制环境。此猪舍比较适合于冬季温暖地区的小型养猪场。

（二）半开放式

半开放式猪舍的三面有墙，一面为半截墙，保温性能稍优于开放式。冬季若在墙的敞开部位挂保温帘或钉塑料布，能使其保温性能显著提高。此猪舍适合于冬季较温暖的地区。

（三）封闭式

封闭式猪舍的四面都有墙，又可分为有窗和无窗两种。封闭式猪舍由于外围护结构的封闭作用，实现了舍内外环境的相对分离，但要配备必要的采暖、通风和降温设备，以便对舍内环境实行控制，形成有利于猪生长发育的舍内环境。

三、按猪栏排列分

（一）单列式

单列式的猪栏一字排列，一般靠北墙设饲喂走道，舍外可设或不设运动场，跨度较小，结构简单，省工省料，造价低，但不适合机械化作业。此类猪舍采用自然通风效果好，饲养种公猪和后备种猪较为合适。单列式猪舍的通道宽度为1.0～1.2m。

（二）双列式

双列式的猪栏排成两列，中间设一工作道，有的还在两边设清粪道。猪舍建筑面积利用率高，保温效果好，管理方便，便于使用机械。但北侧采光差，舍内易潮湿。双列式猪舍的猪舍面积利用率高，其跨度一般在9m以下，夏季采用自然通风进行降温效果较好。通道宽度为0.9～1.2m。

（三）多列式

多列式的猪栏排成三列以上。其优点是猪舍建筑面积利用率更高，容纳猪多，保温性好,运输路线短,管理方便;缺点是采光不好,舍内阴暗潮湿,通风不畅,必须辅以机械,人工控制其通风、光照及温湿度。

任务三 划分猪舍类型

一、公猪舍

公猪舍多采用带运动场的单列式,公猪设立运动场(图 1-4),保证其充足的运动,可防止公猪过肥,对其健康和提高精液品质、延长公猪使用年限等均有好处。公猪栏要求比母猪和育肥猪栏宽,隔栏高度为 1.2 ~ 1.4m,面积一般为 7 ~ 9m^2,长 2.9m,宽 2.4m,隔栏结构可以是混凝土或金属,及水泥漏缝地板。公猪栏与母猪栏遥遥相对,利于刺激母猪发情,公猪放出后在母猪栏前后过道上运动,能及早地刺激母猪发情,对于配种及提高受胎率都有好处。同时,便于通风和管理人员观察和操作。公猪舍内的温度为 10℃ ~25℃。

二、空怀、妊娠母猪舍

空怀、妊娠母猪舍可为单列式(可带运动场)、双列式、多列式等几种。最常用的一种饲养方式是分组大栏群饲,一般每栏饲养空怀母猪 4 ~5 头、妊娠母猪 2 ~4 头。圈栏的结构有实体式、栏栅式、综合式三种,猪圈布置多为单走道双列式。猪圈面积一般为 7 ~ 9m^2,地面有一定的坡度,地表不要太光滑,以防母猪跌倒。也有用单圈饲养,一圈一头。近年来,南方流行装配式空怀、妊娠母猪舍:一般为框架结构,跨度在 12 ~15m 之间,多设两列三通道,长度为 100m 左右,侧墙上装有轴流式风机,两边为卷帘幕,舍内湿帘降温,集约化程度高,一栋猪舍饲养规模在 3 000 ~5 000 头,配套设施先进,如采用机械刮粪,自动饲喂等机械化程度比较高的设备。妊娠母猪舍适宜的环境温度是 10℃ ~27℃。

图 1-4 公猪舍

图 1-5 妊娠母猪舍

三、分娩哺育舍

要求外围护结构有较高的保温隔热性能，冬天要防止“贼风”侵入舍内。舍内设有分娩栏，布置多为两列或三列式。分娩栏位结构也因条件而异有以下两种。

（一）地面分娩栏

采用单体栏，中间部分是母猪限位架，两侧是仔猪采食、饮水、取暖等活动的地方。母猪限位架的前方是前门，前门上设有食槽和饮水器，供母猪采食、饮水；限位架后部有后门，供母猪进入及清粪操作。另外，可在栏位后部设漏缝地板，用于排除栏内的粪便和污物。

（二）网上分娩栏

网上分娩栏主要由分娩栏、仔猪围栏、钢筋编织的漏缝地板网、保温箱、支腿等组成（图 1-6）。

四、仔猪保育舍

我国现代化猪场多采用高床网上保育栏。网上饲养仔猪，粪尿随时通过漏缝地板落入粪沟中，保持了网床上的干燥、清洁，使仔猪避免粪便污染，减少疾病的发生，大大提高了仔猪成活率，是一种较为理想的仔猪保育设备（图 1-7）。仔猪保育栏的长、宽、高尺寸视猪舍结构不同而定，常用的规格栏长 2m，宽 1.7m，高 0.6m，侧栏间隙 6cm，离地面高度为 0.25～0.3m。一个保育栏可养 10～25kg 的仔猪 10～12 头，实用效果很好。在生产中因地制宜，保育栏也采用金属和水泥混合结构东西面隔栏用水泥结构，南北面隔栏仍用金属，这样既可节省一些金属材料，又可保持良好通风。保育猪舍适宜的环境温度是 18℃～20℃。

图 1-6　网上分娩栏

图 1-7　仔猪保育舍

五、生长猪舍

断奶仔猪经保育舍饲养 11 周龄后转入生长猪舍饲养 7～8 周，一般采用地面饲养。

生长猪舍地面采用混凝土地面铺设部分或全部漏缝地板。舍内温度的要求不高,适宜的环境温度为10℃～27℃。

六、育肥猪舍

育肥猪舍(图1-8)的结构一般与生长猪舍相同,对舍内温湿度环境要求不高。一般采用大栏地面群养方式,自由采食。

图1-8　育肥猪舍

七、隔离猪舍

隔离猪舍指对新购入的猪进行隔离观察饲养或对疑患有传染病但还有经济价值的猪进行隔离饲养的猪舍。隔离猪舍的主要功能是防止外购猪将传染病传入本场,并防止本场猪群的相互接触传染。隔离猪舍要求卫生、护理条件好,易于实行各种消毒措施。

任务四　设计猪舍基本结构

一、基础和地面

(一) 基础

基础的主要作用是承载猪舍自身重量、屋顶积雪重量和墙、屋顶承受的风力。基础的埋置深度,应根据猪舍的总荷载、地基承载力、地下水位及气候条件等确定。基础受潮会引起墙壁及舍内潮湿,应注意基础的防潮、防水。为防止地下水通过毛细管作用浸湿墙体,在基础墙的顶部应设防潮层。

(二) 地面

地面是猪活动、躺卧和排粪的地方。据报道,地面的散热量占总量的12%～15%。猪舍地面应坚固、耐久、抗机械、保温、不透水,平整防滑,便于清洗消毒。目前大多数采用混凝土地面,但水泥地面潮湿且传热快,所以,在修建猪舍时,地基上部应设防潮层,可在地表下铺一层孔隙较大的材料(如炉灰渣、空心砖、粗砂石等),厚度15～30cm,以增加其保温性能。为了防潮,地面要有2%～3%的坡度,以利排水。空怀舍、妊娠舍、生长舍、育肥舍大多是前面2/3为混凝土地面,后面1/3为漏粪地板。分娩、保育舍由于现已广泛推广使用免维修型铸铁分娩栏、保育栏,床架中间不再设置任何支撑脚,因此要求在猪栏排粪区底部设置自动冲水粪沟或人工拣粪粪沟。

二、屋顶

屋顶起遮挡风雨和保温隔热的作用，同时由于其夏季接受太阳辐射和冬季通过它失热较多。据报道，屋顶散热量占总量的30% ~35%。因此，要求屋顶必须具有良好的保温隔热性能。猪舍加设吊顶，可明显提高其保温隔热性能，但随之也增大了投资。同时还要求具有一定的承重能力，具有坚固、耐用、不透风、不漏雨，结构轻便的特性。在我国多采用草、瓦、预制板、泥灰、石棉瓦等材料修建。草造价低，保温隔热好，但不耐久，防火性能差。比较理想的屋顶为水泥预制板平板式，坚固、耐用、承重能力强，但保温性能差，常常在上面加15 ~20cm 厚的隔热材料，以利保温、防暑。

三、墙壁

墙为猪舍建筑结构的重要部分，它将猪舍与外界隔开。按墙所处位置可分为外墙、内墙。外墙为直接与外界接触的墙，内墙为舍内不与外界接触的墙。按墙长短又可分为纵墙和山墙（又叫端墙），沿猪舍长轴方向的墙称为纵墙，两端沿短轴方向的墙称为山墙。猪舍一般为纵墙承重。

猪舍墙壁要求必须坚固耐用，同时具有良好的隔热保温的性能，保护舍内的小环境不受外界气候急剧变化的影响。据报道，墙壁的散热量占总量的35% ~40%。在中国多采用草泥、土坯、砖及石块等材料建造猪舍，它们各有利弊。草泥和土坯造价低而且具有良好的隔热保温性能，冬暖夏凉，但容易被大雨或水冲蚀，需经常维修，而且不易消毒。一般适用于干燥地区及小规模饲养。砖墙坚固耐用且保温防潮，是较为理想的猪舍墙体。结构可以是实心墙也可以是空心墙。实心墙坚固耐用但造价高，空心墙不及实心墙坚固但造价低，空心墙具有良好的保温、隔热性能。若在空心墙体内填充隔热材料，会增强保温效果。

四、门及窗

门和窗的设计原则是在保证采光系数的前提下，尽量少设。既要有利于冬季的保温，又要有利于夏季通风。

（一）门

门的设计包括猪舍的门和猪圈的门的设计。设计时，门一律向外开，门口不设台阶和门槛，而是设斜坡，舍内与舍外有一定的高度差，以20 ~25cm 为宜。猪舍一般设有两个门，在猪舍的两端，高2.0 ~2.4m，宽1.2 ~1.5m。猪舍的门按养猪种类而定，公猪舍门高1.2 ~1.5m，宽1.0m；母猪舍的门高1.0m ~1.2m，宽1.0m；育肥猪舍的门高0.8 ~1.0m。

(二) 窗

窗的设计与通风、采光有关。猪舍前窗用于采光,后窗用于通风,同时窗有散热功能。据报道,通过窗散的热占总热量的25% ~30%。猪舍所以对猪舍窗的数量、大小及形状都有一定要求。种猪舍每间有一个前窗和一个后窗,育肥猪对光照不敏感,需要良好的通风。一般窗户大小以采光面积和地面面积之比计算,种猪舍要求1:(8 ~10),育肥舍1:(15 ~20),距地面1.1 ~1.3m,距屋檐40cm。窗的形状有方形、圆形等。

五、猪栏

猪栏是养猪生产的基本单元,主要功能是将猪限制在一个特定的范围内活动,以便于管理。所用材料可以是砖砌结构、水泥预制结构、金属材料结构。

(一) 公猪栏

一般每间公猪舍饲养一头公猪,以防止相互争斗。公猪栏高度一般为1.2 ~1.5m,占地面积7 ~9m^2。通常舍外与舍内公猪栏相对应的位置要配置运动场。目前工厂化猪场一般不设专用的配种栏,公猪栏同时兼作配种栏。其配置大多采用以下两种方式:第一种配置方式是待配母猪栏与公猪栏紧密配置,3 ~4间母猪栏对应一间公猪栏,公猪栏同时也是配种栏;第二种配置方式是待配母猪栏与公猪栏隔通道相结合配置,公猪栏同时也是配种栏,配种时把母猪赶至猪栏内配种,公猪虽不能直接接触母猪,但如采用铁围栏,可互相观望,有利于母猪发情。

(二) 配种栏

配种栏指用于为空怀待配母猪配种的猪栏。一般在公猪栏的旁边设一间空栏,配种时,将公猪与待配母猪同时赶到配种栏。在中、小型猪场可以不设配种栏,而是直接将空怀母猪赶到公猪栏中配种。

(三) 母猪栏

用于饲养后备、空怀和妊娠母猪。

1. 群养母猪栏

通常3 ~5头母猪占用一间猪栏,栏长2.0 ~2.3m,栏高为1.0m,每头母猪所需面积1.2 ~1.6m^2。主要用于饲养后备和空杯母猪。饲养后备母猪时,在舍外应设置运动场,在满足光照的同时增强体质。也可饲养妊娠母猪,但要注意防止抢食而引起流产。

2. 单养母猪栏

每个栏中饲养1头母猪,栏长2.0 ~2.3m,栏高1.0m,栏宽0.6 ~0.7m,主要用于饲养妊娠母猪。

(四) 母猪分娩栏

饲养分娩哺乳母猪的猪栏主要由母猪限位架、仔猪围栏、仔猪保温箱和网床四部分组成。其中母猪限位架长2.0～2.3m,宽0.6～0.7m,高1.0m;仔猪围栏的长度与母猪限位架相同,宽1.7～1.8m,高0.5～0.6m;仔猪保温箱用水泥预制板、玻璃钢或其他具有高强度的保温材料,在仔猪围栏区特定的位置分隔而成。

(五) 仔猪培育栏

一般采用金属编织网漏粪地板或金属编织镀塑漏粪地板,后者的饲养效果一般好于前者。大、中型猪场多采用高床网上培育栏,它是由金属编织网漏粪地板、围栏和自动食槽组成,漏粪地板通过支架设在粪沟上或实体水泥地面上,相邻两栏共用一个自动食槽,每栏设一个自动饮水器。这种保育栏能保持床面干燥清洁,减少仔猪的发病,是一种较理想的保育猪栏。仔猪保育栏的栏高一般为0.6m,栏栅间距5～8cm,面积因饲养头数的不同而不同。小型猪场断奶仔猪也可采用地面饲养的方式,但寒冷季节应在仔猪卧息处铺干净软草或在卧息处设火炕。

(六) 育成猪栏和育肥栏

育成猪栏和育肥栏有多种形式,其地板多为混凝土结实地面或水泥漏缝地板条,也有采用1/3漏缝地板条,2/3混凝土结实地面。混凝土结实地面一般有3%的坡度。育成猪栏和育肥栏的栏高一般为0.8～1m。

任务五　部署猪场建筑

一、猪舍排列形式

养猪场的猪舍一般应布置成横向成排,纵向成列。猪舍的排列形式有单列式、双列式和多列式三种。单列式适合于猪舍数量较少的小型猪场,双列式适合于猪舍数量较多的中型猪场,多列式适合于大型养猪场。如果场地条件允许,应尽量避免布置成横向或竖向长条形,以免饲料、粪便等运输线路增长,管理和联系工作不方便,建设投资增加。

在单列式排列中,猪舍两边的道路分别是运送饲料的净道和运送粪便等的污道;在双列式、多列式排列时,边道是污道,中间是净道。在生产中,净道和污道不能混淆。

二、各类猪舍的排列顺序

工厂化养猪的生产工艺特点是把养猪生产的全过程依次划分为种猪配种、母猪妊娠、母猪分娩和哺乳、断奶仔猪培育、生长猪和育肥猪的饲养等几个生产阶段,并配置相应的专用猪舍,母猪常年均衡分批产仔,各生产阶段按批次流水作业,每批实行“全进全出”制。

大型猪场或大型养殖公司总平面布局采用多点布置时，应将配种舍、妊娠舍和分娩哺乳舍作为繁殖生产区，断奶仔猪舍单独作为仔猪生产区，生长育肥舍作为商品猪生产区。各生产区的猪群一旦转出，就不允许再返回继续饲养，各生产区要有一定的间距才能达到理想效果。

在小型猪场实行多点式养猪是比较困难的，所以在一点进行猪生产时，必须摆好各类猪群的位置。根据猪的生产工艺流程结合各类猪的生产特点，从上风区到下风区猪舍排列的顺序为：公猪舍、空怀母猪舍、后备母猪舍、配种母猪舍、妊娠母猪舍、分娩哺乳猪舍、保育猪舍、生长猪舍、育肥猪舍。种公猪在种母猪的上风向，而且距离配种房（或断奶母猪）50m 以外，这既可防止母猪的气味对公猪形成不良刺激，同时又可利用公猪的气味刺激母猪发情。如果公母猪靠得太近或把公猪与母猪关在一起，时间久了，公猪的性欲会下降，影响配种效果。分娩舍既要靠近妊娠舍，又要接近保育猪舍。

在猪舍呈双列或多列布置时，除公猪舍数量较少的猪舍外，其他猪舍的数量尽量不少于猪舍的列数，以便每列猪舍都能按顺序布置。

三、猪舍朝向

猪舍正面纵墙法线（即垂直线）所指的方位称为猪舍朝向，即猪舍正面所对的方向。

无窗猪舍完全靠人工控制舍内环境，猪舍朝向主要对外围护结构的保温隔热性能有些影响，对舍内环境变化无直接影响。而有窗式、开放式或半开方式猪舍的朝向直接关系到猪舍的通风和采光，对舍内环境影响很大。

在确定猪舍朝向时，主要考虑采光和通风效果，应遵循下列原则：使猪舍纵墙和屋顶在冬季多接受光照，而在夏季少接受光照，以利于猪舍的冬季保暖和夏季隔热，从而达到冬暖夏凉的效果。猪舍纵墙与当地冬季主导风向平行或成 0 ~ 45°角，使冬季冷风渗透到猪舍的量最少，纵墙与夏季主导风向成一定角度，使夏季猪舍自然通风均匀，有利于防暑降温和排出舍内污浊空气。

四、猪舍间距

猪舍间距指相邻两猪舍纵墙之间的距离，主要根据光照、通风、防疫、防火和节约土地五个因素来确定。根据理论计算和试验证明，猪舍间距为猪舍高度（南排猪舍檐高）的 3 ~ 5 倍时，即可满足光照、通风和防疫的要求。根据我国建筑防火规范要求和猪舍结构，其防火间距为 6 ~ 8m。在通常的猪舍高度下，当间距为猪舍高度 3 ~ 5 倍时，即可满足防火要求。

项目二

猪种的选育

我国是世界上猪品种资源最丰富的国家，也是在养猪生产中使用品种最多的国家。在生产中，饲养品种的选择是由生产条件和市场需求来决定的。我国地方品种、国外品种及我国培育品种各有特色。我国地方品种发情明显，繁殖率高，抗病力强，肉质好，能较好地利用青粗饲料，对饲料营养条件要求低，但生长速度慢，瘦肉率低、饲料利用率不高，直接用于商品生产效益不高。国外猪最大特点是高生长速度、高瘦肉率、高饲料利用率，但繁殖率低下，适应性差，肉质不理想。从消费趋势来看，消费者对肉质的要求越来越高；从生产发展趋势看，生产成本会越来越高。所以猪种的选育在猪生产中的地位越来越显示出它的重要性。好的猪种可获得好的遗传效应，不断的选育能使优良基因纯合，科学培育能让优良基因得以表达。猪种选育的根本目的是使猪群的重要经济性状得到遗传和改良，并让生产者获得最佳的经济效益。

模块一　常见常用的地方猪品种

任务一　认知太湖猪

一、产地与特点

太湖猪分布在长江下游，产于位于江苏、浙江的太湖流域，属于江海地区脂肪型猪。太湖猪包括江苏常熟、武进等地的二花脸猪，上海嘉兴的嘉兴黑猪，江苏镇江的米猪，江苏无锡等地的横泾猪，江苏苏州的枫泾猪，江苏太仓的梅山猪，江苏南通等地的沙乌头猪。其特点是产仔多、母性好、性成熟早、肉质好等，但对温度敏感，喘气病严重。

二、外貌特征

体型中等,以梅山猪较大(有大梅山、中梅山、小梅山之分),二花脸、枫泾猪和嘉兴黑猪次之。太湖猪(图2-1)毛色为黑色或青灰色,头大额宽,额部皱褶多且深,耳特大、软而下垂,耳尖与嘴角平齐或超过嘴角,形同蒲扇;肚大、下垂;腹部皮肤呈紫红色,也有的鼻吻白色或尾尖白色,梅山猪的四肢末端为白色。

三、繁殖性能

太湖猪是全球猪种中产仔数最高的品种之一。母猪乳头多,平均8~10对,一般每胎产仔15头以上,最高单胎产仔记录是42头。太湖猪性成熟早,公猪4~5月龄时,精液品质已基本达到成年公猪的水平。二花脸母猪2月龄,体重达15kg时首次发情。母猪在一个发情期内排卵较多。二花脸成年平均排卵34枚,成年枫泾猪平均排卵31枚,成年嘉兴黑猪平均排卵25枚,成年梅山猪平均排卵29枚。

四、育肥性能

太湖猪的瘦肉率为38%~42%,从25~90kg体重阶段,平均日增重420g左右,料肉比大于4∶1。

五、利用

太湖猪常用做杂交的母本。太湖猪的高繁殖率特性已经引起世界养猪业的高度重视。但产仔数性状属于低遗传力,采用常规方法所获得的遗传改良非常缓慢。国际著名的猪育种公司,如英美的PIC公司和法国的PEN ARLAN等,他们采用先进的基因导入技术,在他们培育的专门化母猪系中导入了太湖猪的血缘,获得了理想的繁殖力。

(公)

(母)

图2-1　太湖猪

任务二　认知东北民猪

一、产地与特点

东北民猪是东北地区的一个古老的地方猪种，有大(大民猪)、中(二民猪)、小(荷包猪)三种类型，属于华北地区兼用型猪。目前除少数偏远地区农村养有少量大型和小型民猪外，群众主要饲养中型民猪。它具有产仔多、肉质好、抗寒、耐粗饲的突出优点，受到国内外的重视。

二、外貌特征

东北民猪(图2-2)全身被毛为黑色。体质强健，头中等大。面直长，耳大下垂。背腰较平、单脊，乳头7对以上。四肢粗壮，后躯斜窄，猪鬃良好，冬季密生棕红色绒毛。8月龄，公猪体重79.5kg，体长105cm，母猪体重90.3kg，体长112cm。

三、繁殖性能

3~4月龄东北民猪即有发情表现。母猪发情周期为18~24天，持续期3~7天。在农村，公母猪6~8月龄，体重50~60kg即开始配种，成年母猪受胎率一般为98%，妊娠期为114~115天，窝产仔数14.7头，活产仔13.19头，双月成活11~12头。

四、育肥性能

240日龄体重为98~101.2kg，日增重495g，每增重1kg消耗混合精料4.23kg。体重99.25kg屠宰，屠宰率为75.6%。近年来经过选育和改进日粮结构后饲养的民猪，233日龄体重可达90kg，瘦肉率为48.5%，料肉比为4.18:1。

五、利用

用杜洛克公猪作父本与东北民猪杂交，其一代杂种猪205日龄体重达90kg，料肉比为3.81:1，瘦肉率为56.19%；用长白猪作父本与东北民猪杂交得到的杂种猪，饲养127天体重可达90kg。料肉比为3.22:1，瘦肉率为53.47%；用汉普夏公猪作父本与东北民猪杂交得到的杂种猪，179日龄体重可达90kg，料肉比为3.78:1，瘦肉率为56.65%。

（公）

（母）

图 2-2　东北民猪

任务三　认知香猪

一、产地与特点

国家农业部门授予贵州黔东南地区“中国香猪之乡”之称。从江香猪、剑白香猪和靠近贵州黔东南地区广西的巴马香猪最为著名，另还有环江香猪、藏香猪等品种，都属矮小猪种，属于华南地区兼用型猪。香猪体小、早熟易肥、肉质香嫩，因宰杀哺乳仔猪或断奶仔猪时无奶腥味，故称为香猪。

二、外貌特征

香猪（图 2-3）体型矮小，头较直，额部皱纹浅而少，眼睛周围有一圈无毛眼晕，被毛黑色，稀疏有光泽，亦有少量尾端、四蹄、额心为白色。皮薄骨细，嘴圆而尖，吻端粉红色或黑色，耳小而薄，略向两侧平伸或稍下垂，身躯短，背腰宽凹，腹大而圆，后躯较丰满，四肢细短，前肢正直，后肢多卧系，奶头 5 ~6 对。

三、繁殖性能

香猪性成熟早，母猪初情期为 4 月龄，体重约 8kg，4 ~6 个月即可发情配种；公猪 60 ~70 日龄出现爬跨行为，体重 4 ~8kg。公猪在 170 日龄可初配。母猪头胎窝均产仔 4 ~6 头，经产母猪产仔数为 6 ~8 头。

四、育肥性能

香猪 6 月龄公猪平均体重 14. 2kg，体长 65cm，体高 33cm，胸围 55cm；母猪 8 月龄体重

30kg，体长 70cm，体高 47cm，胸围 73cm。育肥香猪屠宰率为63.6%，瘦肉率达 52.2%，料肉比(7～8)∶1。

五、利用

香猪多用做烤乳猪，在我国香港及东南亚地区有市场。该型猪体型矮小，若经系统选育，可用做医学实验动物。

（公）

（母）

图 2-3　香猪

任务四　认知金华猪

一、产地与特点

金华猪是中国猪的地方品种，又称“金华两头乌”，产于浙江东阳、义乌、金华等地，属于华中地区脂肪型猪，是我国著名的优良猪种之一。金华猪具有成熟早、肉质好、繁殖率高等优良性能，腌制成的腿肉，质佳味香，有“金华火腿”之美誉。

二、外貌特征

金华猪（图 2-4）的毛色遗传性能比较稳定，以中间白、两头乌为特征，纯正的毛色在头顶部和臀部为黑皮黑毛，其余多处均为白皮白毛，在黑白交界处有黑皮白毛呈带状的晕。金华猪体型有大、中、小三个类型，大型的俗称“寿宗头”，小型的俗称“老鼠头”，中型的体型适中，这是目前金华猪的代表类型，也是饲养最广泛、数量最多的类型。

三、繁殖性能

金华猪性成熟早，初情期平均 76 日龄。遗传性稳定，繁殖力强。金华猪成年母猪产仔数 14 头左右，产活仔数 12～13 头。

四、育肥性能

金华猪早熟易肥，肉猪日增重 400～470g，每增重 1kg 需耗精饲料 3.65kg。育肥猪 70kg 左右屠宰时，屠宰率 70%～72%，腿臀比例 30%～32%，瘦肉比例 40%～45%，骨骼比例 7.5%～9%，膘厚 3.4～3.8cm，皮厚 0.34～0.38cm。

五、利用

杂种优势良好，已被广泛用做杂交亲本。

（公）

（母）

图 2-4　金华猪

任务五　认知藏猪

一、产地与特点

藏猪主产于青藏高原，包括云南迪庆藏猪、四川阿坝及甘孜藏猪、甘肃的合作猪以及分布于西藏自治区山南、林芝、昌都等地的藏猪类群。藏猪是世界上少有的高原型猪种，是我国宝贵的地方品种资源，也是我国国家级重点保护品种中唯一的高原型猪种。藏猪长期生活于无污染、纯天然的高寒山区，具有适应高海拔恶劣气候环境、抗病、耐粗等特点，但繁殖能力低。

二、外貌特征

藏猪（图 2-5）被毛多为黑色，部分猪具有不完全“六白”特征，少数猪为棕色，也有仔猪被毛具有棕黄色纵行条纹。鬃毛长而密，被毛下密生绒毛。体型小，嘴筒长、直，呈锥形，额面窄，额部皱纹少。耳小直立、转动灵活。胸较窄，体躯较短，背腰平直或微弓，后躯略高于前躯，臀倾斜，四肢结实紧凑、直立，蹄质坚实，乳头多为5对。

三、繁殖性能

母猪一般每年产一窝，初产母猪平均产仔4.78头，二胎6.03头，经产6.43头。

四、育肥性能

藏猪在终年放牧饲养条件下，育肥猪增重缓慢，12月龄体重为20～25kg，24月龄时35～40kg。据测定，在舍饲条件下，用每千克含消化能13.81 MJ、可消化粗蛋白质166g的混合料供藏猪自由采食，307日龄时体重达53kg，日增重173g，每千克增重耗混合料5.24kg。平均体重48.62kg，屠宰率为66.6%，胴体中瘦肉率为52.55%，脂肪率为28.38%。

五、利用

藏猪能适应恶劣的高寒气候、终年放牧和低劣的饲养管理条件，在海拔2 500～3 500m的青藏高原半山区，年平均气温7℃～12℃、冬季最低－15℃、无霜期110～190天、饲料资源缺乏、每月放牧10天左右的严酷条件下，藏猪仍能很好地生存下来。这种极强的适应能力和抗逆性，是其他猪种所不具备的独特种质特性。

（公）

（母）

图2-5　藏猪

任务六　认知荣昌猪

一、产地与特点

荣昌猪产于重庆市和四川省隆昌县，属于西南地区兼用型猪。它具有适应性强、瘦肉率较高、配合力较好和鬃质优良等特点。

二、外貌特征

荣昌猪(图 2-6)毛稀、鬃毛粗长,头部黑斑不超过耳部,全身皮毛白色,身躯长,四肢结实,结构匀称,母猪乳头 6 ~7 对。体型中等,头大小适中,面微凹,耳中等大小而下垂,额面皱纹横行,有漩毛,体躯较长,发育匀称,背腹微凹,腹大而深,臀部稍倾斜。目前按毛色特征可分为“金架眼”“黑眼膛”“黑头”“两头黑”“飞花”和“洋眼”等种类,其中“黑眼膛”和“黑头”占一半以上。

三、繁殖性能

公猪早熟,4 月龄可达性成熟,5 ~6 月龄能用于配种,但生产中一般在 8 月龄左右配种,体重达 70 ~80kg。母猪初情期为 70 ~110 日龄,初配以 7 ~8 月龄、体重 60 ~70kg 较为适宜。初产母猪产仔数 10 头左右,3 ~6 胎每胎产仔数 12 ~13 头。

四、育肥性能

在较好的饲养条件和自由采食情况下,15 ~90kg 育肥期平均日增重 623g。屠宰期以 7 ~8 月龄、体重 80kg 以上为宜,屠宰率可达 71% ,膘厚 3. 7cm,瘦肉率较高,达 42% ~46% ,料肉比为 4. 5: 1左右。荣昌猪肉质好,肌肉呈鲜红或深红色,大理石纹清晰、分布均匀,肉质评定的各项指标均属优良。

五、利用

用约克夏猪和长白猪作父本与荣昌猪杂交,一代杂种猪均有一定的杂种优势。用杜洛克公猪与荣昌猪母猪杂交,在瘦肉率方面有较大提高,瘦肉率可达 50% 以上。

(公)

(母)

图 2-6　荣昌猪

任务七　总结地方猪种的特性

一、中国地方猪种的优点

（一）产仔数高

中国地方猪情期排卵数多，据统计，初产母猪情期排卵数（17.21 ±2.35）枚，经产母猪情期排卵数（21.56 ±2.17）枚，排卵多，产仔数高；中国地方猪乳头数多，一般 7 ~9 对，多的可达 10 对，乳头数与产仔数呈正相关，乳头多，产仔也多。

（二）母性好

中国地方猪性情温顺、护仔能力强、泌乳多，产后一般不需额外照顾，躺卧前会自动将仔猪拨开，很少压死或踩伤仔猪。断奶仔猪成活率高。

（三）成熟早

中国地方母猪一般 3 月龄出现初情期，性成熟为 5 月龄左右。

（四）发情明显

中国地方母猪发情时表现明显，食欲明显减退甚至不吃，喊叫不停，阴户红肿明显而且有黏液。

（五）适应性好

中国地方猪具有较强的抗逆性，尤其是华北地区、高原地区猪具有较强的抗寒力和耐热性。绝大多数中国地方猪具有耐粗饲能力，能利用大量青饲料、糠麸料等，并能在较低的营养水平及低蛋白情况下获得理想的增重。

（六）肉质优良

中国地方猪以肉质嫩美著称全球。多数地方猪肉色鲜红，无 PSE 肉，pH 在6.2以上，系水力强，猪肉具有明显的大理石纹，肌纤维密度大但直径小，结缔组织含量低，肌肉之间含有丰富的脂肪，使肉质细嫩而多汁。

二、中国地方猪种的缺点

（一）生长速度慢

中国地方猪初生较小，体重一般 1kg 左右。日增重普遍不超 500g。

（二）胴体瘦肉率低

中国地方猪大多属于脂肪型猪种，少部分是兼用型，瘦肉率一般低于 45%，只有少部分猪的瘦肉率能达到 50% 左右。

(三) 饲料利用率低

每千克增重消耗饲料不低于3.5kg。

模块二　我国引进的国外猪品种

任务一　认知大白猪

一、产地与特点

大白猪又称大约克夏(Yorkshire),原产英国北部的约克郡及其邻近的地区。以当地猪为母本,引入我国的广东猪和莱斯特猪(Leicester)猪杂交而育成为优良的白色猪,体型有大、中、小之分。由于大白猪繁殖能力强,饲料转化率和屠宰率高,所以世界各地曾先后引入并与当地猪种杂交改良,都取得了较好的效果。现在许多品种或多或少都含有其血缘。例如,前苏联大白猪就是从英国引进并经过几十年的风土驯化选育而成的,被列为前苏联国家品种。又如,长白猪就是丹麦从英国引进并与当地土种白猪进行杂交改良,选育成当代世界最优秀的瘦肉型猪种。

二、外貌特征

大白猪(图2-7)是瘦肉型猪的代表品种。体大,毛色全白,头长,颜面宽而呈中等凹陷,耳薄而大并向前直立,体躯长,胸深广,肋骨开张,背平直稍呈弓形,腹充实而紧,后躯宽长,但后腿欠结实。

三、繁殖性能

母猪初情期在5月龄左右,产仔数11.7头(在国外猪种中产仔数第一)。

四、育肥性能

大白猪具有增重快、饲料转化率高的优点。公母猪育肥性能不一样,公猪育肥期增重750~800g,达90kg体重需156日龄,料肉比2.41∶1,背膘厚2.87cm;母猪育肥期日增重为700g左右,达90kg体重需166日龄,料肉比3.2∶1,背膘厚2.51cm。经高度选育后,现今有较高的生产水平,20世纪90年代,丹麦试验站测试公猪30~100kg阶段平均日增重可达982g，料肉比2.28:1，胴体瘦肉率为61.9%。

五、利用

20世纪70年代大白猪开始大量引入我国，经过长期的驯化，大白猪已基本适应了我国的自然生态条件和生产方式。在国内的二元杂交中，大白猪常用做父本，地方母猪做母本，均获得较好的杂交效果，其杂交一代猪日增重比母本提高20%左右，瘦肉率增加约10%。在国外，三元杂交中，大白猪常用做母本或第一父本。

（公）

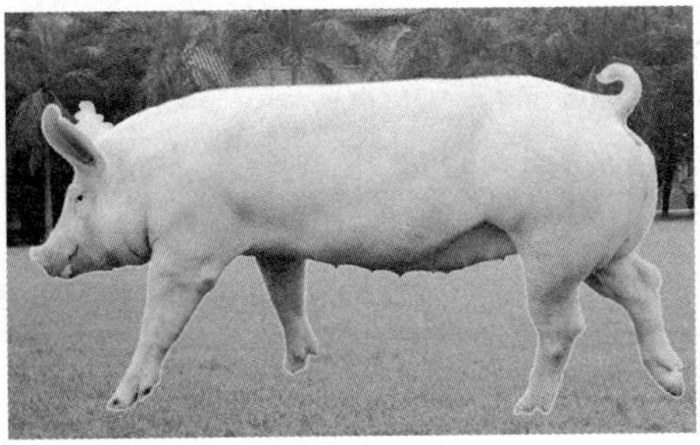

（母）

图2-7 大白猪

任务二 认知长白猪

一、产地与特点

长白猪原产于丹麦，是世界著名的瘦肉型猪种。我国自1964年开始从瑞典第一批引进之后，又陆续从荷兰、法国等国家引进长白猪。从80年代开始，直接从原产地丹麦引进了长白猪，特别是国家实施“菜篮子”工程和瘦肉型猪项目开发及至目前，每年几乎都有不同的厂家从丹麦引进长白猪。目前在我国长白猪有英系、法系、比利时系、新丹系等品系。生产中常用长白猪作为三元杂交（杜长大）猪的第一父本或第一母本。主要优点是产仔数多，生长发育快，饲料报酬高，胴体瘦肉率高等，但抗逆性差，易发生繁殖障碍及裂蹄，易形成劣质PSE肉，对饲料营养要求较高。

二、外貌特征

长白猪（图2-8）全身被毛白色，允许偶有少量暗黑斑点，头小颈轻，颜面平直，耳中等大小向前倾或略有下垂，体躯长，背微弓，腰平直，腹平直，后躯发达，腿臀丰满，整体呈前轻后重，外观清秀美观，体质结实，四肢坚实。

三、繁殖性能

母猪初情期为 170～200 日龄，10 月龄可开始配种，母猪发情周期为 21～23 天，发情持续期为 2～3 天，体重 120kg 以上。成年母猪体重 300～400kg，成年公猪体重 400～500kg。母猪有效乳头数 6～7 对，初产母猪平均每胎产仔数 9 头左右，经产母猪平均每胎产仔数 10 头以上。初产母猪 21 日龄窝重达 40kg 以上，经产母猪 21 日龄窝重达 45kg 以上。

四、育肥性能

在良好的饲养条件下，生长发育迅速，6 月龄体重可达 90kg 以上。体重 90kg 时，屠宰率为 70%～78%，胴体瘦肉率为 55%～63%。每千克增重消耗饲料 2.8kg 以下、100kg 体重时，活体背膘厚 15mm 以下，眼肌面积 $30cm^2$ 以上。

五、利用

长白猪在国外三元杂交中常作为第一父本或母本。在我国各地多用长白猪作第一父本，地方猪做母本，开展二元或三元杂交，在较好的饲养条件下，杂种猪生长速度快，在体长和瘦肉率方面改良效果明显。

（公）

（母）

图 2-8　长白猪

任务三　认知杜洛克猪

一、产地与特点

杜洛克猪产于美国，于 19 世纪 60 年代在美国东北部由美国纽约红毛杜洛克猪、新泽西州的泽西红毛猪以及康乃狄格州的红毛巴克夏猪育成。早期杜洛克皮薄、骨粗、体长、腿高、成熟迟的脂肪型品种，后来为适应市场需求，改良为瘦肉型猪。这个猪种于1880年建立了品种标准，是当代世界著名的瘦肉型猪种之一。它适应性强，对饲料要求低，喜食青绿饲料，耐低温，但对高温的耐力较差。

二、外貌特征

杜洛克猪（图2-9）头大小适中、较清秀，颜面稍凹、嘴筒短直，耳中等大小，向前倾，耳尖稍弯曲，胸宽深，背腰略呈拱形，腹线平直，四肢强健。

三、繁殖性能

母猪初情期为170～200日龄，适宜配种日龄为220～240天，体重120kg以上。母猪总产仔数，初产8头以上，经产9头以上；21日龄窝重，初产35kg以上，经产40kg以上。

四、育肥性能

达100kg体重的日龄180天以下，每千克增重消耗饲料2.6kg以下、100kg体重时，屠宰率为70%以上，背膘厚18mm以下，眼肌面积33cm^{2}以上，后腿比例为32%，瘦肉率在62%以上。肉质优良，无灰白、柔软、渗水、暗黑、干硬等劣质肉。

五、利用

由于杜洛克猪具有增重快、饲料报酬高［料肉比为(2.5～2.6)∶1］、胴体品质好、眼肌面积大、瘦肉率高等优点，而在繁殖性能方面较差些。杜洛克适宜作杂交父本，以达到提高生长速度、增加瘦肉率的目的。在生产商品猪的杂交体系中更适合做终端父本。最常用的配套系为：杜洛克猪×（长白猪×大白猪）。

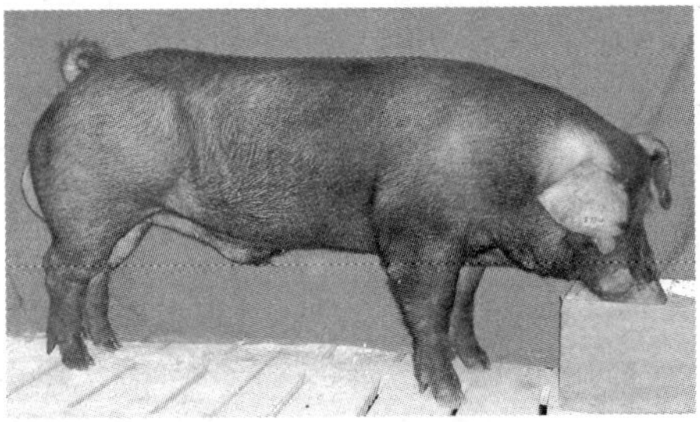

（公）

（母）

图2-9 杜洛克猪

任务四　认知皮特兰猪

一、产地与特点

皮特兰猪原产于比利时的布拉帮特省，是由法国的贝叶杂交猪与英国的巴克夏猪进行回交，然后再与英国的大白猪杂交育成的。其主要特点是瘦肉率高，是目前世界上胴体瘦肉率最高的猪种，后驱和双肩肌肉丰满。在国外主要用于商品猪生产，作为父本与抗应激品种杂交，生产商品猪。

二、外貌特征

皮特兰猪（图 2-10）毛色呈灰白色并带有不规则的深黑色斑点，偶尔出现少量棕色毛。头部清秀，颜面平直，嘴大且直，双耳略微向前；体躯呈圆柱形，腹部平行于背部，肩部肌肉丰满，背直而宽大。体长 1.5 ~ 1.6m。

三、繁殖性能

公猪一旦达到性成熟就有较强的性欲，采精调教一般一次就会成功，射精量 250 ~ 300mL，精子数每毫升达 3 亿个。母猪的初情期一般在 190 日龄，发情周期 18 ~ 21 天，10 ~ 11月龄可配种，每胎产仔数 10 头左右。母猪母性不亚于我国地方品种，仔猪育成率为 92% ~ 98%。

四、育肥性能

皮特兰猪产劣质肉（PSE 肉）的发生率较高，并具有高度的应激敏感性。在较好的饲养条件下，皮特兰猪生长迅速，6 月龄体重可达 90 ~ 100kg。日增重 750g 左右，每千克增重消耗配合饲料 2.5 ~ 2.6kg，屠宰率 76%，瘦肉率可高达 70%。

五、利用

皮特兰猪产肉性能高，多用做父本进行二元或三元杂交。用皮特兰公猪配上海白猪，其二元杂种猪育肥期的日增重可达 650g，体重 90kg 屠宰，其胴体瘦肉率达 65%；用皮特兰公猪配梅山母猪，其二元杂种猪育肥期日增重 685g，每千克增重消耗饲料 2.88kg，体重 90kg 屠宰，胴体瘦肉率可达 54% 左右。皮特兰公猪 ×（长白猪 × 上海白猪），三元杂种猪育肥期日增重 730g 左右，每千克增重消耗饲料 2.99kg，胴体瘦肉率为 65% 左右。

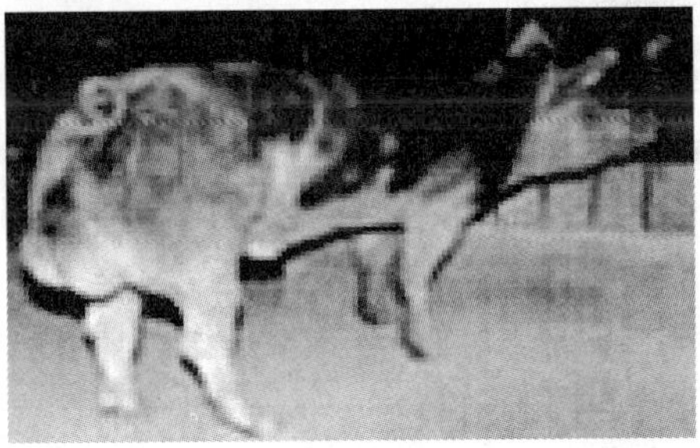

（公）

（母）

图 2-10　皮特兰猪

任务五　总结我国引进国外猪种的特性

一、国外猪种的优点

（一）生长速度快

在我国标准饲养条件下，20～90kg 育肥期平均日增重 650～750g，高的可达 800g 以上。在国外核心群生长速度更快，育肥期平均日增重可达 900～1 000g。

（二）饲料报酬高

在我国标准饲养条件下，育肥期每千克增重消耗饲料 2.5～3.0kg，而地方猪大于 4.0kg。在国外标准饲养条件下，育肥期每千克增重消耗饲料 2.5kg 以下。

（三）瘦肉率和屠宰率高

在合理饲养条件下，90kg 体重屠宰时的瘦肉率为 60% 以上，高的可达 65% 以上，屠宰率为 70%～72%，背膘薄，一般小于 2cm。

二、国外猪种的缺点

（一）繁殖能力差

国外猪种性成熟迟，一般 5 月龄以上达初情期，发情不明显，配种较难，主要是难以把握最佳的配种时间，受胎率低。发情期排卵数少，产仔数少，大白猪和长白猪经产母猪产仔数为 11～12 头，杜洛克猪和皮特兰猪一般不超 10 头。

（二）适应性差

国外猪种对饲养管理条件的要求高。在较低的饲养水平下，猪生长发育缓慢，有时还不及地方猪长得快。对环境的要求也高，常会引起应激反应。

(三) 肉质差

国外猪种瘦肉率高,但肌肉之间含有脂肪较少,肌纤维较粗,口感、嫩度和风味都不及我国的地方猪种,出现灰白肉(PSE 肉)和暗黑肉(DFD 肉)的比例较高,尤其是皮特兰猪的灰白肉发生率高。

模块三 中国培育的猪品种

培育品种是指鸦片战争后,特别是新中国成立以后,利用我国的地方品种母猪与引进国外的苏联大白猪、长白猪、大白猪、中约克夏猪等四个白色猪种为父本,杂交选育而成的新品种、新品系,目前共 38 个。主要包括哈尔滨白猪、北京黑猪、上海白猪、苏太猪、三江白猪、新金猪、新淮猪、苏淮猪等品种。

任务一 认知三江白猪

一、产地与特点

三江白猪是我国培育的第一个瘦肉型猪品种。三江白猪是从 1973 年开始用长白猪和东北民猪两个品种采用正反交、回交、横交的育种方式,到 1982 年,各项指标都达到了预期目标而命名的一个猪种。三江白猪属华北地区猪,具有生长快、产仔较多、瘦肉率高、肉质良好和耐寒冷气候等特性,主要分布在黑龙江省东部三江平原地区,是生产商品猪及开展杂交利用的优良亲本。

二、外貌特征

三江白猪(图 2-11)头轻嘴直,两耳下垂或稍前倾,全身背毛白色,背腰平直,中躯较长,腹围较小,后躯丰满,四肢健壮。蹄质坚实,乳头 7 对,排列整齐。

三、繁殖性能

三江白猪性成熟较早,初情期约在 4 月龄,后备公猪 6 月龄体重 80 ~ 85kg,后备母猪 6 月龄体重 75 ~ 80kg。初产母猪每胎产仔数 9 ~ 10 头,经产母猪每胎产仔数 11 ~ 13 头。

四、育肥性能

按饲养标准饲养,6 月龄育肥猪体重可达 90kg,每千克增重消耗配合饲料 3.5kg。在农场条件下饲养,190 日龄体重可达 80 ~ 90kg。肥育猪 20 ~ 90kg 阶段平均日增重 600g,胴体瘦肉率 57% ~58%。

五、利用

三江白猪与杜洛克猪、汉普夏猪、长白猪杂交都有较好的配合力,与杜洛克猪杂交效果显著。肥育期平均日增重 650g,每千克增重消耗的配合饲料 3.28g,瘦肉率 62% 左右。

（公）　　（母）

图 2-11　三江白猪

任务二　认知苏太猪

一、产地与特点

苏太猪是由苏州市苏太猪育种中心以小梅山、中梅山、二花脸和枫泾猪为母本,以杜洛克猪为父本,通过杂交育成的新品种,属于江海地区瘦肉型猪。它保持了太湖猪的高繁殖性能、肉质鲜美、适应性强等优点,同时,与国外种公猪杂交后,具有生长速度快、瘦肉率高、杂种优势显著等特点,是生产瘦肉型商品猪的理想母本。

二、外貌特征

苏太猪(图 2-12)全身被毛黑色,耳中等大小、前垂,脸面有浅纹,嘴中等长而直,四肢结实,背腰平直,腹小,后躯丰满,结构匀称,具有明显的瘦肉型猪特征。少部分苏太猪有玉鼻(鼻端白)。

三、繁殖性能

母猪平均乳头7对以上，适配年龄为6～7月龄，公猪适配年龄为7～8月龄；初产母猪平均产仔11.68头，35日龄断奶育成仔猪10.06头，60日龄仔猪窝重184.31kg，经产母猪平均产仔14.45头，35日龄断奶育成仔猪11.80头，60日龄仔猪窝重216.25kg。

四、育肥性能

母猪9月龄体重116.31kg，公猪10月龄体重126.56kg；育肥猪体重25～90kg阶段日增重623.12g，料肉比为3.18∶1，达90kg体重时的日龄为178.90天。体重达90kg时，屠宰率为72.88%，平均背膘厚2.33cm，眼肌面积29.03cm^2，胴体瘦肉率为55.98%。

五、利用

以苏太猪为母本，与大白公猪或长白公猪杂交生产"苏太"杂种猪是一个很好的模式。苏太杂种猪的胴体瘦肉率为59%～60%，达90kg体重时的日龄为160～165天，25～90kg阶段日增重700～750g，饲料转化率为2.98∶1。

（公）

（母）

图2-12　苏太猪

任务三　认知新淮猪

一、产地与特点

新淮猪产于江苏省淮阴地区，属于江海地区兼用型猪。由当地淮猪与大约克夏猪进行正反杂交，从所得一代杂种猪群中进行严格选择和自群繁育，通过适当近交和品系繁育而成。具有适应性强、生长较快、产仔多、耐粗饲、杂交效果好等特点。

二、外貌特征

新淮猪(图 2-13)全身被毛黑色,仅在体躯末端或腹下有少量白斑。头稍长,嘴平直微凹,耳中等大小,向前下方倾垂。背腰平直,腹稍大但不下垂,臀略倾斜,四肢健壮,乳头7 对以上。

三、繁殖性能

成年公、母猪平均体重分别为 240kg 左右和 185kg 左右。性成熟较早,母猪 3 月龄左右有性行为。母猪初配年龄 8 个月左右,体重 70kg 以上,初产母猪每胎产仔数 10.5 头,经产母猪每胎产仔数 13 头左右。

四、育肥性能

新淮猪在以青饲料为主的饲养条件下,肥育猪 2 ~8 月龄全期日增重为 490g,每千克增重耗混合料 3.65kg,青绿饲料 2.47kg,肥育猪最适屠宰体重 80 ~90kg。体重 87kg 时屠宰率为 71% ,膘厚 3.5cm,眼肌面积 25cm^2,腿臀比例为 25% ,胴体瘦肉率为 45% ~48% 。

五、利用

新淮猪与苏白猪、内江猪杂交效果良好。在中等营养水平下,用内江猪作父本与新淮猪进行杂交,其杂种猪 6 月龄体重可达 90kg,2 ~6 月龄日增重 560g,用杜洛克公猪与二花脸母猪杂交,选杂种猪作父本,再与新淮母猪杂交,其三品种杂交猪日增重 590 ~700g。体重 90kg 屠宰率在 72% 以上,后腿比例为 27% ,胴体瘦肉率在 50% 以上。

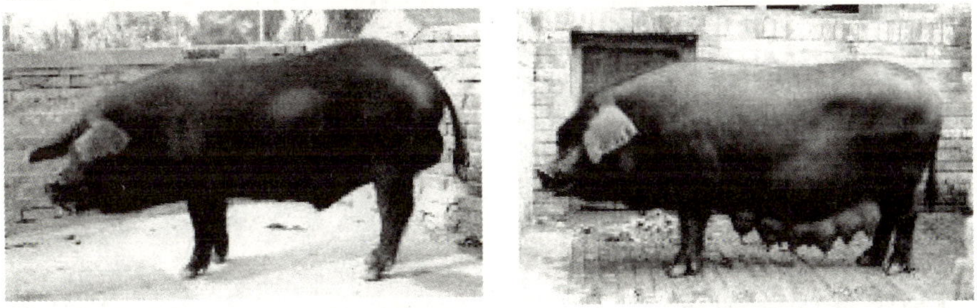

(公)　　(母)

图 2-13　新淮猪

任务四　认知苏淮猪

一、产地与特点

由淮安市农委和淮阴种猪场共同培育的苏淮猪，是国家级畜禽新品种，于2012年入选农业部主导品种，是全国16个主导品种之一，也是江苏省唯一被列入的畜禽良种猪，属于江海地区瘦肉型猪。苏淮猪是江苏省第一个自主培育的猪种，它是在新淮猪基础上进一步导入瘦肉型大约克夏猪血统，运用“广选、快稳”改良群体继代选育法，结合分子标记辅助选择等手段，历时12年选育而成。

二、外貌特征

苏淮猪(图2-14)皮毛黑色，有的肢蹄末端有白色。

三、繁殖性能

初产母猪总产仔数10头以上，经产母猪总产仔数13头以上，活仔数12头；35天断奶育成仔猪数11头，窝重77kg。

四、育肥性能

体重90kg的苏淮猪平均日龄175天；25kg～90kg阶段平均日增重650g以上，料重比3.1:1，90kg体重时平均屠宰率为72%，背膘厚25mm，胴体瘦肉率在56%以上。

(公)

(母)

图2-14　苏淮猪

任务五　认知上海白猪

一、产地与特点

上海白猪产于上海市近郊的上海县和宝山县，主要繁殖中心在上海县的虹桥、宝山县的彭浦和嘉定县的长征等地。它是由上海市郊的地方猪种与约克夏猪、长白猪、苏白猪等品种经杂交培育而成的。上海白猪于1979年定为一个新品种，其优点是适于利用青饲料和农副产品饲养，生长快，抗病力强。

二、外貌特征

上海白猪（图2-15）体型中等偏大，体质结实，身躯较长，背腰宽平。头面平直或微凹，长短适中，耳中等大、略向前倾，腹稍大，腿臀较丰满。皮毛白色，乳头7～8对，排列稀，较细，乳房发育良好。

三、繁殖性能

公猪在8～9月龄、母猪在8月龄左右开始配种。初产母猪产仔数8～10头，初生重1kg以上，经产母猪平均每胎产仔12头左右，初生重1.1kg以上，60日龄断乳，窝重160kg以上。

四、育肥性能

成年公猪体重约250kg，母猪约170kg。在较好的饲养管理条件下，25～90kg阶段日增重570～630g，每千克增重消耗饲料3.1～3.5kg，肥育猪6月龄可达90kg，胴体瘦肉率为50%～54%。

五、利用

用杜洛克公猪与上海白猪杂交，一代杂种猪的日增重620g以上，胴体瘦肉率可达60%。该猪具有较好的杂交优势，各杂交组合与上海白猪纯种比较，在产仔数、产活仔数、窝重或肥育期的日增重、饲料利用率和瘦肉率都有不同程度的提高。

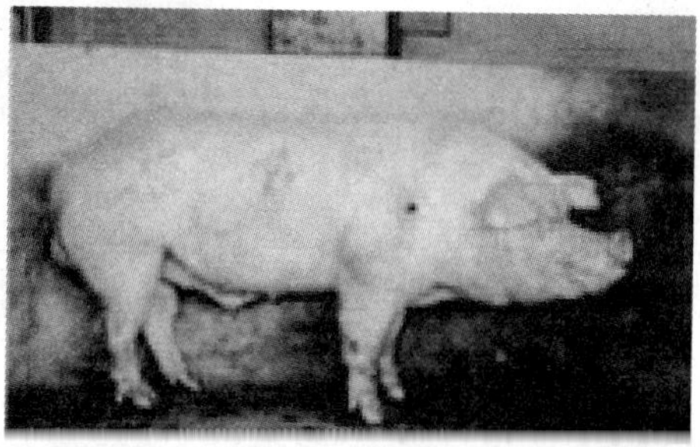
（公）

（母）

图 2-15 上海白猪

任务六 认知哈尔滨白猪

一、产地与特点

哈尔滨白猪简称哈白猪，是在含有约克夏猪和巴克夏猪血统的杂种白猪的基础上，通过引入苏联大白猪血统，对其进行杂交二代选育而成的。哈尔滨白猪为黑龙江省养猪业的主要品种资源，现已推广到全国20多个省（市、自治区），具有皮薄、脂肪较少、骨轻、胴体可食部分比例高等优点。

二、外貌特征

哈尔滨白猪（图2-16）体型大，结构匀称，体质坚实，毛色全白，头中等大，嘴中等长，两耳直立，乳头6~7对。

三、繁殖性能

经产母猪平均产仔数11头，仔猪60日龄窝重130kg。

四、育肥性能

育肥猪在中等饲养条件下，6~7月龄体重可达90~100kg，每千克增重耗混合精料3.8kg。适宜屠宰体重为100kg，屠宰率73%以上，胴体瘦肉率为49%，后腿比例为26%，眼肌面积24cm^2，第6~7肋间膘厚3.2cm。

五、利用

以哈白猪为母本与长白猪杂交，肥育期日增重优势率在8%以上，料耗下降5%~

6%。用哈白猪为父本与东北民猪杂交，杂种猪日增重优势率在10%以上。

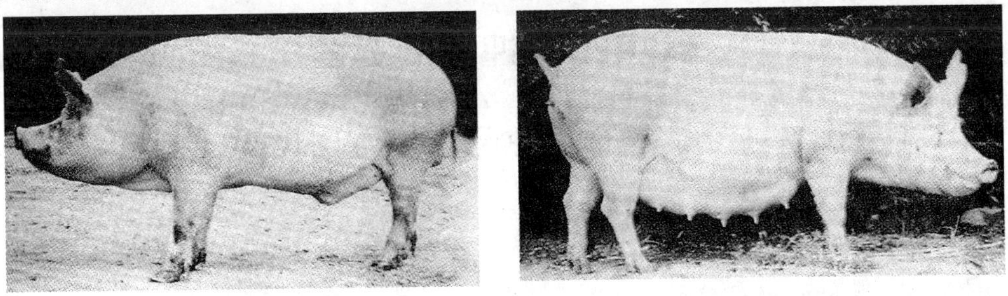

（公）　　　　　　　　　　（母）

图2-16　哈尔滨白猪

任务七　总结中国培育猪种的特性

一、体型优良

与地方品种相比，中国培育猪种体型较大，结构良好，背腰平直且长，腹大小适中，不过分下垂，后躯丰满，头小颈细，耳大小适中直立或稍向前倾，皮较薄，体质细致，四肢强健灵活，毛色一致。

二、生产性能良好

中国培育猪种繁殖性能较好，表现为仔猪初生体重大，多为1kg以上，哺乳期生长速度快，断奶体重大。生长发育快，饲料利用率高，种猪8月龄配种时体重可达到100kg以上。肉猪6月龄体重可达到90kg，育肥期日增重600g以上，每千克增重耗配合料3.5kg左右。胴体品质得到改良，屠宰率可达到72%左右，瘦肉率达到50%以上，肉质优良。

三、适应能力强，抗病力强，抗逆力强

中国培育品种猪都能较好地适应当地的气候和饲养管理条件，因此，抗病力、抗逆力都较强。

模块四 种猪的选留

任务一 了解猪选种时依据的性状及特性

一、数量性状

（一）产仔数

产仔数指总仔猪数和活产仔数。总产仔数包括死胎和木乃伊猪在内的出生时仔猪总头数。活产仔数是指出生时存活仔猪数。产仔数的遗传力是0.1～0.15，属于低遗传力，这说明产仔数受遗传的作用不大，产仔数是一个复合性状。产仔数主要受品种、年龄、胎次、环境温度、公猪精液、配种方法、配种方式、营养状况等因素影响，因此，选择的效果很慢。在生产中，要提高产仔数，通过杂交选育效果比较好。

（二）初生重和初生窝重

初生重是指仔猪出生后12h以内称的重量，初生窝重是指同窝活产仔猪初生重的总和。仔猪初生重是衡量猪的一个重要种质性状，初生重影响猪一生的生长发育、生产性能和宰后胴体等级等。仔猪个体的初生重遗传力是0.1～0.15，对初生重的影响较小。一般情况下，母猪的产仔数较多，则仔猪的初生重较小；初产母猪仔猪的初生重比经产母猪仔猪的初生重小。但初生窝重的遗传力较高，为0.24～0.42。因此，初生窝重作为选育指标，其价值比初生重大。

（三）泌乳力

评定母猪的泌乳力，一般以仔猪20日龄时窝重（包括寄入仔猪，不包括寄出仔猪）为代表。因为母猪的母乳高峰在分娩后20日龄左右，在20日龄之后哺乳仔猪的体重有部分是依靠补料而增加的。泌乳力的遗传力大小为0.06，属于低遗传力，以致其遗传力估值较低。母猪泌乳力受产仔数、母猪年龄、胎次、营养水平及个体的影响较大。因此，作为选择指标收效也不大。一般来说，体型较大品种的母猪泌乳力较高，高营养水平的母猪泌乳力相对较高。

（四）断奶窝重

断奶窝重指断奶时全窝仔猪的重量。断奶时，应注明时间，同一猪场力求断奶时间一致，以便于比较。断奶窝重遗传力为0.17，虽然较低，但它与产仔数、初生窝重、断奶仔猪数和个体重等性状密切相关。所以，在实践中一般把断奶窝重作为重要的选择性状之一。

（五）平均日增重

平均日增重是育肥性能指标，指整个育肥期平均每日增长的重量。

$$平均日增重(g) = \frac{平均末重 - 平均始重}{育肥天数}$$

平均末重是指育肥猪出栏时的平均重（一般是 180 日龄）；平均始重是指开始育肥时的平均重（一般是断奶后 15～30 天）。平均日增重的遗传力中等，约为 0.3。

（六）饲料转化率或饲料效率

饲料转化率或饲料效率是指整个育肥期内每千克增重所消耗的饲料量，也叫料肉比。

$$饲料转化率或饲料效率 = \frac{育肥期内消耗的饲料总量}{平均末重 - 平均始重}$$

饲料转化率的遗传力较高，为 0.3～0.5。因此，通过选择较易收效。

（七）背膘厚度

我国现大部分取三点测量，即肩胛后沿、最后肋处及腰荐接合处距背正中线 4cm 处作为膘厚的测量点，而后取三点平均值。用活体测表仪进行活体测膘时，在胸椎与腰椎接合处，距背线 5cm 处测定。

背膘厚的遗传力较高，约为 0.5。通过个体选择效果明显。

（八）眼肌面积

眼肌面积指背最长肌的横截面积。国内一般在最后肋骨处测定，而国外一般在第 10 肋骨处。胴体测定时可用游标卡尺测量眼肌的宽度和厚度，然后用公式求眼肌面积：眼肌面积 = 宽度（cm）×厚度（cm）×0.7。这仅仅是近似值，但方便易行。也可以用硫酸纸贴在眼肌上面描绘其轮廓用求积仪测定或用坐标纸统计面积。眼肌面积的遗传力较高，为 0.4～0.7，选种较易收效。眼肌面积与胴体瘦肉率呈强正相关，所以，通过加大眼肌面积的选种，就能提高胴体的瘦肉率。

（九）后腿比例

后腿比例指沿倒数第 1 和第 2 腰椎间的垂直线切下的后腿重量占整个胴体重量的比例。

$$后腿比例(\%) = \frac{后腿重量}{胴体重量} \times 100$$

后腿比例的遗传力较高，约为 0.58，个体选择效果明显。后腿比例与其外形发育有关，可以通过测量外部的腿臀围来推算后腿比例。

（十）瘦肉率

将剥离板油和肾脏的新鲜胴体剖分为瘦肉、脂肪、皮和骨四部分。瘦肉重量占四部分总量的比例，称为瘦肉率。

$$瘦肉率(\%)=\frac{瘦肉重量}{瘦肉重量+皮肤重量+脂肪重量+骨骼重量}\times 100$$

（十一）皮厚

皮厚是指在第6和第7胸椎接合处测定的背部皮肤厚度。

（十二）生长发育

生长发育与生产性能有直接关系，特别与育肥性能关系密切。一般生长发育快的猪，育肥期的平均日增重大，饲料报酬高。所以，生长发育是选择种猪不可忽视的性状。尤其，当种猪幼年、生产性能尚未表现之前，生长发育性状就成了选种的主要依据。它包括体重、体长、胸围、体高、腿臀围等性状。

二、质量性状

生产中常把猪的毛色、耳型、致死、半致死、畸形等一类性状视为质量性状。毛色和耳形这类性状与猪的育肥性状（如日增重、瘦肉率、料肉比等）并无明确相关，只是作为一个品种的标志而已。

（一）毛色

根据少量杂交试验和大量实际观察的统计分析，猪的毛色遗传大致有以下倾向：白色对有色（黑、红等）呈显性；黑色对红色和白化体呈显性；黑色六白（巴克夏猪）对黑色或红色（杜洛克猪）呈显性；黑色有白肩胸带（汉普夏猪）对红色（杜洛克猪）和黑色六白呈显性；野猪毛色对黑色和红色呈显性。

毛色的选择在长白猪和约克夏猪白色品种中常出现黑斑，特别是新引进的长白猪和约克夏猪，一些个体的头部和尾部带有黑斑，有些本身被毛全白，但与本地黑猪杂交的后代中出现大量黑斑甚至黑毛的现象，影响了商品仔猪和肥猪的外貌及胴体美观。研究发现，长白猪和约克夏猪中黑斑现象受某一遗传位点的隐性基因控制，隐性纯合子个体有黑斑，杂合子和显性纯合子表现为被毛全白。

（二）耳型

一般情况下，耳型和大小呈中间型遗传，垂耳对大型立耳呈不完全显性。

（三）致死、半致死和畸形

出现这类遗传疾患的性状大多是由隐性基因决定的。出现这类性状的个体及其双亲和同胞不能留做种猪。这类性状表现很复杂，可以出现在体躯任何部位。

常见的猪致死和半致死性状有脑水肿、脑疝、脑裂、腭裂、前肢肥大、四肢缺失或完全麻痹、脊柱短缩、锁肛、子宫闭锁、先天失明、肌肉痉挛、血友病等。

常见的畸形性状有隐睾、单睾、阴囊疝、雌雄同体、单趾、无毛、被毛卷曲、背部旋毛、蛇尾、瞎乳头等。

对于遗传疾患性状在选种时要控制这类隐性基因的流传与扩散。致死和半致死性状因受自然选择法则的制约，一般不会造成严重危害。容易被忽视的是疝症、瞎乳头等畸形非致死性状，从表现型不能识别这类隐性基因的携带者，在个别基因频率很高的猪群要通过测交以鉴别种畜的基因型。一般情况下，只要注意不从出现畸形窝中选留种猪，并淘汰生产畸形、致死和半致死性状后裔的双亲就可以了。

任务二 了解猪的选种方法

主要采用的选种方法有个体表型选择、同胞选择、系谱选择、后裔测定、综合指数选择以及 BLUP 法等。选择种猪时，可以用一种方法或两种方法，也可以多种选择方法连用。一种或两种方法选择时，操作简单，但结果往往不可靠。多种方法联用时，选择效果好，但操作比较麻烦。生产中，应根据实际情况而定。

一、个体表型选择

根据猪本身性状的表型值进行的选择，称为个体表型选择。由于个体表型选择是对表型值的选择，所以其选择效果与被选择性状遗传力的关系极为密切。只有遗传力高的性状，个体表型选择才可取得良好的效果，如猪的背膘厚度；而遗传能力低的性状进行个体表型选择，收效甚微，如母猪产仔数。采用本法可及早选定种畜，具有加快育种进程的效果。

二、系谱选择

系谱选择就是根据个体的双亲以及其他有亲缘关系的祖先的表型值进行的选择。其准确性不高，一般仅用于种畜幼龄期的初选。由于系谱选择的效率不太高，在实际选种中，一般不单独使用系谱选择，而是与其他方法结合使用。系谱上的各种资料，来自日常的各种原始记录。系谱一般记载 3 ~ 5 代已足够鉴定种畜之用，因为代数太远的祖先，对种畜的影响很小。

1. 横式系谱

横式系谱是按子代在左、亲代在右，公畜在上、母畜在下的格式来填写。系谱正中可划一横虚线，表示上半部为父系祖先，下半部为母系祖先。横式系谱祖先血统关系模式如图 2-17 所示。

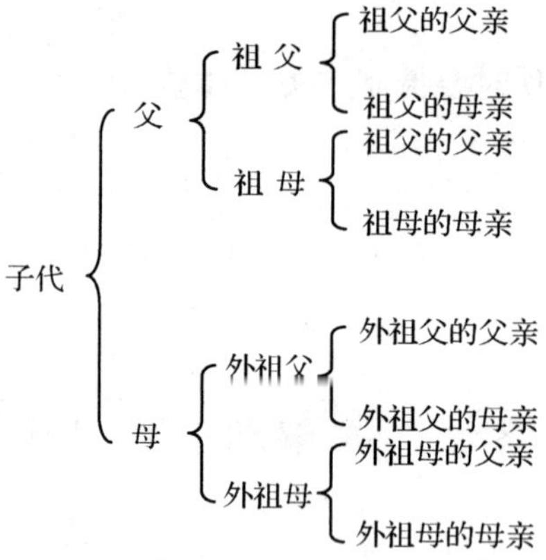

图 2-17 横式系谱

2. 竖式系谱(直式系谱)

竖式系谱各祖先血统关系的模式如图 2-18 所示。

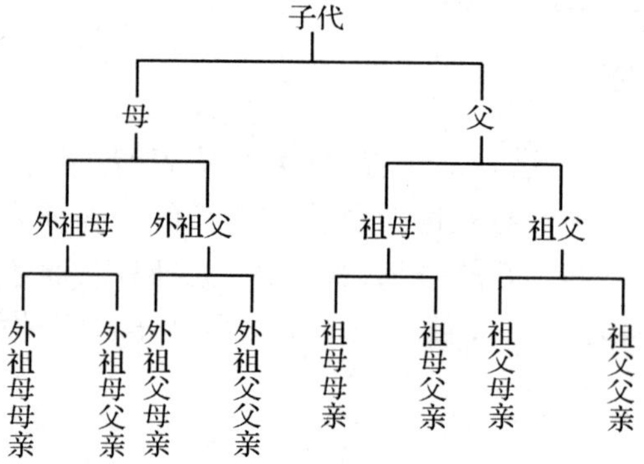

图 2-18 竖式系谱

3. 应用系谱选择种猪系谱具备的条件

(1) 系谱记录亲本至少 3 代。

(2) 系谱要全,亲本缺一不可。

(3) 亲本的生产性能育种值必须一代高过一代。

(4) 亲本中不能带有隐性有害基因。

三、同胞选择

根据同胞或半同胞的表型值进行选种的方法称为同胞选择。同胞选择在鉴定时间上可以大大缩短,这样可以缩短世代间隔,提高选种效率,所以同胞选择在猪的选种上的应用日益受到重视。同胞选择适用于遗传力低的性状和一些显性性状以及必须屠宰才能获得测定值的性状。同胞平均表型值不包括种猪本身的表型值，因此早在被选猪的幼龄，甚至出生前就可选择，这是它的优点。

四、后裔测定

根据后代的表型值进行选种的方法称为后裔测定。它是准确性较高的选种方法。

1. 后裔测定应用的范围

（1）被选性状的遗传力低或是一些限性性状。

（2）被测公猪所涉及的母猪数量非常大，为采用人工授精的公猪。

2. 后裔测定的特点

（1）用后裔测定进行猪的选种，已有很长的历史。

（2）后裔测定改良的速度较慢，同一头公猪要等有后裔测定结果后才能大量使用，需要 1.5 ~2 年的时间，延长了世代间隔，影响了选种效率。

（3）由于建立集中的后裔测定站需要大量的投资，且测定的猪数有限。

（4）优良种猪的后代育肥测定后，虽然可提供育肥和胴体及肉质性能的测定结果作为选种的依据，但利用良种后代数会因此而减少。

五、综合指数选择法

综合指数选择法，即把几个性状的表型值综合成一个，使个体间可以相互比较的选择指数，然后根据选择指数进行选种的方法。此选种方法可以解决以上选种方法每次只能针对一个性状进行选种的不足。

六、BLUP 法

20 世纪 50 年代初，美国康奈尔大学学者 Henderson 提出了 BLUP 法，即最佳线性无偏预测法。该方法能显著提高遗传进展，特别是对于低遗传力性状和限性性状，其效果更加明显。70 年代以来这一方法在牛的遗传改良中得到了广泛应用，成为多数国家牛育种值估计的常规方法。80 年代后期，一些国家开始把这一方法应用于猪。

BLUP 法具有估计值无偏、估计值方差最小、可消除因选择和淘汰等原因造成的偏差等特性，获得的个体育种值具有最佳线性无偏性，是当今世界范围内主要的种畜遗传评定方法。

（1）最佳：估计误差最小；估计值与真实育种值相关最大。

（2）线性：估计是基于线性模型；假设个体性能是遗传和非遗传效应的总和。

（3）无偏：估计过程中估计值是无偏的；估计值与真实育种值间平均差为零，即所有可能估计值的平均值等于真实育种值。

（4）预测：一个体将来作为亲本的预测育种值。

BLUP 的实质是选择指数法的推广，但它有别于选择指数法，它可以在估计育种值的同时对系统环境误差进行估计和矫正。因而，在传统育种值估计的假设不成立的情况下，其估计值也具有理想值的性质。

BLUP 法唯一的缺点是受计算条件的限制。

任务三　探究种猪各阶段的选留方法

一、后备猪的选留

（一）断奶时

断奶时留作后备猪主要考虑父母生产性能、同窝仔猪的整齐度以及自身的生长发育状况和体质外形。一般来说，同一时期内出生的仔猪在管理和环境条件上基本相似，要选留的仔猪，首先是父母生产性能优良，然后考虑从窝产仔猪较多且均匀一致的窝中选留，同时要求体质外形符合种用特征。小母猪可按预留数的 3 ~ 5 倍，小公猪按预留数的 5 ~ 8 倍选留。采用窝选法或个体选择法。窝选法是指整窝全预留或整窝全淘汰的一种方法，若一窝中有的个体有遗传缺陷，则全窝淘汰；若个体都没有遗传缺陷，则全窝预留。预留是依据亲代的成绩，先进行窝选，然后在其中选择个体。

（二）4 月龄时

断奶至 4 月龄留作种用猪称为育成猪。首先，种用的仔猪应长得快，体重大，发育好，肢体健壮，特征明显，国内母猪应有 7 对以上（国外母猪应有 6 对以上）发育良好、排列整齐的乳头；公猪睾丸紧凑、匀称，体质外形基本符合本品种要求，没有遗传缺陷。其次，结合本身生长发育，以 2 ~ 4 月龄的平均日增重为主，要求高于全群的日增重及体重的均值，再参考系谱，留下 50% 的个体。

（三）6 月龄时

这一阶段重点选择生长速度、饲料利用率，同时要观察外形，有效乳头数，有无瞎奶头，生殖器官是否异常等。凡体重偏小，体质衰弱，肢蹄存在明显疾患，体型有损特征，外阴特别小，以及出现了遗传缺陷的一律淘汰。此时选择一般为留种数量的 1.5 倍。一般猪种在 6 月龄时都有发情表现，此时可用成年公猪诱情，多次诱情没有明显发情表现的也不宜留种，对发情正常、表现明显的母猪优先选留。有条件者此时可根据生产性状构成综合选择指数进行选留或淘汰。

（四）8 月龄至配种前

按 4 月龄原则，根据 6～8 月龄平均日增重，结合体长与生产性能，按预留数作最后选留。选拔生长发育良好、体形匀称、背部平直、腹部发育良好（开阔不下垂），四肢粗壮结实，蹄发育好，阴户发育良好（丰满，不过度上翘）的猪作为后备猪。留种用的后备猪，应建立系谱档案。

二、种母猪的选留

种母猪是指正式参加配种，并完成妊娠、分娩、哺乳的母猪。

（一）头胎母猪的选择

这时的种猪已经经过了几次筛选，对其父母表现、个体发育和外形等已经有了比较全面的了解，所以头胎母猪的选择主要看其繁殖力的高低。第一，对产仔数少的应予以淘汰；第二，对产奶能力差，断奶时窝仔少和不均匀的应予以淘汰。但是，有一点需要注意，母猪在产仔数、产奶多少、哺乳成活率等指标上，各胎次的差异有时会很大，所以头胎猪表现一般的应尽量选留。

（二）二胎以上母猪的选择

此时留下的种猪一般没有太大的缺陷，对重复第一胎产仔数较少（少于 9 头），哺育力差（哺育期死亡率高，仔猪发育不整齐）的应予以淘汰。此时该种猪已有后代，应多方面考虑母猪的性能，根据母猪繁殖力的高低或综合指数的大小进行选择。

任务四　应用猪的生长发育指标测量技术选种

猪的生长发育，是猪最主要的直接生产指标，在选种上具有特别重要的意义。

一、体尺测量

体尺测量即对猪的各个部位进行测量，以具体了解各部位的发育情况。一般在 6 月龄、10 月龄和成年时各测量 1 次。

（一）测量注意事项

（1）人畜安全，测量人员不能打猪、伤害猪，同时测量人员要保护自己不被猪伤害。

（2）测量场地清洁卫生，安静，地面平坦、防滑。

（3）测量前，校正测量工具。

（4）猪安静，站立姿势要自然。

（5）同一部位要测量 3 次，取其平均值。

(6) 测量时间应在早饲前或喂饲后2h进行。

(二) 测量的项目与方法

1. 体长

从两耳根中点连线的中点起,用皮尺沿背脊量至尾根的长度即为体长。测量时,猪头不能低下,也不能抬得过高,要求颌下、颈部和前胸在一条直线上。

2. 胸围

胸围指沿肩胛骨后缘垂直于胸部的周径,用皮尺测量。松紧度以皮尺自然贴紧毛皮为宜。

3. 体高

体高指从鬐甲最高部到地面的垂直距离,用直尺测量。

4. 腿臀围

从一侧膝关节前缘,绕过肛门上方,尾巴下方,至另一侧膝关节前缘的长度即为腿臀围。腿臀围的大小与后腿比例相关,腿臀围大,后腿比例就大,产肉量就高。同时,对于母猪来说,腿臀围大,骨盆就大,产仔数就会多。

二、体重测量

(一) 称量

在选种鉴定上,一般须在初生、1月龄、2月龄、4月龄、6月龄、10月龄和成年时进行称重。称重时间应在早晨喂饲前、排泄粪尿后。

(二) 按公式计算

猪体重的计算公式如下,单位用kg表示。

$$\text{猪的体重(kg)}=\frac{\text{胸围(cm)}\times\text{体长(cm)}}{\text{142(营养良好)或156(营养中等)或162(营养不良)}}$$

按公式计算会有一定的误差。

三、确定正常生长发育的依据

(一) 依据体长与胸围之差

瘦肉型猪的体长与胸围之差一般大于15cm;脂肪型猪的体长与胸围之差小于5cm;兼用型猪的体长与胸围之差在5～15cm。如不能达到以上指标,可视为生长发育不太正常。

(二) 依据体躯率

$$\text{体躯率}=\frac{\text{胸围}}{\text{体长}}\times 100\%$$

体躯率的大小能反映猪的生长发育情况。瘦肉型猪体躯率为83%～85%，脂肪型猪体躯率为90%～92%，兼用型猪体躯率为86%～89%。超出范围可视为发育不正常。

任务五　应用猪的外貌鉴定方法选种

外貌鉴定，也称外形鉴定或外形选择，即直接根据体型外貌和外形结构对个体加以选留淘汰的选种方法。该法在我国已有3 000多年的悠久历史。随养猪业的发展，外貌鉴定的内容不断丰富。猪作为一个统一的机体，外形在一定程度上可以反映其体质、机能、生产性能和健康状况。外貌可以反映品种或个体间差异及生长发育、健康状况和适应性，还可近似地反映生产能力。现代集约化养殖工艺和对生产性能的高强度选择使猪生长速度加快、瘦肉率提高，骨与腱的生长不同步，许多种猪出现了严重的肢蹄问题。对品种特征和肢蹄强健性等项目必须根据外貌评定来选择，故现代种猪选留仍须强调外貌鉴定。但外貌鉴定不能真实知道遗传素质，具有一定的局限性，只能作为一种辅助方法，要求选种人员有丰富的经验。

一、外貌鉴定的注意事项

(一) 明确鉴定目标

猪的外形是适应当地的生产条件，所以鉴定前先了解当地的农作制度和饲养管理方法等外界环境条件。猪的外形特征亦随品种的不同而有所差异，故鉴定以前，应先熟悉品种的要求，属于育成的品种，则必须了解该品种的外貌特征。属于新培育的品种则应了解其培育目标，熟悉其应具有的外貌特征。

(二) 鉴定者与被鉴定猪保持一定的距离

鉴定时，鉴定者须离被鉴定猪适宜的距离，以便于观察猪的整体外貌，看其体型各个部分结构是否协调匀称，体格是否健壮。

(三) 鉴定要全面

不仅需要观察其静态外形结构，还要注意其动态性能，特别是采食、排泄等行为。

(四) 整体鉴定，重点突出

猪是统一的整体，各部位是相互联系的。鉴定时应先观察整体，看其各部分结构是否协调匀称，体格是否健壮，而后观察各部位，鉴定分析时抓住重点，各部位不可等同。鉴定原则是整体与局部的统一、静态与动态的结合。

(五) 鉴定体况适中猪

对怀孕猪、过肥过瘦猪及病态猪不宜鉴定。

（六）鉴定场所要合适

应选择地面平坦的地方，以免地形不平，猪姿势不正，鉴定时产生错觉，影响鉴定的准确性。

二、外貌鉴定的方法和程序

先整体，后局部，共分为6个鉴定项目，即为品种特征及体质、头颈部、前躯部、中躯部、后躯部及四肢部。

（一）品种特征、体质总体鉴定

1. 品种特征

被鉴定猪的基本特征如体型、头型、耳型和毛色等特征是否明显，尤其是看是否符合该品种生产方向要求的体型和生长发育的基本要求。

2. 体质

观察被鉴定猪是否结实，肢蹄是否健壮，动作是否灵活，各部位结构是否匀称、紧凑，发育是否良好。

3. 性别特征

主要看种猪的性别特征的表现是否明显，公猪的雄性特征如睾丸发育及包皮的形状和大小等，母猪的乳头数、乳头及阴户的发育有无母猪公相，有无其他遗传疾病等。

（二）头颈部

从吻部至肩端前缘称头颈部。头不宜过大，中等大小，且头与颈结合自然。头部是表现品种特征最显著的部位，要求合乎品种标准。嘴鼻的长短与形状，可以表明猪的经济早熟性及品种特征，嘴鼻过短，面侧过凹，是早熟的特征。理想的嘴鼻，应稍长而微凹，嘴筒应宽大，特别是口要深，保证采食量，嘴筒的肌肉要发达，应有明显的环状皱纹。上下唇吻合整齐，显示咀嚼有力。无肥腮，颈长中等，以细薄为好。公猪头颈粗壮短厚，雄性特征明显；母猪头形轻小，母性良好。

（三）前躯部

从肩端前缘至肩胛骨后缘称前躯部。要求肩胛平整，鬐甲高而明显，宽而无凹陷。胸宽且深，表明心脏、呼吸器官发育良好。

（四）中躯部

从肩胛骨后缘至腰荐部称中躯部。背要求长、宽、平，前与肩、后与腰结合良好，没有凹凸。在发育良好的情况下，弓背是许可的。如背部很窄，有突起（鲤鱼背）以及凹背都是发育不良的标志。凹背乃是脊柱或体质软弱的象征，这是猪的一个重要缺陷。年龄较大的猪尤其是母猪，背部允许稍凹，我国南部一些地区的猪，成年时背微凹，不应作为大的缺陷。腰要平、宽、直，肌肉充实，与臀部结合自然无凹陷。腹大而不下垂，肋骨呈拱形。国外猪腹线最好与地平线平行。国内猪由于喂给大量青粗饲料，腹线呈弧形，即要求中间部分深广，前后连接坚强，保证腹部有最大的容积。公猪切忌草肚垂腹，母猪切忌背腰单薄和乳房拖地。乳头有一定的数量，国内母猪乳头数不少于7对，国外母猪乳头数不少于6对，乳头分布要均匀，特别是前后排列间隔要远些，最后一对要分开，以免哺乳过挤，左右两侧的乳头应平行，距离适中，太窄易引起仔猪吃奶争执；太宽一侧乳房常常被母猪躺下时压在身下，影响泌乳；无瞎乳头、小乳头、瘪乳头。乳房发育要良好，有乳头部和膨大部，形成"莲蓬乳房"或"葫芦乳房"最适宜。

（五）后躯部

从腰荐部至坐骨结节称后躯部。臀部要求长、宽、平，微倾斜，肌肉丰满。臀长表示大腿发育良好。臀宽表示后退开阔，骨盆发育良好。公猪睾丸发育良好，大而明显，左右对称，阴囊紧附于体壁，不过于下垂，包皮无积尿；母猪阴户充盈，发育良好，母猪的阴户大小适中（与年龄、体重相适应），过小可能不生育，过大可能正发情或发炎（不在发情时选择）。阴户应稍向上翘，有利于配种受孕。

（六）四肢部

前肢要求正直，左右距离宜宽，无"O"型腿或其他不正肢势，系骨宜短而坚强，与水平面微有倾斜。四肢过长、倾斜过大、软系和实球等均属于缺陷。蹄大小适中，形状端正，必须一致。行走时两侧前后肢在一条直线上前进，不宜左右摆动。由后方观察后肢，无"X"型腿，无卧系。

三、猪的鉴定标准及评分

我国对猪的鉴定大多采用百分制，根据鉴定的方法和程序，对各部位进行鉴定评分，最后累计总分。大白猪鉴定评分标准见表2-1；杜洛克猪鉴定评分标准见表2-2。

表2-1　大白猪种猪鉴定评分标准

项目	优秀标准	标准评分
品种特征及体质	品种特征：要求明显。毛白色，毛质好、有光泽，皮肤平滑无皱褶，应无斑点。头小，肩轻，中躯较长，后躯发达。耳小，耳廓向前竖起。脸微凹。背线和腹线外观大体平直，背稍弓 体质：各部位结合良好，身体紧凑；性征表现良好，四肢正直，体质强健，共济协调，合乎标准	22
头颈部	头、颈结合自然良好。头部符合品种特征，嘴中等长短，颈不太长，宽度中等紧凑，向前和肩移转良好	8

续表

项目	优秀标准	标准评分
前躯部	颈、肩附着良好,向前肢和中躯移转良好;肩胛平整,鬐甲高而明显,宽而无凹陷,胸部深、充实,前胸宽	12
中躯部	背腰长,向后躯移转良好,背平直,健壮,宽背,肋开张好,腹部深、丰满、很紧凑。乳房形状良好,发育正常,乳房无过多的脂肪。国内母猪乳头数不少于7对,国外母猪乳头数不少于6对,无瞎乳头、小乳头、瘪乳头和并乳头,分布均匀,乳头前后距离大小一致	25
后躯部	臀部宽、长且平,尾根附着高,腿应厚、宽,飞节充实、紧凑,生殖器发育正常,形质良好	25
四肢部	四肢较长,站立端正,无"X"型或"O"型腿。肢间距宽,飞节强健。管部不太粗,很紧凑,系部要短、有弹性,无卧系。蹄质好、左右一致,步态轻盈准确	8
合计		100

表 2-2　杜洛克猪种猪鉴定评分标准

项目	优秀标准	标准评分
一般外貌	近于大型,发育良好,全身大体呈半月状;头、颈要轻,体要高,后躯很发达,背线从头到臀部呈弓状,复线平直,各部位结合良好,身体紧凑;性情温驯有精神,性征表现明显,体质强健,合乎标准毛色褐色,毛质好、有光泽,皮肤平滑无皱褶,应无斑点	25
头、颈	头要轻,脸的长度中等,面部微凹,下巴正,面颊要紧凑,目光温和有神,两眼间距宽,耳略小,向前折弯,两耳间隔宽,颈稍短,宽度中等,很紧凑,向头和肩移转良好	5
前躯	不重,很紧凑,肩附着良好,向前肢和中躯移转良好,胸部深、充实,前胸宽	15
中躯	背腰长度中等,向后躯移转良好,背部微带弯曲,健壮,背要宽,肋开张好,腹部深,很紧凑,下肷部深、充实	20
后躯	臀部宽、长,应不倾斜,腿厚、宽,小腿很发达、紧凑,尾的长度、粗细适中	20
乳房、生殖器	乳房形质良好,正常的乳头有12个以上,排列良好;乳房无过多的脂肪;生殖器发育正常,形质良好	5
肢、蹄	四肢较长,站立端正,肢间要宽,飞节健壮。管部不太粗,很紧凑;系部要短,有弹性;蹄质好、左右一致,步态轻盈、准确	10
合计		100

任务六 确定猪的选配方法

一、猪的选配原则

(一) 有明确的目的

无目的的选配达不到预期目标。根据预期目标,确定选配的方法和配偶,可稳定和巩固猪群优点,克服缺点。

(二) 尽量选择亲和力好的公母猪交配

亲和力指交配双方的交配效果,即能否产生优良的后代。在制订选配计划时,须对猪群过去交配的结果进行分析,在此基础上找出能产生优良后代的组合。

(三) 公猪的品质(等级)要高于母猪

选配组合中,种公猪的等级和品质应高于种母猪,起码公母等级相同,不能用低于种母猪等级的种公猪与之交配。对猪群中鉴定出的特级、一级种公猪充分使用,对二级、三级种公猪应控制使用。

(四) 具有相同缺点或相反缺点的公母猪不能选配

例如,用凹背公猪与凸背母猪交配,不但改变不了缺点,反而会使缺点加深,须用背腰平直的个体与之交配,才能纠正缺点。

(五) 正确使用近交

近交具有纯化遗传结构(基因型),稳定优良性状的作用。但是,随意近交,易导致近交衰退现象的发生。因此,近交应根据选育的情况仔细确定。在一般的繁殖猪场,则不宜采用近交。

(六) 合适的年龄选配

选配的公母猪应体质健壮,年龄配对合适。一般壮龄公猪配壮龄母猪最好。其他配偶组合,效果均差,应该避免,至少交配双方中有一方是壮龄猪。

二、选配方法

(一) 同质选配

同质选配是选择表型相同的优秀公、母猪交配的方法。例如,选用体长、膘薄的公猪配体长、膘薄的母猪,期望双亲的优良性状在群体中得到稳定和巩固,从而提高群体品质。但应注意下列问题:

(1) 交配双方品质同质,但应是优秀而不是中等以下的配偶组合,并避免近交。

(2) 交配的双方除要求同质外,应无其他共同的品质缺陷。

(3) 长期使用同质选配会使群体的变异范围缩小,引起猪的适应性、生活力下降。因此,须加强选择,严格淘汰体质衰弱或有遗传缺陷的个体,必要时,应与异质选配结合,交替使用,才能不断巩固和提高整个猪群的品质。

(二) 异质选配

异质选配是选择表型不相同的公母猪进行交配的方法。异质包含两方面的含义:一是交配双方具有不同的优异性状,如选择增重快的公猪与肉质好、适应性强的母猪交配,可望获得增长快而肉质优良的后代;另一种是选择同一性状,但优劣程度不同的公母猪交配,期望达到"以优改劣"的目的。

(三) 亲缘选配

亲缘选配是根据交配双方的亲缘关系远近程度进行选配的方法。

三、猪的杂交改良

(一) 杂交亲本选择

1. 母本选择

选择本地区数量多、繁殖力高(产仔数多、断奶窝重大、仔猪成活率高、母性和泌乳能力强)的品种或品系作母本。由于杂交母本猪需要量大,应强调对当地环境的适应性,在不影响杂种生长速度的前提下,母本的体格不一定要求太大。

2. 父本选择

选择生长速度快、饲料利用率高、胴体品质好的品种或品系作父本。为了保证父本猪的种用价值,应强调对性欲、精液品质、性成熟、适应性等方面的选择。

根据上述要求,我国大多数地方猪种和培育猪种都具备作母本品种的条件。国外引入的猪种,如长白猪、杜洛克猪、大约克夏猪、汉普夏猪等,都具备作父本品种的条件。

(二) 杂种优势利用的方法

1. 二元杂交

二元杂交即两个品种的猪杂交一次,一代杂种无论公、母猪,全部不作种用,只作经济利用(图 2-19)。

A(♀)×B(♂)

↓

AB(全部作为商品育肥猪)

图 2-19 二元杂交示意图

这种杂交方式使用的母本猪主要是地方品种或培育品种,来源广,数量多,只需引入一些适合当地的优良瘦肉型猪种作父本，即可开展杂交，因此，二元杂交容易推广应用。但这种方式的缺点是不能充分利用杂种在繁殖性能方面的杂种优势。另外，地方品种作母本，本身生长慢、膘厚、瘦肉率低，杂种在这些性能方面也受到不良影响。因此，选用我国培育品种作母本，外来瘦肉型品种作父本，杂交效果更好。

2. 三元杂交

三元杂交即先用两个品种杂交，产生在繁殖性能方面具有明显杂种优势的母猪，再用第三个品种的公猪与之杂交，生产的后代全部作商品育肥猪（图 2-20）。

A（♀）× B（♂）

↓

AB（♀）× C（♂）

↓

ABC（全部作为商品育肥猪）

图 2-20 三元杂交示意图

三元杂交所使用的猪种，第一母本猪往往用地方品种或培育品种，两个父本品种往往选用引入的优良瘦肉型猪种。为了提高经济效益和增加市场竞争力，可把第一母本猪确定为引入的优良瘦肉型猪，也就是全都用现代引入优良猪种进行三元杂交，效果良好。

目前，在国内从南方到北方的大多数规模化养猪场，普遍采用“杜、长、大”的三元杂交方式（图 2-21），获得的杂交猪具有良好的生产性能，尤其产肉性能突出，很受市场欢迎。

长白（♂）× 大白（♀）

↓

长大（♀）× 杜洛克（♂）

↓

杜长大

大白（♂）× 长白（♀）

↓

大长（♀）× 杜洛克（♂）

↓

杜大长

图 2-21 “杜、长、大”三元杂交示意图

3. 专门化品系配套杂交

专门化品系是指为了培育某个突出的经济性状，而使其他性状仍保持在一般水平上的品系。一般而言，专门化父系应集中表现生长快、饲料利用率高和胴体品质好等特点；专门化母系则主要表现为具有良好的产仔数、泌乳力等繁殖性状。专门化品系遗传结构越纯，杂交后的杂种优势越大。因此，利用这些品系之间配套杂交生产优良商品猪（杂优猪），是理想的杂交方式。在一些国家，配套系杂交方式的运用已成为主流，如美国的迪卡配套系（图 2-22）、英国的“PIC”配套系等。

曾祖代	（汉普夏） A(♂)×A(♀) ↓	（杜洛克） B(♂)×B(♀) ↓	（英大白猪） C(♂)×C(♀) ↓	（长白猪） E(♂)×E(♀) ↓ E(♂/♀)	× ↓	（美大白猪） F(♂)×F(♀) ↓ F(♀/♂)
祖代	A(♂)	× B(♀) ↓	C(♂)	× ↓	D(♀)	
父母代		AB(♂)	× ↓	CD(♀)		
商品代			ABCD			

图 2-22　迪卡配套系种猪繁育模式

1991 年农业部决定，从美国迪卡公司为北京养猪育种中心引入迪卡配套系种猪，其中原种猪有 A、B、C、E、F 等 5 个专门化品系，其实质是由当代世界优秀的杜洛克、汉普夏、大约克夏、长白等种猪组成。在此模式中，A、B、C、E、F 这 5 个专门化品系为曾祖代（GGP）；A、B、C 及 E 和 F 正反交生产的 D 系为祖代（GP）；A 公猪和 B 母猪生产的 AB 公猪，C 公猪和 D 母猪生产的 CD 母猪为父母代（PS）；最后 AB 公猪与 CD 母猪生产 ABCD 商品猪上市。利用专门化品系配套合成杂交产生“杂优猪”，适宜于工厂化饲养。随着我国各地经济实力的增加和工厂化养猪业的发展，这种杂交方式将得到进一步发展。

项目三

种猪的生产

模块一　种公猪的生产

种公猪饲养管理目标:体格和肢蹄强健、性欲旺盛、精液品质良好,性情温顺,能完成配种和受孕任务。

种公猪的好坏对整个猪群影响很大。俗话讲:公猪好,好一坡;母猪好,只好一窝。这充分说明种公猪的重要作用。因此,公猪的饲养管理对猪场至关重要。要饲养好种公猪,必须保持营养、运动和配种利用三者之间的平衡。营养是保证公猪健康和生产优良精液的物质基础;运动是增强公猪体质、提高繁殖能力的有效措施;而配种利用是决定营养和运动需要量的依据。

一般情况下,采用本交,每头公猪可负担 20 ~ 30 头母猪配种任务,一年可繁殖仔猪 400 ~ 600 头;采用人工授精,每头公猪可负担 500 头以上的母猪配种任务,一年可繁殖仔猪万头以上。

任务一　研究公猪的饲养技术

一、公猪的生理特点

(一) 射精量大

正常情况下,公猪的一次采精量平均 250mL,多的可达 900mL 以上。

(二) 交配时间长

交配时间一般需要 15 ~ 20min,有的可长达 30min。

（三）精液中蛋白质含量高

在精液组成中，起重要作用的是粗蛋白，占精液干物质的60%以上。

二、种公猪营养需要的特点

（一）能量水平

一般饲料中能量应达到11.34～12.18MJ/kg。能量太低或采食量太少，公猪容易消瘦，性欲降低，随之而来的是其精液品质的下降，造成使用年限缩短。能量太高或采食量太大，公猪容易增肥。过肥的公猪一般不愿运动，易引起趾蹄病，配种或采精困难，从而导致性欲下降、精液品质差等。一般地，符合营养标准的饲料，根据种公猪的体况，每天饲喂2.3～2.5kg。

（二）蛋白质及氨基酸水平

应依据美国国家科学研究委员会（National Research Council，NRC）标准，根据猪的实际情况进行调整。一般种公猪依不同时期及利用强度来确定蛋白质水平。但很多猪场蛋白质水平都比NRC标准高。幼龄公猪18%，后备公猪16%，成年公猪14%，采精繁忙时可提高到20%以上。另外，要求氨基酸全面（表3-1），特别是赖氨酸。在豌豆、玉米、小麦、稻谷、粉渣中赖氨酸较少，大麦、麸皮、动物性蛋白质中较多。

表3-1　公猪的蛋白质和氨基酸需要量（90%干物质）

营养成分	需要量/%	营养成分	需要量/%
粗蛋白质	13	蛋氨酸＋胱氨酸	0.42
赖氨酸	0.60	苯丙氨酸	0.33
组氨酸	0.19	苯丙氨酸＋酪氨酸	0.57
异亮氨酸	0.35	苏氨酸	0.50
亮氨酸	0.51	色氨酸	0.12
蛋氨酸	0.16	缬氨酸	0.40

注：来自美国NRC标准

（三）矿物质、微量元素水平

矿物质对公猪的精液品质和健康有显著影响。饲粮中钙不足或缺乏时，精子发育不全，活力降低或死精增多；缺磷引起生殖功能衰退；缺锰会产生异常精子；缺锌使睾丸发育不良，精子生成停止；缺硒引起贫血，精液品质下降，睾丸萎缩。公猪饲粮多为精料型，一般含磷多含钙少，故需注意钙的补充。食盐在公猪日粮中也不缺少。在集约化的养猪条件下，更需注意补充上述微量元素，以满足对各种常量和微量矿物质需要量（表3-2）。

表 3-2 配种公猪常量和微量矿物质元素需要量(90% 干物质)

钙/%	总磷/%	有效磷/%	钠/%	氯/%	镁/%	钾/%	铜/mg	碘/mg	铁/mg	锰/mg	硒/mg	锌/mg
0.75	0.60	0.35	0.15	0.12	0.04	0.20	5.00	0.14	80	20	0.15	50

注:来自美国 NRC 标准

(四) 维生素

维生素 A、D 和 E 对精液品质亦有很大影响。长期缺乏维生素 A 时,会使公猪睾丸肿胀或萎缩,不能产生精子,失去繁殖能力。饲料中维生素 E 对种公猪比较重要,虽然没有证据表明它能提高种公猪的生产性能,但能提高免疫能力和减少应激,从而提高公猪的体质。缺乏维生素 E 时,亦会引起睾丸功能退化,精液品质下降。公猪可从青绿饲料中获得维生素 A 和 E,在缺乏青饲料的条件下,应注意补充多维。维生素 D 影响钙、磷代谢,间接影响精液品质,让公猪每天晒一段时间太阳,就能保证维生素 D 的需要。

美国 NRC 最新版猪营养需要量(1998)中列出猪常用饲料中维生素类含量:维生素 E 是 150.0g/t,维生素 B_1 是 5.5g/t,维生素 B_2 是 18.0g/t,维生素 B_6 是 10.0g/t,维生素 B_{12} 是 80.0mg/t。

三、公猪的饲养技术

(一) 种公猪日粮

种公猪日粮属于精料型,配制时,应根据非配种期、配种期或常年配种的情况,并结合公猪的体况、精液品质,制定专用的公猪饲料配方,不能采用育肥猪料饲喂公猪。公猪饲粮体积不宜过大,以免形成垂腹影响配种,粗纤维含量不超过 3%。

非配种期的营养标准一般为:每千克配合饲料含可消化能 12.55MJ,粗蛋白质 12%,钙 0.66%,磷 0.53%。参考配方:玉米 26%、大麦 41.5%、稻谷 10%、豆粕 5%、青糠 15%、骨粉 2%、食盐 0.5%。该配方饲粮营养水平:消化能 12.13MJ/kg、粗蛋白质 11.8%。

配种期的营养标准一般为:每千克配合饲料含可消化能 12.97MJ,粗蛋白质 16% ~ 18%,钙 0.7%、磷 0.6%。参考配方:玉米 43%、大麦 27%、豆饼 10%、麸皮 7%、秘鲁鱼粉 6%、干草粉 2%、骨粉 1.5%、食盐 0.5%、添加剂 1%。该配方饲粮营养水平:粗蛋白质 16.5%、消化能 12.59MJ/kg。

(二) 喂量

公猪的日采食量为体重的 2.5% ~3%。在常年分散产仔的猪场,公猪配种任务比较均匀,因此,全年各月都要维持公猪配种期所需要的营养水平。采用季节集中产仔时,则需要在配种开始前1～1.5个月逐渐增加营养，做好配种前的准备，待配种季节结束以后，再逐渐适当降低营养水平。配种期间每天可加喂2～4个鸡蛋或鱼、虾等动物性蛋白质饲料，以保证良好的精液品质。冬季寒冷时，饲粮的营养水平应比饲养标准提高10%～20%。

（三）饲喂

种公猪的饲喂方式应当采取限制性饲喂，最好饲喂湿拌料，每日定时定量喂给，日喂3次，分早、中、晚定时定段喂饲。每顿不要喂得太饱，8～9成饱即可。营养状况可根据公猪的年龄、体重、肥瘦度以及配种频率来相应调整。防止暴饮暴食，保证充足的清洁饮水。

（四）饲料多样化搭配

必须根据本地区饲料来源，尽量多样搭配，要求营养全面，着重注意蛋白质饲料的供应。特别在配种季节适当加入动物性饲料，有条件的地区可使用鱼、虾、肉类加工副产品或鱼粉等动物性饲料。

（四）定期检查精液品质

每隔10天检查一次，标准是鲜精活力不低于0.7，畸形率不超18%，密度中等以上。若达不到标准，则须调整饲料。

（五）提高公猪性欲、射精量和精子活力

喂给适量青绿饲料或青贮料，补充维生素和微量元素。一般喂量应控制在占日粮构成的10%左右（按风干物质算），不能喂得太多，以免形成草腹。

任务二　探讨公猪的管理技术

一、适宜的运动

种公猪要保持每天1～2次的运动。每次30～60min为宜，最好是圈外驱赶运动，也可以在运动场内自由运动。冬天在中午暖和时进行，夏季在早晚气温较低时进行。

二、适时调教

后备公猪一般在7～8月龄进行爬跨调教，不要太早，以防自淫，也不能太晚，以免难调教。每周采精2～3次，以加强记忆。调教时，要有耐心，不能粗暴，不能随意打骂公猪，更不能打“冷鞭”。

三、单圈饲养

一般公母猪在断奶后要分开饲养，地方猪可早一些。公猪舍要远离母猪圈，管理上要做到“三不”，即不让看到母猪的模样，不让听见母猪的叫声，不让闻到母猪的气味。

四、防暑降温

成年公猪一般都较耐寒，但不耐热。种公猪最适宜的温度为18℃～20℃，12℃～25℃也是可以接受的。冬季猪舍要防寒保温，以减少饲料的消耗和疾病的发生；夏季要防暑降温，当环境温度高于27℃～30℃时，公猪通常会发生热应激，高温使附睾中发育的精子受到伤害，精子活力降低，畸形精子数增加，活精子数明显减少。高温环境还会影响公猪的性兴奋和性欲，在这种环境下公猪只能勉强配种或根本不配种。因此，在炎热季节，应尽量给公猪创造凉爽的环境，在运动场搭凉棚，或种植爬蔓的瓜类、葡萄遮住直射太阳光，猪舍内安装电风扇、排风扇，加速空气流通，同时要采取防蚊灭蝇措施，保证种公猪安静休息。

五、制订配种计划

严格执行配种计划，做到不错配、不漏配，认真填写配种记录，防止近亲配种。

六、修蹄刷身

每天擦拭一次猪的全身，有利于促进血液循环，减少皮肤病，促进人猪亲和。切勿粗暴哄打，以免造成公猪应激等抗性恶癖。利用公猪躺卧休息机会，从抚摸擦拭着手，利用刀具修整其各种不正蹄壳，以减少蹄病发生，利于公猪运动。

七、清洁卫生

公猪圈舍和运动场每天要清扫粪便，定期消毒。猪体要定期驱虫，特别要消灭体外寄生虫。在炎热季节，要保持猪身清洁，最好定期或者中午向猪身上喷凉水，但配种后不能喷凉水。

八、定期体尺测量和称重

定期体尺测量和称重可防止超重。通过测量，检查公猪生长发育情况，以利于调整。

九、及时淘汰不能作种用的公猪

任务三　合理利用公猪

一、初配年龄与体重

种公猪配种能力、精液品质的优劣和利用年限的长短，不仅与饲养管理有关，而且与初配年龄和体重密切相关。如果配种过早则精力消耗很大，必然缩短公猪使用年限，而且受胎率也低，但也不宜过晚，不仅经济上不合算，而且会使种公猪烦躁不安，影响性欲，不利于正常发育，甚至造成自淫等恶癖。

公猪的初配年龄随品种、气候和饲养管理条件的不同而有所变化。我国地方猪种性成熟早，大多数 4 月龄时就具有了配种能力；而培育品种和国外引进品种则性成熟较晚，一般 4～5 月龄性成熟。小公猪最适宜的初配年龄，应根据品种、年龄和体重来确定：一般小型早熟品种应在 7～8 月龄，体重 70～80kg；中型品种应在 10～12 月龄，体重 90～120kg，占成年公猪体重的 50%～60 % 时进行初配；大型晚熟品种在 12 月龄以上，体重 120kg 以上进行初配。至于杂种公猪，则应视其杂交组合而定。其血缘比例靠近大中型品种（如占 75%），则应适当推迟利用；血缘比例靠近小型早熟品种，则应适当早些配种使用。我国地方公猪属于小型早熟品种，国外引进公猪属于大型晚熟品种，我国培育公猪属于中型品种。

二、公猪利用频率

种公猪合理使用极为重要，交配过频或长期不用都是有害的。在种公猪的整个使用期内，1～2 岁为青年阶段，尚处于继续发育时期，适宜的利用强度是每周配种 2～3 次。2～5岁为成年阶段，已发育完成，生殖功能旺盛，在营养条件较好的情况下，每天可配 1～2 次，最好上下午各一次，两次间隔 8～12 小时，一般连续配种 3 天休息一天。5 岁以上的公猪，年老体衰，可每隔一到两天使用一次，应及时淘汰老龄种公猪。种公猪一般利用年限 5～6 年。

三、公猪利用注意事项

合理利用公猪应注意以下事项：

（1）喂食前后 1h 之内不宜配种。否则既影响消化器官又影响精液品质。

（2）设置配种专门场地。配种时，最好远离其他公猪，以免引起其他公猪骚动不安。

（3）配种时若碰到公母猪大小不配套时，要选择斜坡的地势来调整。公猪大、母猪小时,则母猪在坡上,公猪在坡下;母猪大、公猪小时,则公猪在坡上,母猪在坡下。

(4) 配后不要立即洗澡或饮水尤其是冷水。否则,会降低公猪的性欲,缩短公猪的种用年限。若需要一般在配后半小时给予,而且用温水为宜。

(5) 公猪是多次排精的家畜,一次交配时间长达 15 ~ 20min,射精时间累计 5 ~ 6min,体力消耗较大。一般不必控制,任其配完退下。但当配种量大,较为集中时,为减少体力消耗,则可把每次交配的射精次数控制在 2 次为宜,到时可赶母猪向前走动,让公猪自然滑下来。

模块二 后备猪的生产

后备猪一般是指 4 月龄起至初次配种前选留种用的小公猪和小母猪。后备猪的饲养管理目标是获得体格健壮、发育良好、具有品种典型特征并有较高种用价值的种猪。

任务一 了解后备猪的生长发育特点

一、体重的增长规律

体重是身体各部位及组织生长的综合度量指标。体重的增长因品种类型而异。在正常的饲养管理前提下,猪体重的绝对增长随年龄的增加而增大,呈现"慢—快—慢"的趋势,而相对增长速度则随年龄的增长而下降,到成年时在一定的水平上。仔猪自出生至 4 月龄的相对生长强度最大,4 ~ 8 月龄绝对增长速度最快。后备猪生长速度的快慢及发育状况对成年猪的最终大小影响很大。

二、体组织的生长规律

猪体骨骼、肌肉、脂肪的生长顺序和强度是不平衡的,而是随年龄的增长,顺序有先后,强度有大小,呈现出一定的规律性,在不同的时期和不同的阶段各有侧重。从骨骼、肌肉、脂肪的发育过程来看,骨骼最先发育,最先停止;肌肉居中;脂肪在前期沉积很少,后期沉积加快,直至成年趋于稳定。在正常的生产条件下,瘦肉型猪在生长发育过程中,骨骼从生后到 4 月龄生长最快,以后下降;肌肉 4 ~ 6 月龄时增长最快,6 月龄时生长强度达高峰;脂肪前期沉积很少,6 月龄前后开始增加,8 ~ 9 月龄开始大幅度增加,直至成年。在这一规律中,三种组织的发育高峰期时间及发育持续期时间与猪的品种和营养水平有关。

在正常的饲养管理条件下,早熟易肥的品种生长发育期较短,特别是脂肪猪,而大型瘦肉型猪生长发育期较长,脂肪沉积期较晚,肌肉生长强度大且持续时间长。

三、各部位的生长规律

仔猪出生后,骨骼的发育非常迅速,尤其是后备猪阶段,中轴骨的发育比外周骨快,即体躯先纵向发展后横向生长。

四、猪体化学成分的变化规律

随着猪各体组织及增重的变化,猪体的化学成分也呈一定规律性变化,即随着年龄和体重的增长,机体的水分、蛋白质和灰分相对含量下降,而脂肪相对含量则迅速增长。瘦肉型猪体重 45kg 以后,蛋白质和灰分相对稳定。

猪体化学成分变化的内在规律,是制定不同体重时期最佳营养水平和科学饲养技术措施的理论依据。掌握后备猪的生长发育规律后,就可以在其生长不同阶段,控制营养水平,加速或抑制猪体的某些部位或组织的生长发育,以改变猪的体型结构,提高种用价值。

任务二　研究后备猪的饲养技术

一、营养需要特点

一般认为,用过高营养标准培育出来的后备猪,体质较差,以后的繁殖力也会受到影响。采取中等偏上的营养水平来培育后备猪,虽然增重速度稍慢一些,但发育良好,体质健壮结实,在繁殖力和利用年限上具有一定的优越性。

后备猪 6 ~ 8 月龄前应适当提高营养水平,尤其是 3 ~ 5 月龄前要特别注意保持较高的蛋白质水平和较好的蛋白质品质,给予较优厚的饲养,使骨骼和肌肉都能得到充分的发育。以后可以适当降低精料量,增加青粗饲料给量,但总的营养水平不应降得过多。在配种前再给予较高的营养水平,实行“短期优饲”。采取上述饲养方式,后备猪可以得到充分发育,体质结实,符合种用体况。值得注意的是,采取“吊架子”的饲养方式,对培育后备猪是不利的。

培育后备猪,给予充足的优质青绿饲料,要求全身结构和各部组织发育良好,不要求过肥,最好达到成年体重的 50% ~60% ,在 6 ~ 8 月龄时,体重、生殖器官及其功能发育正常,因此,在日粮结构上,应在满足骨骼、肌肉和内脏器官生长发育所需营养的前提下,多用品质优良的青绿多汁饲料和干草粉,进入配种期每头母猪每天饲喂 3 ~ 4kg 的优质青绿饲料。

二、后备猪的饲养技术

（一）饲喂全价日粮

为保证后备猪正常的生长发育，特别是骨骼、肌肉的充分发育，应按相应的饲养标准配制营养全面的饲料。赖氨酸及钙、磷均需要高水平，公猪比母猪高。同时配合饲料的原料要多样化，至少要有5种以上原料，种类尽可能稳定不变，倘若需要变换，应逐渐过渡。

（二）限量饲喂

在后备猪的生长后期，一般需适当限饲，避免因长得过肥而失去种用价值。国外瘦肉型母猪一般在90kg体重限饲，公猪在110kg体重开始限量，国内肉脂型或脂肪型母猪可在70kg体重开始限量，公猪在80～90kg体重开始限食。后备猪生长后期饲料的日喂量大，一般占体重的2.0%～2.5%。后备母猪在配种前两周应结束限量饲喂，以提高排卵数。后备公猪应控制饲粮体积，以防止形成垂腹而影响配种能力。

任务三　探讨后备猪的管理技术

一、合理分群

后备母猪一般为群养，每圈可养4～6头。小群饲养有两种方式：一是小群合槽饲喂，这种方法的优点是操作方便，缺点是易造成强夺弱食，特别是后期限饲阶段；二是单槽饲养小群运动，优点是吃食均匀，生长发育整齐，但圈栏、食槽、设备等投资增大。后备公猪在性成熟前可合群饲养，但应保证个体采食均匀，到达性成熟后应单圈饲养，以防互相爬跨，损伤阴茎。

二、适度运动

运动既可强健后备猪的体质，增强四肢灵活性和坚实性，又可促进后备猪骨骼和肌肉的正常发育，防止过肥，保持匀称结实的体型。一般养猪场采用运动场内自由运动或驱赶运动，条件好的猪场使用放牧运动。如后备公猪要求用合群运动，必须从小开始，并应保证稳定，防止合群造成的咬斗。在运动期间，可将试情公猪引入后备母猪群中，达到诱情的目的，可促使母猪发情。

三、及时调教

后备猪从小就要加强调教管理。一要严禁粗暴对待猪只，建立人与猪的和睦关系，如进行口令和触摸等亲和训练，以利于将来采精、配种、接产、哺乳等操作管理。二要训练猪只养成良好的生活习惯，形成“三点定位”，即训练后备猪到固定地点吃食、睡觉和排泄。三要在后备公猪达到配种年龄和体重后，及时进行配种和采精的调教。

四、定期测量指标、称重

后备猪最好每月称重一次，6 月龄加测体尺，并统计其饲料的消耗量。根据定期称量的个体重量既可掌握后备猪的生长发育状况，作为选种依据，又可适时调整饲料饲养水平和饲喂量，从而达到控制后备猪生长发育的目的。

五、加强对环境的适应能力

后备母猪要求在场内适应不同的生活环境，可以与老母猪一起饲养，可与公猪隔栏相望或直接接触，这样有利于母猪发情。

六、加强日常管理

第一，做好卫生消毒工作，防止疾病的发生。每天及时清理粪便，保持猪舍通风良好。定期对用具、食槽、地面等消毒。定期驱虫和预防接种。消灭蚊蝇、老鼠，禁止狗、猫进入猪场。第二，注意防寒保暖和防暑降温工作。第三，加强公猪性成熟后的管理。后备公猪性成熟后会出现骚动不安、相互追逐、爬跨、食欲减退、生长缓慢等现象。所以，此时应单圈饲养，可合群运动，也可驱赶运动，以增强体质，保证食欲，防止自淫。

模块三　配种前母猪的生产

母猪在配种前饲养管理的好坏直接影响其发情和排卵，因此应加强配种前的饲养管理，使它迅速达到正常的繁殖体况和性功能，并做到适时配种，力争全配全准，多胎多产。

任务一　应用促使母猪多排卵的措施

一、基本概念

（一）母猪的繁殖潜力

母猪的繁殖潜力指成年母猪每次发情平均能排出的成熟卵子数。国内母猪每次发情排卵数一般是 34 ~ 36 个，国外母猪一般为 22 ~ 24 个。

（二）母猪实际繁殖力

母猪实际繁殖力指母猪每胎的实际产仔数。第 1 ~ 2 胎一般 10 头左右。第 3 ~ 8 胎是产仔高峰期，以后逐渐下降。实际繁殖力远小于繁殖潜力，这主要是由饲养管理水平决定的。在生产中会有大部分卵子不能受精或受精后中途死亡。实际繁殖力只占繁殖潜力的 40% ~ 50%。

（三）短期优饲

短期优饲又称催情补饲，是指生产上为提高种母畜的排卵数，而在配种前 10 ~ 14 天给予较高能量水平的日粮（一般在维持能量基础上提高 50% ~ 100%）。

二、促使母猪多排卵的措施

（一）短期优饲

优饲的开始时间为：经产母猪在发情或配种前的 10 ~ 14 天，初产母猪宜在配种前 7 ~ 10 天。过早优饲会使母猪过肥，过迟则达不到促进多排卵的效果。短期优饲对体况差、产仔数高、泌乳力强和在哺乳期严重失重的母猪效果更好。使用短期优饲一般比正常多排 1 ~ 2 个卵。

（二）激素超排

取怀孕 60 ~ 120 天的孕马血清，进行母猪皮下注射，每日一次，连用 2 ~ 3 天，第一次 5 ~ 10mL，第二次 10 ~ 15mL，第三次 15 ~ 25mL；也可临时采集孕马全血做肌肉注射；还可用人绒毛膜促性腺激素促进超排卵：体重为 75 ~ 100kg 的中型母猪，一次肌肉注射 500 ~ 1 000IU 人绒毛膜促性腺激素，配合孕马血清使用，效果更佳；还可在母猪每个情期到来前的 1 ~ 2 天，一次肌肉注射促性腺激素 500IU，连用 2 天，促排卵效果显著。

任务二　研究配种前母猪的饲养技术

一、营养需要

（一）能量

配种前母猪一般能量需要是较低的，每千克饲料含 2.8Mcal 的消化能。但在配种前 10 ~ 14 天可采用短期优饲，其实质是提高日粮的能量水平。其方法有两种：第一，将母猪采食量提高 50% ~ 100%；第二，提高日粮的脂肪含量，在日粮中添加 0.45% ~ 0.55% 的动物脂肪。

（二）蛋白质

蛋白质影响雌激素和孕酮的分泌，缺乏时母猪发情不明显，甚至不发情，受胎率低或根本不孕。蛋白质含量国内猪宜占日粮的11%，国外猪占日粮的12%。也就是说，每天获取的蛋白质在252～273g。

（三）矿物质

日粮中Ca、P、Na、Cl、Mn、I、Se、Zn等矿物质元素不足时易引起母猪排卵减少，发情不规律或不发情，不孕，造成繁殖功能障碍，繁殖力下降。应根据日粮情况按需要补给。

（四）维生素

维生素A、D、E及B族缺乏，均能导致母猪不发情，发情不正常，配种不孕，多胎率低，甚至死胎。因此，饲料中应供给充足的维生素。母猪在配种前喂给适量青绿多汁饲料，可以补充多种维生素。

二、配种前母猪的饲养技术

（一）限制饲喂

对体况过肥的母猪，应限制饲养，减少精料喂量，一般每天饲喂精料2kg，多喂青绿饲料，增加运动，让母猪掉膘恢复至种用体况，有助于提高繁殖力。

（二）控制母猪的初配年龄和体重

母猪性成熟年龄是：地方品种一般在3～4月龄开始发情，培育品种一般4～5月龄，国外品种一般在5～6月龄开始发情。大白猪176日龄、长白猪210日龄、杜洛克224日龄开始发情。实践表明，母猪初配时的体重，对仔猪成活率与仔猪断奶重的影响较大。一般母猪初配体重大，繁殖成绩好。所以母猪的初配一般要在母猪的第3～4个发情期较好，这样小母猪的初配年龄为7～8月龄，体重达75kg左右；培育品种的初配年龄为9～10月龄，体重达90～100kg较适宜，国外猪的初配年龄为10月龄以上，体重100kg以上。过早配种，对以后繁殖不利。实践证明，适当推迟配种的时间，可以提高受胎率。

任务三　探究配种前母猪的管理技术

一、促使母猪发情

（一）改善饲养管理

对于不发情的母猪，首先从饲养管理上找原因。保证饲料营养水平，各种营养成分比例协调，加强母猪的运动，防止母猪过肥或过瘦，做到环境的清洁卫生，控制疾病的发生，尤其是繁殖障碍性疾病的控制。这是促使母猪发情排卵的根本措施。

（二）诱情

用试情公猪接触不发情的母猪，当母猪接触到公猪时，可嗅到公猪的气味，以及公猪爬跨等刺激，通过母猪的神经系统，使脑垂体产生促卵泡成熟素，从而促使母猪发情、排卵。有时用发情母猪或刚配过种的母猪爬跨或接触不发情的母猪，也能收到催情、排卵的效果。这种方法简单易行。试情公猪主要用于发情鉴定。根据美国迪卡公司资料记载，试情公猪还可用于假交配，这种交配能刺激母猪的生殖道，提升授精效果，但是，用与配公猪试情公影响正式配种的效果。

（三）按摩乳房

乳房按摩可促使母猪发情与排卵，分为表层按摩和深层按摩两种。表层按摩方法是在乳房两侧前后反复按摩，所产生的刺激通过交感神经引起脑垂体前叶分泌促卵泡成熟激素，促使卵巢上的卵泡发育和成熟。卵泡在发育过程中分泌雌激素，使母猪发育。深层按摩方法是在每个乳房周围用5个手指捏摩，所产生的刺激通过副交感神经引起脑垂体前叶分泌促黄体生成素，从而促使卵泡排卵。方法是在每天早饲后，表层按摩10min，当母猪发情后，改为表层和深层按摩10min。交配的当天早晨，全部进行深层按摩10min。

（四）多喂青绿饲料

青绿饲料是维生素营养的主要来源，对猪的正常繁殖具有特殊作用。从猪的营养角度看，青绿饲料又是一种营养相对平衡的饲料。青绿饲料中含有繁殖所必需的维生素A、维生素E等多种维生素，一般每天每头应喂4～5kg多汁饲料并搭配适量精料。由于猪对青绿饲料采食有限，可增加日喂次数。

（五）并窝

如实行季节分娩，母猪可在较集中的时间产仔，将产仔少的母猪所产的仔猪给其他母猪寄养，使这些母猪不再哺乳，就可很快发情配种。

（六）倒圈

将不发情的母猪调到另一个圈栏内，让其与正在发情的母猪合并饲养，通过发情母猪的爬跨、环境的改变、同圈猪的变化，可达到促进不发情母猪发情、排卵的作用。

（七）催情

1．激素催情

可用孕马血清，也可用促卵泡素代替，一次肌肉注射800～1 000IU，注射4天左右即出现发情症状，随后注射绒毛膜促性腺激素1 000IU，以促使排卵，然后配种。

2．中药催情

将催情散或保孕散等混合在饲料内饲喂。也可加水煎服，一般饲喂用药3～5天即可发情。参考配方：

（1）当归40g、宫桂20g、阳起石40g、元参25g、杜仲25g、茴香25g、熟地25g、川芎20g。将药研成粉末拌入饲料内让猪自食。

（2）当归75g、白术50g、川芎50g、红花40g、淫羊藿100g、神曲100g，水煎，以白酒为引，分三次内服。

（3）淫羊藿50g，水、黄酒各150mL，煎服。

二、规划母猪产仔方式

猪是常年发情动物，常年可接受配种，不受时间、季节的限制。各地、各猪场可根据实际情况确定产仔方式。产仔方式一般可分为以下三种类型。

（一）常年产仔

常年产仔又称分散产仔，就是母猪随时发情，随时配种，全年任何时候都能产仔。优点是能充分利用猪圈和猪场的设备，减少种公猪的头数，最大程度地发挥公猪的配种作用，并在全年中均匀地提供种猪和商品猪。缺点是部分母猪产仔不能避开炎热的夏季和寒冷的冬季，影响仔猪的成活率和生长发育。这种方式适宜在保暖条件好的猪场和我国南方地区使用。

（二）季节产仔

季节产仔又称集中产仔，就是把母猪的产仔时间集中在对产仔最有利的春秋两季。生产中，产仔时间春季安排在2～3月份，秋季安排在8～9月份。优点：气候适宜，有利于仔猪的生长发育，并能获得较高的育成率。缺点：种公猪的负担重，生产不够平衡，产仔时人员及设备紧张。这种方式在防寒条件差的猪场和我国北方适用。

（三）适当集中产仔

此方式是把猪场70%～80%的母猪集中在春秋两季产仔，其余的分布在其他季节产仔。这样可以保证大多数母猪的产仔时间避开一年中最冷和最热的季节，不仅可提高仔猪的成活率，而且不会导致产仔时人员及设备的紧张。这种方式适用于一般猪场。

模块四　母猪的发情鉴定

母猪发情鉴定是猪生产的重要技术环节。只有在正确掌握母猪发情规律，做好发情鉴定的基础上，才能做到适时输精，提高母猪发情期的受胎率。

任务一 了解母猪的发情和排卵规律

母猪在刚达到性成熟时，发情没有规律，经过 3 次发情后，才表现出规律性。

一、母猪发情周期

母猪发情周期指前一次发情开始到下一次发情开始的时间。母猪一般每 18 ~ 23 天发一次情，平均发情周期为 21 天。地方品种猪一般为 18 ~ 20 天，培育品种和二元母猪一般为 19 ~ 21 天，国外品种一般为 20 ~ 23 天。不同的品种、不同的个体存在差异。

二、发情持续期

发情持续期指一次发情开始到发情结束的时间。母猪发情持续期为 2 ~ 5 天，但因季节、品种、年龄不同而有长短。一般春季发情持续期稍短，秋季和冬季稍长；老年母猪较短，青年母猪稍长；国外引进猪稍短，我国地方猪稍长，但长白猪可持续 5 ~ 7 天。

三、产后发情

母猪在哺乳期一般不发情，就是发情也不明显且持续期短、没有规律，人们常称之为“假发情”，因此，在生产中，母猪在哺乳期间即使发情也不配种。仔猪断奶后，在正常的饲养条件下，母猪发情呈现出规律性。一般在断奶后 7 ~ 10 天发情，最迟不超过 15 天。

母猪怀孕后，正常情况下不发情，但有个别母猪会表现出轻微的发情症状，这也是假发情。

四、母猪的排卵规律

母猪排卵发生在发情的中后期，一般排卵发生在发情开始后 24 ~ 48h（有的长达 70h），排卵高峰在发情后 36h 左右，排卵持续时间一般为 10 ~ 15h 或更长时间。从年龄上看，一般认为青年母猪初情期后，第二个发情期比第一个发情期增加 1 ~ 2 个卵子，第三个发情期又比第二个发情期增加 1 ~ 1.5 个卵子。所以，在青年母猪第三个发情期后再配种，可提高每胎产仔数。从营养上看，“短期优饲”对刺激内分泌和提高生殖系统活性、增加排卵数有明显的作用。

任务二　鉴定母猪发情

发情鉴定可根据猪场的条件不同而选用不同的方法。

一、外部观察法

（一）精神状态与行为

母猪在发情前会出现食欲减退甚至废绝，鸣叫，外阴肿胀，精神兴奋。进入前情期后期及发情期的母猪会出现爬跨同圈其他母猪的行为。发情初期的母猪有爬圈行为，同时对周围环境的变化及声音十分敏感，一有动静马上抬头，竖耳静听，并向有声音的方向张望。在圈内来回走动或常站在圈门口。但这些行为只能代表母猪可能进入发情期，真正确定母猪进入发情期的标志仍然是压背时发生静立反射。

（二）外阴部的变化

非发情期的母猪，阴户不肿胀，阴唇紧闭，中缝像一条直线，进入发情期前 1 ~ 2 天或更早，母猪阴门开始微红，以后肿胀增强，外阴呈鲜红色，有时会排出一些黏液。若阴唇松弛，闭合不全，中缝弯曲，甚至外翻，阴唇颜色由鲜红色变为深红或暗红，黏液量变少且黏稠，阴道黏膜略呈暗红色且能用食指与大拇指拉成细丝，即可判断为母猪已进入发情期。

（三）压背试验及敏感部位刺激

通常未发情或处在前情期前期和后情期的母猪会躲避人的接近。如果母猪不躲避人的接近，甚至主动接近人，且用手按压母猪后背或骑背，表现静立不动并用力支撑，或有向后坐的姿势，同时伴有竖耳、弓背、颤抖等动作，说明母猪已经进入发情期，这一系列反应称为静立反应。这时一般母猪会允许人接触其外阴部，用手触摸其阴部，发情母猪会表现肌肉紧张、阴门收缩。触摸侧腹部时母猪会表现紧张和颤抖。

应该提醒的是，人工查情法往往不能及时发现刚进入发情期的母猪，因为在没有公猪气味、声音、视觉刺激的情况下，仅凭压背试验，母猪出现静立反射的时间要晚得多。如果每天进行一次查情，当发现发情母猪时，可能已经错过了第一次配种或输精的最佳时间。所以当母猪进入前情期时，就应用一种颜色标记，以便及时进一步观察和做压背试验。在配种时机掌握上，应考虑发现发情母猪的滞后性。

母猪外部观察、压背试验及敏感部位刺激法查情可证实母猪确实进入发情期的特征是：① 黏液能用食指与大拇指拉成细丝；② 压背时出现静立反应。

经过千百年来养猪的总结，前人对发情的外表观察法归纳为：嘴啃木栏常排尿，乱跑喊叫不安定，食欲不振不想吃，阴户红肿流黏液，喜欢爬跨其他猪，见了公猪走不动。

二、试情公猪查情法

试情公猪查情法是最有效的发情鉴定方法，因为是否发情是以母猪是否接受公猪爬跨为准的。

（一）试情公猪的选择

试情公猪应具备以下条件：最好年龄较大，行动稳重，气味重；口腔泡沫丰富，善于利用叫声吸引发情母猪，并容易靠气味引起发情母猪反应；性情温和，有忍让性，任何情况下不会攻击配种员；听从指挥，能够配合配种员按次序逐栏进行检查，既能发现发情母猪，又不会不愿离开这头发情母猪，而无法继续试情。

（二）用试情公猪查情的方法

1. 试情时间

如果每天进行一次试情，应安排在清早，清早试情能及时发现发情母猪。如果人力许可，可分早晚两次试情。我国大多数猪场采用早晚两次试情。

2. 试情母猪反应

让公猪与母猪头对头试情，以使母猪能嗅到公猪的气味，并能看到公猪。因为前情期的母猪也可能会接近公猪，所以在试情中，应由另一查情员对主动接近公猪的母猪进行压背试验。如果在压背时出现静立反射则认为母猪已经进入发情期，应对这头母猪作发情的开始时间登记和对母猪进行标记。如果母猪在压背时不安稳为尚未进入发情期或已过了发情期。国外一些猪场采用在试情公猪前进行骑背试验，对检查发情应该说更合理。

3. 试情公猪反应

为了有效地进行试情公猪的查情，如果有条件，建议每 8～10 个限位栏（每侧各 4～5 个栏）的两侧安装一个栅门，以便将公猪隔在这几个栏内，也可将由两个人分别用赶猪板将公猪隔在这个区域内，让其在这个小区域内寻找发情母猪。群养的空怀母猪，可以将公猪放在隔走道两侧的两个栏间，试情完后，再试情另两个栏。

采用试情公猪查情是养猪场最佳的查情方法。确定母猪是否发情的特征性表现是母猪在试情公猪前出现静立反射。

三、阴道检查法

阴道检查法是应用阴道扩张器或阴道扩张筒插入并扩张母猪阴道，借用光源，观察阴道黏膜的颜色、充血程度，子宫颈松弛状态，子宫颈外口的颜色、充血肿胀程度及开口大小，分泌物的颜色、黏稠度及量的多少，有无黏液流出等来判断发情的程度。检查时，阴道开张器或扩张筒要洗净和消毒，以防感染，插入时要小心谨慎，以免损伤阴道黏膜。此法由于不能准确地判定动物的排卵时间，因此，目前只作为一种辅助性检查手段。

四、电测法

应用电阻表测定雌性动物阴道黏液的电阻值来进行发情鉴定，以便决定最适当的输精时间。用黏液电阻法探索母畜发情变化的研究开始于20世纪50年代，经反复研究证实，黏液和黏膜的总电阻变化与卵泡发育程度有关，与黏液中的盐类、糖、酶等含量变化有关。一般地，在发情期电阻值降低，而在其他周期阶段则趋升高。

该测定仪由探棒（长约50cm的有机玻棒）并连接电流表而成。据报道，用国产XZ－Ⅰ或XZ－Ⅱ型母畜发情电测仪测定，电测值40μA以上相当于发情中期，定为发情期以40μA为界，电测值50μA以上相当于自然发情状态下的输精适期，输精期以50μA为界。

模块五　母猪的配种

任务一　确定配种时间

一、影响猪配种时间的因素

（一）母猪排卵的时间

成年母猪一般在发情开始后24～48h排卵。排卵高潮在发情后的第26～35h。

（二）母猪排卵持续期

排卵持续时间为10～15h，有的时间更长。

（三）精子到达受精部位的时间

受精在输卵管的上部1/3处壶腹部，精子从射精部位（输精部位）到壶腹部大约需要2h。

（四）精子在母猪生殖道内存活且具有受精能力的时间

精子在母猪生殖道内存活且具有受精能力的时间一般是20～30h。

（五）卵子在母猪生殖道内存活且具有受精能力的时间

卵子在母猪生殖道内存活且具有受精能力的时间一般为8～10h。

二、确定适时配种时间

适时配种，就是正确掌握母猪的发情和排卵规律，及时交配或输精，使精子与卵子在生活力最旺盛的时候相遇，达到受胎的目的。

（一）理论上推算

根据影响因素推算，母猪在发情后 19～30h 配种适时。确切的配种时间是：在配种后精子到达输卵管的同时排卵为最佳时间，但在生产中，较难掌控。

（二）生产中确定

由于母猪的排卵时间因品种、年龄、个体不同而异，故确定配种时间还要因猪而异，灵活掌握。就母猪的品种而言，我国地方猪种发情持续时间较长、排卵较晚，配种要迟；引进品种发情持续时间较短、排卵较早，配种要早，但长白猪例外，持续时间一般是 5～7 天，所以配种要迟一点；培育猪品种在两者之间。从母猪的年龄与胎次来讲，引进猪种青年母猪发情期比老龄母猪短；而我国地方猪种则相反，因此要掌握"老配早，小配晚，不老不小配中间"的配种经验。一般母猪产 6 胎以上的称为老母猪，发情后要早点配种，即今天发情今天配；母猪产第一或第二胎称小母猪，发情后要迟点配种，即今天发情后天配；母猪产 3～6胎的称不老不小母猪，发情后第二天配种。

另外，从母猪发情表现来看，母猪精神状态从不安到发呆（用手按压腰臀部不动），阴门由红肿到淡白有皱褶，黏液由水样到黏稠时，表示已达到适时配种期；当阴门黏膜干燥时，拒绝配种，表示已过适配期。

任务二　应用配种方法

常用的配种方法有自然交配、人工辅助交配和人工授精三种。

一、自然交配

自然交配是把公、母猪放在一起饲养，公猪随意与发情母猪交配。一般 15～20 头母猪放入一头公猪，让其自然交配。这易造成公母猪乱交、滥配，母猪缺乏配种记录，无法推算预产期；公猪滥配，使用过度，影响健康，这种配种方式在养猪生产上已很少采用。

二、人工辅助交配

人为有计划地安排公母猪配种。人工辅助交配的公猪平时不混在一起饲养，而在母猪发情时，将母猪赶到指定地点与公猪交配或将公猪赶到母猪栏内交配。当公猪爬上母猪背时，辅助人员用手把母猪尾拉开，另一手牵引公猪包皮引导阴茎插入阴道。然后观察公猪射精情况，当公猪射精完后，立即将公猪赶走，以免进行第二次交配。这种方法能合理地使用公猪。但配种时要注意：在公猪熟悉的环境下进行，地面不要太滑；公母猪体格相当;配种前公母猪清洁消毒,防止配种时细菌进入生殖道,产生炎症;确定母猪发情了但又不接受爬跨时,应更换一头公猪或采用人工授精;母猪配完后要按压其背部,令其轻轻走动,不让精液倒流;配种完的公母猪不能冷水淋浴,也不能躺卧在潮湿的地面。

三、人工授精

(一) 猪人工授精的意义

1. 提高良种公猪的利用率

在自然交配的情况下,一头公猪一年负担25~30头母猪的配种任务,繁殖仔猪600~800头;而采用人工授精技术,一头公猪可负担300~500头母猪的配种任务,繁殖仔猪一万头以上。对于优良的公猪,可通过人工授精技术,将它们的优质基因迅速推广,促进种猪的品种品系改良和商品猪生产性能的提高。同时,可将差的公猪淘汰,留优汰劣,减少公猪的饲养量,从而减少养猪成本,达到提高效益的目的。

2. 克服体格大小的差别

在自然交配的情况下,一头大的公猪很难与一头小的母猪配种,反之亦然。有的猪还有性选择性,相互不喜欢的公母猪也很难进行配种。利用人工授精技术,只要母猪发情稳定,就可以克服上述困难,根据需要进行适时配种。

3. 有效控制疾病的传播

进行人工授精的公母猪,一般都是经过检查确定为健康的猪只,只要严格按照操作规程配种,减少采精和精液处理过程中的污染,就可以减少部分疾病特别是生殖道疾病(不能通过精液传播的疾病)的传播,从而提高母猪的受胎率和产仔数。但部分通过精液传播的疾病,如感染口蹄疫、非洲猪瘟、猪水疱病等,以及携带伪狂犬病毒、猪细小病毒的公猪,采用人工授精时,均可传染。所以对进行人工授精的公猪,应进行必要的疾病检测。

4. 解决自然交配不能完成配种过程的问题

5. 克服时间和区域的差异,适时配种

自然交配时,经常出现由于母猪发情但没有公猪可利用,或须进行品种改良但引进公猪又较困难的现象。采用人工授精,则可将公猪精液进行处理保存一定时间,可随时给发情母猪输精配种,可以不引进公猪而购买精液(或冻精),携带方便,并能做到保证质量和适时配种,从而促进养猪业社会效益和经济效益的提高。

6. 节省人力、物力、财力,提高经济效益

人工授精和自然交配相比,饲养公猪数量相对减少,节省了部分的人工、饲料、栏舍及资金,即使建立一座公猪站,但总的经济效益还是提高了。

人工授精的缺点:如果猪场本身生产水平不高,技术不过关,使用人工授精很可能会

造成母猪子宫炎增多、受胎率低和产仔数少的情况。

（二）人工授精操作方法

猪人工授精是指用人工辅助器械采取公猪精液，经过实验室检查、处理和保存，再用器械将公猪精液输入到发情母猪生殖道内的一种配种方法。猪人工授精技术是以种猪的培育和商品猪的生产为目的而采用的最简单有效的方法，是进行科学养猪、实现养猪生产现代化的重要手段。

人工授精具体操作方法如下：

1. 公猪采精

（1）准备公猪：包括采精杯的准备、公猪的准备、采精室的准备。

采精杯准备：将盛放精液用的食品保鲜袋或聚乙烯袋放进采精用的保温杯中，工作人员只接触留在杯外的袋子开口出处，将袋口打开，环套在保温杯口边缘，并将消过毒的四层滤纸罩在杯口上，用橡皮筋套住，连同盖子一起放入37℃的恒温箱中预热，冬季尤其应引起重视。采精时，拿出保温杯，盖上盖子，然后递给工作人员；当处理室距采精室较远时，应将保温杯放入泡沫保温箱，然后带到采精室，这样做可以减少低温对精子的刺激。

公猪的准备：采精之前，应将公猪尿囊中的残尿挤出。若阴毛太长，则要用剪刀剪短，防止操作时抓住阴毛和阴茎而影响阴茎的勃起，以利于采精。用水冲洗干净公猪全身特别是包皮部位，并用毛巾擦干净包皮部位，避免采精时残液滴入或流入精液中导致精液污染，也可以减少部分疾病传播给母猪，从而减少母猪子宫炎及其他生殖道或尿道疾病的发生，以提高母猪的情期受胎率和产仔数。

采精室的准备：采精前先将母猪台周围清扫干净，特别是公猪精液中的胶体，一旦残落地面，公猪走动很容易打滑，造成公猪扭伤而影响生产。安全区应避免放置物品，以利于采精人员因突发事件而转移到安全地方。采精室内避免积水、积尿，不能放置易倒或能发出较大响声的东西，以免影响公猪的射精。

（2）采精操作：常用徒手采精法。将种公猪赶入采精室，刺激其性欲的提高，当公猪性欲达到旺盛时，它会爬上母猪台，并伸出阴茎龟头来回抽动。此时，若采精人员用右手采精，则要蹲在公猪的左侧，右手抓住公猪阴茎的螺旋头处，并顺势拉出阴茎，顺势稍微回缩，直至和公猪阴茎同时运动，左手拿采精杯；若用左手采精，则要蹲在公猪的右侧，左手抓住阴茎，右手拿采精杯。当握住阴茎的螺旋体部分，其余三个手指予以配合，随着阴茎的勃动而有节律地捏动，给予公猪刺激。采精时，握阴茎的那只手一般要戴双层手套，最好是聚乙烯手套，手握阴茎的力度要适中，公猪一旦开始射精，手应立即停止捏动，而只是握住阴茎，射精完后，应马上捏动，以刺激其再次射精。

2. 精液检查

精液检查的主要项目包括精液量、精液的色泽与气味、精子活率、精子密度等。正常情况下，猪一次射精量为150～300mL，而且每毫升精液中精子数为2亿～3亿个。精液呈白色或淡黄色。无味或略带腥味。鲜精液精子活力应在0.7以上。密度检查时，精液不作稀释，通过显微镜观察，可分为密、中、差三级（视野内充满精子，几乎看不到空隙称为“密”，视野内精子之间有相当于一个精子长度的空隙称为“中”，视野内精子之间空隙超过一个精子的长度称为“稀”）。精子密度在“中”以上可用于输精。

3．精液的稀释与保存

采集的新鲜精液，活率在0.7以上，用猪的稀释液在同温下作1:(1～2)稀释，随后用棉花和纱布包裹，最好将其贮存在温度为15℃～20℃的温控箱中。稀释后精液在贮存2～3天后，有效精子数将会减少，因此在使用前需要检查精液的活力，以确保使用的精液活力大于0.7。

4．消毒

输精人员洗净双手，用来苏尔消毒。清洗母猪的外阴部，用0.1%高锰酸钾溶液消毒外阴，并用净布擦干净。同时对所用的输精器械严格消毒。

5．输精

先将输精管海绵头用精液或人工授精用润滑胶润滑，以利于输精管插入时的润滑。用手将母猪阴唇分开，将输精管沿着稍斜上方的角度慢慢插入阴道内。插入输精管应顺着阴道的走向，猪的阴道走向呈抛物线形（图3-1）。

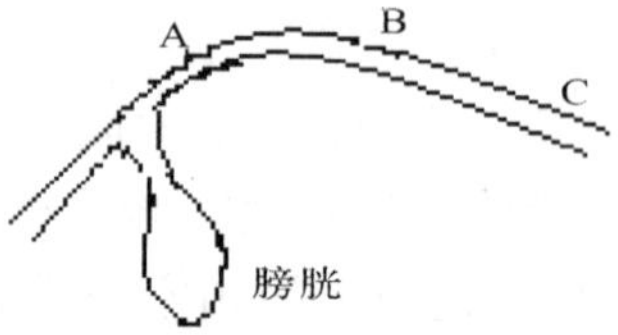

图3-1　母猪阴道走向示意图

插输精管时，应沿着阴道壁斜向上方的角度，慢慢逆时针旋转插入阴道内，当插入10cm左右时，会感到有上点阻力，此时，输精管到达阴道的上拐弯A处，输精管改为平插，再前进10cm左右又会感觉有阻力，说明输精管前端已到达阴道的下拐弯B处，此时将输精管的后端抬起，使前端向下，再推入10cm左右，发情好的猪便会将输精管锁定，回拉时则会感到有一定的阻力，此时到达输精位置（C处），即可输精。猪的子宫颈与子宫没有严格界限，猪的输精是子宫内输精，因此，输精胶管也要插到子宫内。输精管一般插入阴道30cm左右，但对于6胎以上的老母猪，需要插入35cm左右，1～2胎的小母猪插入25cm左右即可，3～6胎的母猪插入30cm左右为宜。

用输精瓶输精时，当插入输精管后，用剪刀将精液瓶盖的顶端剪去，插到输精管尾部就可输精，为了便于精液的吸收，可在输精瓶底部开一个口，利用空气压力促进吸收，或用力轻轻挤压输精瓶，精液完全流入后，将导管放低一会看是否有精液流出，如有精液流出，则抬高输精瓶重复以上操作，直至精液完全流入子宫内。输精所需的时间为 5 ~ 15min。

用注射器输精时，要慢慢吸取精液，将注射器接到输精管上，轻轻用力将精液推入子宫内。

在一次发情过程中，一般输精两次，间隔 8 ~ 12h。

6. 输精操作注意事项

(1) 插管要正确：插入输精胶管时，斜向上要紧贴阴道上壁，以防胶管误入膀胱内。遇到阻力时，不能强行插入，以防插破阴道黏膜，应左右摆动或后退后再插入。

(2) 精液要合格：输精前，检查精子活力，活力低于 0.7 的不能使用

(3) 温度要适宜：输精时，精液温度不要低于 28℃或高于 36℃。温度过低时，冷刺激会使阴道内的纤毛逆向运动，使精液倒流。温度过高会使精子活动加快，营养消耗快，精子死亡快。

(4) 输精要缓慢：吸取精液要缓慢，以防注射器内形成真空，导致精子缺氧休克甚至死亡，推入精液时用力要轻，防止机械损伤。

(5) 输精管卫生：原则上，一头母猪 根输精胶管。若要连续使用，必须清洗消毒晾干后方可。

(6) 精液不倒流：输精完毕后，应在母猪的腰荐部猛捏一下，这时母猪臀部上翘，腰下弯，这样既防止了精液倒流，又使精液快速到达授精部位。

(7) 拔出输精管时要慢：输精结束后，手按住注射器活塞（或捏住精液瓶不放松），然后向母猪臀部后上方慢慢将输精管拔出。最后清洗消毒输精工具，以备下次使用。

任务三　选择配种方式

一、单次配种

在母猪发情期内，只用一头公猪配种一次。其优点是可以充分利用公猪，使一头公猪与多头母猪交配。最大的缺点是要求有熟练的配种技术和经验，找准母猪的发情时机及排卵时间进行配种。否则会影响母猪的受胎率和窝产仔数，因此在生产中单次配种一般不常用。

二、重复配种

在母猪发情期内，用一头公猪配种后，间隔 12 ~ 24h，再用同一头公猪进行第二次配种。这种配种方法确保了在卵子最佳受精期内输卵管内有足够的获能精子数，增大了受精机会，其受胎率和窝产仔数都能得到保证，而且容易进行后代的父本记录。最大优点是产仔数会多，缺点是仔猪的均匀度不会太好。在生产中，大多数猪场对经产母猪采用这种配种方式。

三、双重配种

在母猪的一个发情期内，用同一品种或不同品种的两头种公猪各配一次，间隔 15 ~ 20min 完成，也可以间隔长一点。这种配种方法，能引起母猪强烈兴奋性，促使卵子加快成熟，缩短排卵时间。其优点是卵子可选择两头公猪精液中最适合的一种精子受精，增加了卵子的受精机会，有助于提高母猪卵子的受精率，同时由于排卵时间缩短，卵子能在短时间内受精，仔猪发育整齐。缺点是对公猪的需要量增大，另外，因不能确定母猪所产仔猪的父亲，而不能进行系谱登记，故不适合用于种猪的生产，也不能用来进行公猪的后裔鉴定。在商品猪场中重复配和双重配可对一头母猪同时进行，但这种方法对公猪的需要量会更大，另外，配种工作量也增大了一倍，因此不易为猪场所接受。

四、多次配种

在母猪的一个发情期内，用不同公猪给母猪配 3 次或 3 次以上。这种配种方法工作量大，对公猪的需要量也大。在不熟悉母猪发情的情况下，采用此法有助于提高受胎率。初产母猪和高产母猪常用此法。

目前猪场用得比较多的是在一个发情期进行一次人工辅助交配和 1 ~ 2 次人工授精，早上进行人工辅助交配，下午人工授精，第二天上午再次人工授精，受胎率平均可达 93%。输精的速度宜慢不宜快，以 5 ~ 8min 为宜。

从理论上讲，母猪在一个发情期只要有一次正常的配种，就可保证母猪的受胎率。但实际生产中存在配种时机掌握上的困难，这个困难可以通过增加配种次数来解决，以使排卵时有足够的获能精子在受精部位。但配种次数并不是越多受胎率越高。一般来说，如果配种员有一定的发情鉴定经验，母猪在一个发情期内配种两次（本交或人工授精）就可以达到满意的受胎率。如果配种次数过多，最后一次配种后，母猪如果很快发情结束，不仅最后一次配种没有实际意义，而且会增加发生子宫炎的危险性。

模块六　妊娠母猪的生产

根据母猪的妊娠生理特点，将妊娠期可分为3个阶段：第一阶段为妊娠前期（配种至1个月），是胚胎存活和着床时期。饲养管理的目标是确保胚胎存活，使其分娩更多仔猪；第二阶段为妊娠中期（31～80天），为母体发育及体储恢复阶段，饲养管理的目标是保证胎儿发育，增加母猪体储（小母猪生长达到体成熟，经产母猪弥补上一次哺乳期造成的体储消耗）；第三阶段为妊娠后期（80天至分娩），又称重胎期，是胎儿及母体呈曲线生长阶段，饲养管理的目标是保证胎儿继续快速发育，促进乳腺组织发育，准备泌乳。

妊娠期有效饲养管理的终极目标是：生产更多的仔猪、发育完好的乳腺、营养储备充足的健康母猪、产生大量的乳汁。

任务一　诊断母猪是否妊娠

一、诊断妊娠的意义

母猪妊娠期平均为114天，根据判定妊娠日期的迟早可分为早期、中期、后期。诊断配种母猪妊娠与否，对养猪生产有特别重要的意义。如果能早期判断母猪已经受孕，可按妊娠母猪进行饲养管理；如未受孕，要及时采取措施，促使母猪再次发情配种，防止空怀期太长，造成饲料浪费。在妊娠中期，通过诊断，可以加强保胎工作。妊娠后期，通过诊断，可估计出胎儿的头数，便于确定母猪的饲养定额和分群管理，同时正确地把握分娩日期，及早做好分娩准备工作。

二、诊断妊娠的方法

（一）外部观察法

母猪的发情周期平均21天。若在21天后，母猪不再继续发情，可推断母猪已经妊娠；若在40天左右还没有出现发情征兆，就可判定母猪已经妊娠；从行为上看，凡配种后表现安静、疲倦、贪睡不想动、性情温驯、动作稳、食量逐渐增大、容易上膘、皮毛发亮、尾巴自然下垂、阴户收缩、腹围逐渐增大，都是已怀孕的征兆。因此，通过观察母猪配种后是否重新发情，是判断妊娠最简易、最常用的方法。但这种方法并不太准确，因为配种后不再发情的母猪不一定都妊娠。如有的母猪发情周期不正常；有的母猪卵子受精后，胚胎在发育中早期死亡被吸收而造成不发情;有的母猪发情有延迟现象。

（二）碘化法

取母猪尿10mL左右放入试管内,用比重计测定其相对密度(正常在1.0~1.025)。若过浓则加水稀释,然后滴入几滴碘酒在酒精灯上加热。当尿液将达到沸点时,若尿液由上到下出现红色,即表示受孕;若出现淡黄色或褐绿色,即表示未孕。

（三）公猪试情法

母猪配种后18~27天,用性欲旺盛的成年公猪试情。若母猪一直拒绝公猪接近,并在公猪2次试情后3~4天始终不表现发情,可以确定为母猪妊娠。但这种方法准确性不高,所以目前生产中采用的不多。

（四）激素法

在母猪配种后第16~17天,注射人工合成的雌激素。一般在母猪耳根部皮下注射雌激素3~5mL,隔2~3天观察母猪的表现。若出现发情症状,则母猪未怀孕。若5天内母猪不表现发情症状,则母猪已怀孕。激素注射妊娠诊断已经实用化,准确率达90%~95%。注意,采用此法,时间必须准确,尤其不能过早。使用时一定要慎重,如果使用不当会造成流产或繁殖障碍。

（五）超声波法

所谓超声波,就是人耳朵听不到的高频声波。把超声波测定仪的探触器贴在母猪腹部(右侧倒数第二个乳头)体表后,发射超声波,根据是否能探测到胎儿心脏跳动的感应信号或者脐带多普勒信号,判断母猪是否妊娠。在母猪配种后20~29天进行超声波测定判断是否妊娠,其准确率一般为80%;配种后40天测定,其准确率达100%。

任务二　探讨妊娠母猪的饲养技术

受精是妊娠的开始,分娩是妊娠的结束。妊娠期间,母猪饲养管理的好坏,是保证胎儿生长发育、增加产仔数的关键,是使母猪高产、多产的重要环节。妊娠母猪饲养的基本任务是:保证受精卵、胚胎与胎儿在母体内的正常发育,减少胚胎死亡,防止化胎、死胎与流产现象的发生,从而获得数量多、初生重、大而健壮的仔猪;保证母猪在妊娠后期有良好的膘情;保证妊娠母猪的乳房发育,为哺乳期的泌乳进行贮备;对初产青年母猪还要保证其自身的正常生长发育。

一、妊娠期内胚胎和胎儿生长发育的特点

(一)胎儿的生长规律

1. 体重的变化

妊娠前期胎儿的体重、体长增长较慢。在妊娠的第1个月内,其体重增长还不到出生重的1%,妊娠第2个月时,体重不到出生重的10%,即生长发育较慢。但前期是胚胎组织器官分化发育的旺盛时期,第1个月即能看出猪形,第2个月就能分出性别,骨骼中钙、磷沉积明显增加,发育比较迅速。第3个月体重增加明显,第4个月生长最快。仔猪初生重量有70%是在临产前的1个月内生长的。

2. 化学成分的变化

不同发育阶段,胚胎的化学组成成分不一样。随着胎儿的增长,胚胎的蛋白质、脂肪和灰分含量逐渐增加,水分含量逐渐减少。在胚胎早期主要是矿物质及微量元素在胎儿体内沉积,发育后期主要是蛋白质和脂肪在胎儿体内沉积。

(二)母猪妊娠期的两个关键时期

1. 胚胎附植期

胚胎附植期是指母猪妊娠后的9~23天。这一时期是受精卵附植到子宫角的不同部位并逐渐形成胎盘的时期。在胎盘形成前,胚胎很容易受环境条件的影响,在饲养管理上要给予特殊照顾。例如,给予营养全面的日粮,不要喂霉烂变质、有毒饲料,禁饮冰水或喂冰冻饲料,要防止踢、打、挤压、咬架等机械性刺激,解决夏天热的问题,预防患高热性疾病。

2. 胎儿快速增长期

母猪在妊娠期的80天到产前的3~5天,胎儿的生长发育与增重特别迅速,母猪消化能力特别强,体重增加很快,所需营养显著增加。

(三)胚胎及胎儿死亡高峰期

胚胎死亡是影响家畜繁殖率的重要因素之一。家畜的胚胎死亡率为40%~50%,甚至更高。猪是多胎家畜,胚胎死亡较常见,而且胚胎在发育的任何时期都有可能死亡,特别是在胚胎向子宫内膜附植之前和附植过程中死亡较多。

1. 母猪胚胎死亡第一个高峰期

受精卵附植初期的第9~13天,胚胎死亡数占全部受精卵的30%~40%。

2. 母猪胚胎死亡第二个高峰期

妊娠期的第21~30天,胚胎死亡数占全部受精卵的5%~8%。

3. 母猪胚胎死亡第三个高峰期

妊娠期的第60~70天,胚胎死亡数占全部受精卵的10%~15%。

（四）胚胎及胎儿死亡的主要原因

1. 营养缺乏

母猪在配种前期及妊娠期严重缺乏蛋白质、维生素 A、维生素 E、维生素 B_2，以及矿物质元素如钙、磷、铁、硒、碘等，易致胚胎死亡。另外，饲喂含碳水化合物高的精料过多时，胚胎死亡数也会增加。

2. 环境温度高

当环境温度达到 30℃ 以上时，胚胎及胎儿死亡数增加，尤其是在妊娠后的第 21 ~ 30 天。

3. 饲料质量差

给母猪饲喂霉变饲料、腐败饲料或带毒饲料会造成胚胎死亡。

4. 产仔数多

排卵数多，胚胎就多，产仔数会高。但胚胎多，胚胎死亡率也高。由于子宫的血管数是一定的，胚胎多易导致营养供应相对不足。另外，在妊娠后期，胎儿多，生长速度快，胎儿拥挤压迫血管造成供血不足，也会发生胎儿死亡。

5. 内分泌不足

在初产母猪中易发生，母猪配种后 21 天内分泌系统处于调整状态，此时猪受到应激因素影响，会干扰内分泌激素的分泌，从而影响胚胎附植，增加胚胎死亡。另外，在妊娠期母猪孕酮水平下降，也造成胚胎死亡。

6. 疾病

生殖器官幼稚型和畸形，子宫疾患以及危害生殖力的传染病都会直接或间接对胚胎产生不同程度的影响。病原微生物是损害母猪繁殖力的重要原因。妊娠母猪感染某些病毒和细菌时，会导致体温升高（40℃ ~41℃）、食欲减退或废绝等症而引起胚胎死亡。伪狂犬病病毒（PRV）、猪瘟病毒（HCV）、日本乙型脑炎病毒（JEV）、猪细小病毒（PPV）、猪繁殖障碍与呼吸综合征（PRRSV）等均可引起胚胎死亡和干尸化。钩端螺旋体、葡萄球菌、巴氏杆菌和布氏杆菌可引起胚胎死亡。

7. 配种时机不适

配种过早或过迟，会使未成熟或已衰老的卵子发生多精受胎，从而形成多倍体，这样的受精卵不易成活。人工授精时，精液保存时间越长，越不易受胎，即使受胎，胚胎也易死亡。

8. 遗传因素

同种公母畜之间的差异程度越小，胚胎死亡率就越高。因为近亲繁殖可导致受精亲和力低，胚胎生命力减弱，死亡数增多。

9. 公猪因素

胚胎死亡原因中有一部分来自公猪。精子携带的遗传物质、精子质量、精子和卵子之间以及胚胎和母体之间可能存在的不亲和性都会影响胚胎的生命力和发育。

10. 缺少运动

长期不运动的母猪,胚胎死亡数多。这是限位栏饲养母猪的弊端。

二、妊娠母猪的营养需要

(一)妊娠早期

妊娠早期的营养水平和采食量对胚胎存活率及母体孕酮水平有很大影响。对于青年母猪或泌乳期间体重损失少、断奶后体况好的母猪,妊娠早期饲喂高水平的日粮对胚胎的成活率是有害的。有实验资料表明,为了避免高能量或者高采食量对刚配种后胚胎着床和发育的影响,可以在配种后给母猪肌肉注射维生素 A,使胚胎成活率恢复正常,也可通过实施同期发情的方法来确定减少采食量的时间。但对前胎次泌乳期采食量低(低于3.0kg/d)、泌乳失重大的母猪在妊娠早期给予高水平饲喂(3.6kg/d),则其胚胎数较多,胚胎的存活率也较高。通常生产上对妊娠早期的营养策略为:从配种到30天,能量水平为12.6MJ DE/kg,饲料中粗蛋白质水平为12%,钙10~12g/d,磷8~10g/d,饲料喂量1.9kg/d,但瘦弱的母猪应适量增加。

(二)妊娠中期

妊娠中期是胎儿肌纤维形成、母体适度生长及乳腺发育的关键时期,肌纤维数量与仔猪生长呈正相关,仔猪出生时纤维数量即已固定,其生前发育在妊娠20~50天时形成的初级肌纤维,在妊娠50~80天时形成次级肌纤维。母猪泌乳力取决于乳腺分泌细胞的数量,此细胞增殖的关键时期是妊娠75~90天,此期母猪能量过剩及体脂过高对乳腺分泌细胞的数量及泌乳量有不良影响,因此控制体况是此期的营养关键。因此,此阶段的营养策略应该是让母猪获得适度的生长和恢复机体营养储备,生产上通常饲养标准的能量水平为12.6MJ DE/kg的饲料,饲料中粗蛋白质水平为13%,钙13~15g/d,磷10~12g/d,每天采食2.0~2.5kg,随妊娠时间的推移从低到高逐渐增加,并根据母猪体况差异适当灵活调整。

(三)妊娠后期

妊娠后期是母体和胎儿快速生长阶段,为维持胎儿和乳腺生长,此期母猪营养需要量呈指数增加,采食量适度渐进增加可提高仔猪初生重。此期若母猪能量摄入不足则会动员自身体蛋白及体脂肪弥补繁殖所需。母猪在妊娠后期饲喂的能量水平太低(低于或等于维持需要)则会出现能量负平衡,导致体脂动员,但能量过高,不仅降低乳腺细胞数量,减少产奶量,而且过多脂肪沉积会导致难产,降低繁殖寿命。因此妊娠后期母猪的能量采食量每天至少应达 30.5MJ DE,当适当提高到 38.5MJ DE 时发现可降低母猪泌乳的背膘损失,未发现对泌乳情况有影响。妊娠后期的母猪营养策略为:饲喂含 12.55J DE/kg 能量水平的饲料,饲料中粗蛋白质水平为 13%,采食量为 2.5~3.08kg/d。

三、妊娠母猪的饲养方式

(一) 步步登高式

该饲养方式适于初产母猪及繁殖力强的母猪。初产母猪不仅需要维持胚胎的营养需要,自身还处在生长发育阶段;繁殖力强的母猪生产任务繁重,不仅胚胎需要多,还要为泌乳做贮备。具体措施是在妊娠初期以青粗饲料为主,逐渐增加精料比例,相应增加饲料中的蛋白质和矿物质。整个妊娠期间的营养水平,按胎儿体重的增长而逐渐提高,产前5~7天,日粮应减少 20%~30%。一般形成一个"低—高—高"的营养水平模式。

(二)"抓两头,顾中间"式

该饲养方式适于断奶后膘情较差的经产母猪。在妊娠期应加强营养,使之恢复繁殖体况。连同配种前 20 天和配种后 10 天在内约 1 个月的时间加喂精料,特别是含蛋白质高的饲料,待体况恢复后以青绿多汁饲料为主,按饲养标准喂养。妊娠 80~90 天后,由于胎儿增重较快,再加喂精料,更应加强营养,加喂一些富含蛋白质和维生素的饲料(后期的营养水平应高于前期)。在整个妊娠期形成了一个"高—低—高"的营养水平模式。

(三) 前粗后精式

该饲养方式适于配种前体况良好和乳房发育良好的经产母猪。即在妊娠前期多喂给青粗饲料,后期再喂精料。母猪妊娠期高水平饲养时,会在泌乳期发生采食量降低的现象,而且增加了因养分两次转化所造成的损耗,即在妊娠期内由饲料养分转化为体脂(转化效率为 78%),而在泌乳期内再由体脂转化为猪乳(转化效率为 63%)的双重损失。所以,近年来普遍使用妊娠期母猪限量饲喂、哺乳期母猪充分饲喂的办法,这是利用饲料最经济的饲养方式,形成了一个"低—高"营养水平模式。

四、妊娠母猪的饲养技术

根据胚胎生长发育规律和妊娠母猪自身的营养特点,在整个妊娠期应依据饲养标准科学配合饲料,注意各种饲料的合理搭配,保证胚胎正常生长发育。

(一)"低妊娠、高泌乳"的饲养

妊娠期的母猪处于"妊娠合成代谢"状态,饲料的利用率高,体重增加快,主要是胎儿、子宫内容物和自身膘情的增加。研究表明,母猪饲料消耗量在妊娠期与哺乳期之间呈相反关系，即妊娠期的母猪喂得太多、太肥，在哺乳期的采食将下降，从而影响其泌乳。同时，在妊娠期间母猪如果过于肥胖，这首先是饲料的浪费，即饲料中营养物质经猪体消化吸收后变成脂肪等存贮于体内的过程会消耗一部分；泌乳时再由体脂肪转化为母乳营养的过程又会消耗一部分，两次的损失超过哺乳母猪将饲料中的营养直接转化成猪乳的一次损失。其次，容易导致难产、奶水不足、食欲不振、产后压死仔猪和不发情等现象。因此，妊娠母猪采用适度限制饲养，既能节约饲料，又有利于分娩和泌乳。即妊娠期适量饲喂，只保证供给胎儿所需和母猪适当增加体重的营养物质，哺乳期充分饲养，争取多产奶，提高仔猪的哺育成活率。当然妊娠期的母猪不是营养越低越好。妊娠前 1 个月，由于胚胎比较脆弱，易夭折，应加强饲养，特别是一些经产母猪，由于泌乳期间过度泌乳，导致其体况较瘦，应酌情提高饲养水平使其尽快恢复体况，以保证胚胎正常生长发育。妊娠中期(40～80 天)胎盘已形成，胚胎对不良因素有一定的抵御能力。但也不能忽视此期的饲养，稍有大意也会造成胚胎生长发育受阻。妊娠后期(80 天以后)胚胎处于迅速生长阶段。此时营养水平偏低，会影响仔猪的初生重，最终影响将来的仔猪育成，因此要加强饲养。一般情况下，妊娠母猪的日粮饲喂量为：前期 2kg，中期 2.1～2.3kg，后期 2.3～2.5kg。青年母猪或圈舍寒冷时可相应增加 10%～20%。

（二）妊娠期母猪的增重控制

整个妊娠期间母猪的增重应控制在 30～45kg 为宜，其中前期一半，后期一半。青年母猪第 1 个妊娠期增重达 45kg 左右为宜；第 2 个妊娠期增重 40kg 左右；第 3、4 个妊娠期增重 35kg 左右；产 5 胎以上母猪妊娠期增重 30kg 左右为宜。妊娠母猪后期达八成半膘为适宜，过瘦过胖均不利。妊娠母猪过肥易出现难产或产后采食少，影响泌乳。

（三）妊娠期母猪的饲养

妊娠母猪饲养方式选择及给料量是依据母猪的膘情体况确定的。

1. 母猪的膘情评估

生产中评估母猪的膘情一般使用体况评分法(表 3-3)和背膘测定法。由于背膘测定需要特定仪器且需要时间较长，一般情况下采用体况评分法较为方便。

母猪妊娠后最好每隔两周评估一次膘情，根据母猪的膘情来调整投料量，膘情评分差的母猪要增加投料量，膘情评分过肥的母猪要减少投料量。妊娠 90 天的母猪膘情在 3～3.5 分，不低于 3 分，不高于 4 分；哺乳期损失在 0.5 分以内，母猪断奶时的评分应为 3 分，不低于 2.5 分。

表 3-3　母猪体况评分法评分标准

评分	状况	肋骨、髋部与背脊骨测定
1	过瘦	明显
2	偏瘦	容易触摸
3	膘情适中	用手掌按压能感觉到
4	偏肥	用手掌按感觉不到,尾根内陷
5	过肥	用手掌按感觉不到,臀部圆形

从母猪的腿臀围的观察可以大致判断母猪的膘情(图 3-2)。

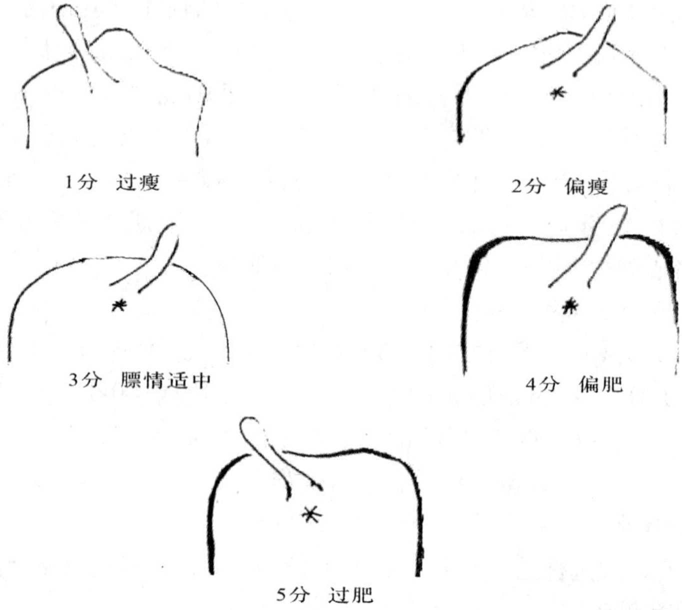

图 3-2　母猪的膘情观察

2. 妊娠母猪的饲喂

整个妊娠期间严禁饲喂发霉变质饲料和过冷的饲料,并且控制粗饲料喂量。妊娠前期,不能投喂过多饲料,营养价值不要太高,只要适当增加矿物质、微量元素和维生素即可。避免母猪摄入的能量过高,否则会导致孕酮分泌较少,从而使胚胎成活数减少。母猪配种后应用妊娠母猪早期料,并控制采食量。建议配种后 1 周内严格限饲,每头每天约 1.5kg饲料,体况瘦的母猪可适当增加,配种后 1 周至 1 个月,适当限饲,按照母猪体况投料,每头母猪每天1.8 ~2.2kg。妊娠中期,每头每天饲喂 2.2 ~2.7kg。对于偏瘦的母猪可适当增加投料量,但是注意不要过度饲喂,以免导致哺乳期的采食量下降。不要过早“供胎”,妊娠第 75 天后是乳腺发育的关键时期,过量摄入能量增加乳腺中脂肪的沉积,减少乳腺分泌细胞的数量，导致哺乳期泌乳量的减少。头胎母猪建议全程每天饲喂1.8～2.5kg饲料即可，以防胎儿过大造成难产。在不影响母猪和仔猪生长发育的前提下，多喂粗饲料和青绿多汁饲料。妊娠后期，胎儿生长发育速度很迅速，仔猪初生重的60%～70%来自产前1个月的生长，同时也是乳腺充分发育的时期。为了满足胎儿快速生长及母猪乳腺发育的需要，饲料以能量和蛋白质为主，投料量每头每天2.8～3.5kg。预产前1周不应该太强调减料，直到预产前2天可适当减少投料量。这样既可以提供母猪充足的能量与营养，使其分娩时保持充沛的体力，又能防止吃进的饲料太多压迫产道造成难产。产前10～15天，母猪换成产后料，即营养丰富易消化的饲料。

(四) 饲粮中添加适宜的动物脂肪

国外主张使用5%～10%的苜蓿草粉，既有一定的蛋白质含量，又能饱腹，对母猪一生繁殖生产都有益。但近几年，国内外有些猪场在母猪产前2～4周至仔猪断奶，向母猪饲粮中添加3%～5%的动物脂肪，这既有利于提高仔猪初生重和育成率，又有利于泌乳。

(五) 日粮中添加适宜的粗饲料

应根据怀孕时间确定粗饲料在日粮中的比例。怀孕后期，胎儿急剧增大，母猪腹内压力增加，如果仍然喂给大量的青粗饲料，胃肠容积大会压迫胎儿，甚至会造成流产、早产，这时应减小青粗饲料喂量，增喂精料。

(六) 妊娠母猪采用限制饲喂

生产实践证明，妊娠母猪采用限制饲养可以增加胚胎存活数，减少母猪难产，减少母猪压死出生仔猪的可能性，防止母猪哺乳期失重过多，有利于母猪泌乳期食欲旺盛，降低养猪饲料成本，减少乳腺炎的发病率，减少肢蹄病的发生率，延长母猪的使用寿命。

生产实践中发现，母猪在妊娠期日平均喂饲2～2.2kg的饲料会得到较满意的结果。因为对初产或个体小的母猪需较高的体重增长需要，而对体重较大的母猪则需较高的维持需要，所以这个推荐的标准采食量可适合不同类型的母猪。但是，不能忽视个别母猪的体况，必要时要采取相应的措施。有试验表明，在妊娠期的最后2周提高饲喂量，即每天将母猪的采食量增加1～1.5kg，将使仔猪初生重增加50～100g，并可提高仔猪的抗病力。在这时增加饲喂量也可令消化道扩张，有利于哺乳早期的饲料采食。为了使母猪在哺乳期能获得最大的采食量，就要控制母猪在妊娠期饲料的摄入量。常采用以下饲养方法。

1. 单栏饲养法

利用单栏饲养，单独饲喂，最大限度地控制母猪饲料摄入，可节省一定的饲料成本，同时避免了母猪之间因抢食而发生的咬架，减少了机械性流产和仔猪出生前的死亡。但由于限位栏有的面积过小，母猪无法趴下，长期站立会使肢蹄病发生率增加，使母猪计划外淘汰率增加。

2. 隔日饲喂法

此饲养方法适于群养母猪，也就是将一群母猪一周的日粮集中3天喂饲，使用前应设计一个饲喂计划表，允许母猪在一周的3天中每日自由采食8h，剩余4天不再投料，但要保证清洁爽口的饮水。每周合计喂料16.5～18.9kg，平均每头母猪日粮为2.3～2.7kg。此方法也能防止有些胆小体弱的母猪吃不饱，造成一栏母猪体况不均或者影响胚胎生长发育。隔日饲喂法要求有宽阔的投料面积，使得每头母猪都有采食位置，以免咬架。另外，饲喂时间不要过短，以保证每头母猪一次采食吃饱。

3. 日粮稀释法

在饲粮配合时使用一些高纤维饲料，如苜蓿草粉、干燥的酒糟、麦麸等稀释饲料的能量浓度，可使母猪具有较好的饱腹感，防止饥饿躁动，影响其他母猪休息，同时也降低了饲料成本。

任务三　探究妊娠母猪的管理技术

一、抓好防寒保暖、防暑降温工作

母猪最适宜的环境温度为15℃～16℃，相对湿度为60%～70%，寒冷季节要注意关闭门窗，防贼风侵袭，避免母猪患上感冒等疾病，同时注意通风，保持空气新鲜和猪舍干燥。夏季高温天气，若室温超过30℃时，要抓好防暑降温工作。在屋顶安装泡沫隔热板，夏天室温可降7℃～8℃；室温在30℃以上时，每次喷雾降温15～20min，每天冲洗猪栏和猪体1～2次，会有很好的降温效果。

二、防止母猪便秘

母猪便秘在集约化养殖场发生率较高，使猪场的经济效益受到影响。

（一）原因

1. 怀孕生理所致

母猪怀孕后随着体内孕激素水平的升高，会造成肠蠕动减慢，粪便在肠内停留的时间延长，水分过度吸收，造成便秘。

2. 饮水不足和缺乏运动

饮水器造成饮水不足，尤其是夏季出现母猪便秘的情况较多。目前规模化猪场妊娠母猪多饲养于限位栏中，长期缺乏运动造成胃肠功能降低，肠内水分被过度吸收而引起便秘。

3. 日粮

日粮所含能量和蛋白质水平过低时，粗纤维含量过高，会引起营养不良，从而导致体质虚弱性便秘。

4. 高温

盛夏季节，持续高温会引起母猪高热反应，水分丧失过多，导致水盐代谢紊乱而发生便秘。

5. 霉菌毒素

饲料霉变，尤其是黄曲霉毒素中毒，可引起母猪便秘或腹泻。

（二）危害

（1）便秘时间过长时，母猪排便困难会导致脱肛，甚至子宫脱垂的发生。

（2）高温环境下，便秘母猪肠内积存的粪便异常发酵产热，导致母猪体温升高，重者诱发母猪高热及其他全身性疾病。

（3）肠内异常发酵产生的毒素进入血液可引起各种炎症，如子宫炎、乳腺炎等，对母猪和胎儿造成危害。

（4）长期便秘引起母猪腹部和子宫肌群收缩无力，同时充满粪便的直肠会压迫产道，引起母猪难产和死胎的发生率增加。便秘时间过长会引起母猪营养不良，对怀孕母猪会影响胎儿生长发育，影响母猪泌乳，导致仔猪生长受阻。

（三）防治措施

1. 保证充足的饮水和适当的运动

不论任何时候、任何情况下，都必须保证为母猪提供充足清洁的饮水。其次，让怀孕母猪有适当的运动和光照，有利于胎儿正常发育，预防便秘与难产。

2. 合理配料

可在饲粮中加入20%～30%的小麦麸，利用麸皮中镁元素的轻泻作用预防便秘。另外，麸皮中粗纤维含量较高，利用粗纤维促进胃肠蠕动，达到防止便秘的目的。也可增加青绿饲料的喂量，补充水分。

3. 防暑降温

夏季要做好防暑降温工作，为母猪提供适宜的生活环境，减少热应激导致的便秘。

二、保胎防流产

（一）流产的主要原因

1. 营养性流产

妊娠母猪日粮中长期缺乏蛋白质，维生素 A、E、B_1、B_2、B_6、B_{12}，泛酸，胆碱，锰，碘，锌等营养成分时，容易引起流产，或产弱仔、畸形仔猪的频率增加。硒添加过量时也会导致死胎或弱仔频率增加。

2. 疾病性流产

当妊娠母猪患有卵巢炎、子宫炎、阴道炎、感冒等疾病时，容易引起母猪流产。有些传染病和寄生虫病还可导致母猪中止妊娠或产仔异常，如猪繁殖—呼吸障碍综合征、圆环病毒病、细小病毒病、乙型脑炎、伪狂犬病、肠病毒感染、猪脑心肌病毒感染、巨细胞病毒感染、猪瘟、狂犬病、布氏杆菌病、李氏杆菌病、丹毒杆菌病、钩端螺旋体病、附红细胞体病、弓形体病等。

3. 母猪过肥或过瘦

过肥母猪的子宫周围沉积的脂肪较多，压迫子宫造成供血不足或使子宫不能随胎儿的生长发育而扩张，从而限制了胎儿的生长发育；过瘦主要是营养不良造成的。

4. 管理不当

妊娠母猪在夏季高温天气，因通风不畅容易引发母猪流产。妊娠母猪猪舍地面过于光滑，行走摔倒，出入圈门挤撞，饲养员拳打脚踢或不正确的驱赶方式，突发性强声刺激等，也会造成母猪流产或影响正常产仔。另外，放牧运动时咬架、跳沟、打冷鞭、追赶过急、打猪、踢猪，猪圈太拥挤引起猪争食挤压，猪窝高低不平使胎儿受到不正常的挤压等原因均可造成母猪流产。

5. 其他因素

以下情况均容易引起母猪流产：①公、母猪高度近亲繁殖，使胚胎生活力下降；②突然改换饲料，使妊娠母猪不能忍受；③冬季或早春喂冰冻饲料或饮冰水；④长期睡在阴冷、潮湿的猪圈内；⑤母猪患疥癣、猪虱或湿疹，由于奇痒而经常用力蹭痒；⑥各种中毒，如霉菌中毒、棉籽饼中毒、菜籽饼中毒、酸度过大的青贮或酒糟造成的酸中毒以及各种剧毒农药中毒等；⑦不合理用药、免疫接种不良反应；等等。

(二) 保胎措施

针对上述流产原因，采取相应措施，才能有效地防止母猪流产。

1. 科学喂养，保证充足的营养

在妊娠母猪饲粮配合上，应根据其饲养标准结合当地饲料资源情况科学地进行配合。封闭式饲养的妊娠母猪应注意矿物质和维生素的合理添加，防止出现各种营养成分缺乏症。

2. 防止疾病

根据当地传染病流行情况，及时接种一些疫苗进行预防。已经造成传染病危害或污染的猪场，应注意猪群的淘汰和隔离消毒。对患有某些传染病的种猪应进行严格淘汰，防止其影响本场及周围地区猪群健康。

3. 加强猪场内部管理

教育饲养员爱岗敬业，特别要禁止母猪在光滑的水泥地面上或冰雪道上行走或运动，控制突发性噪声的发生。

4. 合理运动

在规模化猪场，母猪长期饲养在限位栏内，缺乏运动。妊娠后1个月之内，母猪应尽量少运动，以利于胚胎着床；妊娠后40～80天，要加强运动，以利于胎儿健壮；80天后，母猪可以自由运动，这样利于胎儿正常生长发育。

5. 光照

适宜的光照，可促使皮肤合成维生素D，促进钙磷代谢与吸收，减少肢蹄疾病和难产，促进母猪分泌雌激素，提早发情与配种，提高繁殖率。

6. 合理合群

合群是为了充分利用猪圈。配种后的母猪在妊娠早期和妊娠后期不宜合群，在妊娠中期可以合群饲养，群体不宜过大，一般以3～4头为宜。

三、保持清洁卫生

冬天寒冷季节，要勤清理粪便、脏物，每隔3～5天，在中午天气暖和时，用高压水冲洗猪舍，夏天要求每天冲洗1～2次，以保持猪舍清洁卫生。用高效无毒或低毒多种消毒药，交替使用，以增强消毒效果，每隔7天消毒一次。用4%～5%的烧碱对环境进行消毒，每10～15天消毒1次。夏初春末，是蚊虫生长繁殖的旺季，要保持猪舍环境清洁卫生，定期用2%的高毒喷施猪舍空间、环境，以杀灭蚊虫，防蚊虫叮咬而发生乙脑、猪丹毒等传染病。

模块七　妊娠母猪的分娩与接产

母猪分娩是养猪生产中最繁忙、最细致、最重要、最易出问题的时期，也是决定效益高低的重要环节。所以必须加强母猪分娩前后的饲养管理，防止母猪难产，产后无乳、缺乳等问题出现，同时护理好新生仔猪，防止仔猪意外死亡。

任务一　做好母猪分娩前的工作

一、预产期的推算

（一）查表法

母猪预产期的推算可用查表法，详见表3-4。

表3-4　母猪预产期推算表

日＼月	一	二	三	四	五	六	七	八	九	十	十一	十二
	四	五	六	七	八	九	十	十一	十二	一	二	三
1	25	26	23	24	23	23	23	23	24	23	23	25
2	26	27	24	25	24	24	24	24	25	24	24	26
3	27	28	25	26	25	25	25	25	26	25	25	27
4	28	29	26	27	26	26	26	26	27	26	26	28
5	29	30	27	28	27	27	27	27	28	27	27	29
6	30	31	28	29	28	28	28	28	29	28	28	30
7	1/5	1/6	29	30	29	29	29	29	30	29	1/3	31
8	2	2	30	31	30	30	30	30	31	30	2	1/4
9	3	3	1/7	1/8	31	1/10	31	1/12	1/1	31	3	2
10	4	4	2	2	1/9	2	1/11	2	2	1/2	4	3
11	5	5	3	3	2	3	2	3	3	2	5	4
12	6	6	4	4	3	4	3	4	4	3	6	5
13	7	7	5	5	4	5	4	5	5	4	7	6
14	8	8	6	6	5	6	5	6	6	5	8	7
15	9	9	7	7	6	7	6	7	7	6	9	8
16	10	10	8	8	7	8	7	8	8	7	10	9
17	11	11	9	9	8	9	8	9	9	8	11	10
18	12	12	10	10	9	10	9	10	10	9	12	11
19	13	13	11	11	10	11	10	11	11	10	13	12
20	14	14	12	12	11	12	11	12	12	11	14	13
21	15	15	13	13	12	13	12	13	13	12	15	14
22	16	16	14	14	13	14	13	14	14	13	16	15
23	17	17	15	15	14	15	14	15	15	14	17	16
24	18	18	16	16	15	16	15	16	16	15	18	17
25	19	19	17	17	16	17	16	17	17	16	19	18
26	20	20	18	18	17	18	17	18	18	17	20	19
27	21	21	19	19	18	19	18	19	19	18	21	20
28	22	22	20	20	19	20	19	20	20	19	22	21
29	23		21	21	20	21	20	21	21	20	23	22
30	24		22	22	21	22	21	22	22	21	24	23
31	25		23		22		22	23		22		24

注：上行月份为配种月份，左侧第一栏为配种日期，下行月份为预产期月份，从左侧第2～13栏的数字为预产日期。例如，5月3日配种，经查表后，其预产日期为8月25日。

（二）“三三三”法

“三三三”法即猪的预产期为三个月加三周加三天，从配种日算起。此法是常用的推算方法，从母猪交配受孕的月数和日数加“3 个月 3 周 3 天”即 3 个月为 90 天，3 周为 21 天，另加 3 天，正好是 114 天，即是妊娠母猪的预产大约日期。例如，配种期为 10 月 1 日，10 月加 3 个月，1 日加 3 周 21 天，再加 3 天，则母猪分娩日期是在 1 月 25 日前后。

（三）公式法

公式法即“月上加四，日上减六”，具体计算方法为配种的月份上加四，配种日期上减六，得出的日期，就是母猪的大致预产日期。用这种方法推算，不分大月、小月和平月。例如，推算配种日期为 2011 年 10 月 20 日的母猪的预产期。推算方法为：月份为 10 月加 4 月即 14 月，2012 年 2 月；日期为 20 日减 6 日即为 14 日，所以母猪的预产日期大致在 2012 年 2 月 14 日。使用上述推算法时，如月不够减，可借 1 年（即 12 个月），日不够减可借 1 个月（按 30 天计算）；如超过 30 天进 1 个月，超过 12 个月进 1 年。

二、准备产房

产房是猪场的生产核心，母猪围产期和分娩管理是猪场经营成功的关键。产房要求温暖干燥、清洁卫生、舒适安静、阳光充足、空气新鲜。

（一）保证卫生

产房是整个猪场中最干净的区域，环境管理非常重要。高效的环境控制不仅可节约资源、降低成本，充分发挥生产力，更重要的是可保持整个猪群的健康水平。用做产房的猪舍空出后，首先彻底清理猪舍和地下粪沟。其次，用清水把猪舍的屋顶、墙壁、门窗、产床、饲槽、保温箱等一切所需设备，包括地面、地下粪沟冲洗干净。晾干后再用 2% 的火碱水喷洒消毒，3 天后用清水冲洗、晾干，再用其他消毒药消毒、再冲洗、晾干。最后封闭，用甲醛溶液和高锰酸钾熏蒸消毒，3 天后开窗通风 3 ~ 4 天，方可进猪。

（二）适宜温度

尽量保持舍内恒温，需要变化温度时一定缓慢进行，切忌温度骤变。在保温箱中加红外线灯等保温设备，给乳猪创造一个局部温暖环境。母猪进入产房未分娩时，舍内保持 20℃ ~23℃；母猪分娩当周即乳猪 1 周龄内保持舍内 25℃左右、保温箱内 34℃；乳猪 2 周龄保持舍内 23℃、保温箱内 32℃；乳猪 3 周龄保持舍内 21℃、保温箱内 30℃；乳猪 4 周龄保持舍内 20℃、保温箱内 28℃。

（三）合理湿度

保持产房内干燥、通风。湿度过高有利于病原体繁殖，会诱发仔猪下痢等疾病发生；湿度过低，仔猪皮肤干燥，影响上皮发育。相对湿度保持在 65% ~70% 为宜。

(四) 新鲜空气

要求产房空气新鲜,少氨味、异味。有害气体(CO_2、NH_3、H_2S)浓度过高时,会降低仔猪自身的免疫力,影响仔猪的正常生长发育,长时间有害气体加上产房中的尘埃,容易使仔猪患呼吸道及消化道疾病。

(五) 控制噪音

母猪分娩前后保持舍内安静,可避免母猪突然性起卧压死仔猪,同时有利于顺产。国外资料报道,噪音性应激可诱发应激综合征和伪狂犬病的发生。

(六) 适当光照

适宜的光照可使机体的蛋白质、脂肪及矿物质沉积,有利于生长;还可提高性激素的分泌量,加强卵巢和睾丸功能,提高猪的繁殖能力。适当延长光照时间可促进猪的性成熟,光照时间延长和强度适当可促进母猪发情、配种和妊娠。光照不足或过量对猪的生产力及健康不利,光照时间过短或过暗可使猪消化液的分泌量和活性降低,食欲减退;过强过长的光照会使机体代谢加强、活动多、能量消耗增加而影响增重。

适当的紫外线照射,可保证猪机体正常的钙、磷代谢,促进骨骼的生长发育,具有防治佝偻病的功能;紫外线还具有促进机体代谢的作用,从而提高猪的生产力和饲料转化率。紫外线还具有杀死细菌、病毒、真菌和破坏某些毒素(如破伤风毒素)等的作用,具有增强血液杀菌力和免疫力等作用。但是过量的紫外线照射(如夏季强烈阳光照射)也会造成猪的皮炎(特别是白猪)、角膜和结膜炎,严重时可作用于中枢神经系统,出现头晕、头疼等症状。光照可影响猪的采食、饮水,昼夜活动规律,代谢功能,生长发育,性功能和抵抗力等。

三、临产母猪准备

(一) 母猪进产房

依据预产期推算,提前 1 周进入产房,以适应新环境,防止产前应激。并做好以下几点:

1. 清洗母猪

用清水缓慢冲洗怀孕母猪全身(冬季用温水),用刷子刷洗,除去母猪身上的脏物及粪便,冲净晾干。

2. 消毒

用消毒液洗涤母猪全身,特别是母猪后躯部和乳房,再次用清水冲洗,晾干后把怀孕母猪转到产房,到产床后再给猪消毒一次。

3. 检查

临产母猪是否患有乳房肿块、乳房炎，一旦发现及时治疗。保持母猪健康的身体状况，使它有优质的乳汁来哺育乳猪。

4. 补硒、维生素 E

进入产房当天每头母猪注射亚硒酸钠维生素 E 注射液 6 ~ 10mL，给母猪补充硒元素及维生素 E，同时又可以预防仔猪的下痢。

（二）接产用具和药品的准备

接产用具和药品的准备包括母猪生产记录表格、灯、接产筐、洁净的毛巾或拭布、剪刀、5% 的碘酒、2% ~5% 的来苏尔、结扎线（应浸泡在碘酒中）、高锰酸钾溶液（用于消毒剪断的脐带）、秤、耳号钳、剪牙钳等，以及难产时用的绳、锯子、小斧头和剖宫产所需要的工具。

（三）接产人员准备

具备一定的猪生产知识的专门接产人员，将手臂洗净，并用 2% 的来苏尔消毒后准备接产。

任务二 完成母猪的分娩接产

一、母猪分娩诊断

（一）乳房的变化

母猪在产前 15 ~20 天，乳房由后向前逐渐膨大下垂，乳房基部与腹部之间呈现出明显的界限；分娩前一周，乳头呈"八"字形两侧分开，皮肤紧张，初产母猪还会发红发亮；分娩前 4 ~5 天，母猪的乳房显著膨大，两侧乳房外胀明显，呈潮红色发亮。

（二）挤乳头看乳汁

在母猪临产前通过挤乳头可推测将要分娩的时间：第一对乳头可挤出乳汁时，一般在 2 ~4h 内可分娩；中间乳头能挤出乳汁时，约 12h 内分娩；最后一对乳头可挤出乳汁时，24h 左右分娩。

（三）尾根变化

母猪临产前，尾根两侧下凹、骨盆开张，阴道外阴松弛、阴唇红肿。这种现象发生时距产仔 6h 左右。

（四）行为表现

分娩前 6 ~10h，母猪表现为卧立不安，外阴肿胀变红，衔草做窝；分娩前 1 ~2h，母猪表现为精神极度不安、呼吸迫促、挥尾、流泪，时而来回走动，时而像狗一样坐着，频频排尿、阵痛，阴户中有黏液流出，从乳头中可以挤出较多的乳汁；如母猪躺卧，四肢伸直，阵缩间隔时间越来越短，全身用力努责，阴户流出羊水（破水），则很快就要产出仔猪。

二、分娩过程

分娩是借子宫和腹肌的收缩，把胎儿及其附属膜（胎衣）排出来。分娩过程可分为准备阶段、排出胎儿、排出胎盘及子宫复原四个阶段。

（一）准备阶段（子宫开口期）

准备阶段以子宫颈的扩张和子宫纵肌及环肌的节律性收缩为特征。由于这些收缩的开始，迫使子宫内羊水液和胎膜推向已松弛的子宫颈，促进子宫颈扩张。在准备阶段初期，子宫每15min左右周期性地发生收缩，每次持续约20s。随着时间的推移，收缩频率、强度和持续时间增加，一直到以每隔几分钟重复地收缩。这时任何异常刺激都会造成分娩的抑制，从而延缓或阻碍分娩。在此阶段结束时，由于子宫颈扩张而使子宫和阴道成为一个相连续的管道。

（二）排出胎儿（胎儿产出期）

膨大的羊膜同胎儿头和四肢部分被迫进入骨盆入口，这时引起膈肌和腹肌的反射性及随意性收缩，在羊膜里的胎儿即通过阴门。猪的胎盘与子宫的结合是属弥散性的，在准备阶段开始后不久，大部分胎盘与子宫的联系就被破坏而脱离。如果在排出胎儿阶段，胎盘与子宫的联系仍然不能很快脱离，胎儿就会因窒息而死亡。

母猪分娩时，一般多侧卧，经过几次剧烈阵缩与努责后，胎衣破裂，血水、羊水流出，随后产出仔猪。

（三）排出胎盘（胎衣排出期）

胎盘的排出与子宫收缩有关。由于子宫角顶部开始的蠕动性收缩引起尿囊绒毛膜的内翻，有助于胎盘的排出。在胎儿排出后，母猪立即安静下来，在子宫主动收缩下使胎衣排出。在出生时有的胎膜完全包住胎儿，如果不及时将它撕裂，胎儿会窒息而死。一般正常的分娩间歇时间为5～25min，分娩持续时间依胎儿多少而有所不同，一般为1～4h。在仔猪全部产出后10～30min胎盘便排出。

（四）子宫复原

胎儿和胎盘排出以后，子宫恢复到正常未妊娠时的大小，这个过程称为子宫复原。在产后几周内子宫的收缩更为频繁，大致在45天以后，子宫完全恢复到正常大小，而且替换子宫上皮。

三、母猪接产

(一) 消毒

母猪分娩要有专人看管,临产前先用0.1%高锰酸钾或2%来苏尔液消毒关键部位,尤其是乳房、阴门周围、臀部、四肢等部位,并挤掉乳头第1滴奶。接产人员的手臂洗净并用2%的来苏尔消毒。

(二) 一破三擦

仔猪出生后,如果胎儿包在胎衣内一起产出应马上撕破胎衣,再抢救仔猪。若胎衣已破,接产人员应立即用手指将仔猪耳、鼻、口内的黏液掏除并擦净,用干毛巾或纱布擦干仔猪全身黏液。

(三) 断脐带

仔猪产出后一般脐带会自行扯断,但有的断端太长,有的断端太短,所以生产中应及时人工断脐带。断脐带有两种方法:第一种是一次断脐带,即将脐带内的血液挤向仔猪腹部或挤向两边,在距仔猪腹部3～5cm处即三指宽处用手扯断或剪断脐带;第二种是两次断脐带,第一次做法同第一种,只是先留10cm左右,第二次在脐动脉不再跳动时,在距仔猪脐部3～5cm处剪断脐带。不管哪一种做法,断脐带后应用5%的碘酒消毒脐带断口部,如脐带断后仍然流血,可用手指捏住断端3～5min,即可压迫止血。

(四) 超前免疫

如果当地猪瘟流行,应对初生仔猪实行超前免疫。具体做法是:仔猪出生后不立即吃初乳,而是集中放在仔猪箱内,待全部产仔结束,稀释猪瘟弱毒疫苗,在最短时间内(1h内)完成全窝仔猪免疫,夏季要将稀释的猪瘟疫苗溶液衬冰使用,防止猪瘟疫苗效价降低,一般进行2倍量免疫接种,2h后吃初乳。

(五) 吃好初乳

应让所有仔猪吃早、吃饱。仔猪出生后24h内肠黏膜具有吸收免疫球蛋白(抗体)的能力,随时间的推移,吸收能力越低。因此,仔猪出生后要按弱前强后的原则固定乳头,让每头仔猪最好在生后3h内都吃到、吃足初乳,从而使仔猪所获营养和抗体是均衡的。如果分娩时间过长就要分批吃奶。

(六) 称重、编号、剪乳牙、断尾、登记

1. 称重

仔猪生后12h内称的重量称为初生重。初生窝重是选种的种用指标之一。

2. 编号

仔猪编号,对搞清仔猪的来源、血缘关系、生产性能有重要意义。

仔猪编号常用剪耳法，方法是用耳号钳，在耳朵的边缘打上缺口和耳朵的中间打孔，每个缺口或孔代表着一个数据，把所有数据相加，即是该猪的耳号。

编号原则是公猪编单号，母猪编双号。数据尽可能小，每一个数字要代表一定的意义，如品种、胎次等。计数方法是“左大右小，上1下3”，即左耳耳尖一缺口代表200，右耳耳尖一缺口代表100；左耳上缘一缺口代表10，右耳上缘一缺口代表1；左耳下缘一缺口代表30，右耳下缘一缺口代表3；左耳上半部位一小孔代表800，右耳上半部位一小孔代表400，左耳靠耳根部位一小孔代表2 000，右耳靠耳根部位一小孔代表1 000。

打耳号注意事项：预防缺口感染发炎导致缺口粘连变形；一个猪场每个耳号都是唯一的；耳根部与耳尖部之间的缺口空距要适当大一些，至少要大于耳根处或耳尖处缺口的间距，以易于区分识别缺口属耳根还是耳尖；要求缺口深浅一致，不要过深或过浅，清晰易认，缺口间距基本一致，稀疏均匀，排列整齐；应尽量避开血管，所有缺口要适度剪到耳缘骨，不能过深，也不能过浅。

3. 剪乳牙

仔猪在争抢乳头时锋利的犬齿会咬伤母猪乳头或乳房，造成乳房炎症和母猪疼痛不安，拒绝哺乳，严重影响仔猪的生长发育；在保育和育肥期间也会出现咬尾、咬耳现象。为了保证母猪的正常哺乳，仔猪健康的生长发育，应及时剪去乳猪的犬齿。剪牙如果太靠根部或剪牙时间推后，常会出现剪牙不齐的情况，容易造成细菌繁殖，最后导致牙龈肿胀甚至溃烂，影响仔猪吃料，也是引起仔猪渗出性皮炎和链球菌病的主要诱因。所以剪牙要注意两点：一要早，最好生后马上剪牙；二不能太靠根部，剪去二分之一即可。

4. 断尾

断尾可节省饲料，提高日增重。虽然其作用不大，但仔猪每天摆尾消耗的能量占每日代谢能的15%，无形中造成饲料的浪费；另外，可减少咬尾症。据统计，咬尾症在同群中一般可达20%～30%，由于该病的出现，降低了猪的饮食及抗病力，同时极易感染坏死杆菌、葡萄球菌、链球菌等，大大降低猪的生产性能，一般断尾保留三分之一或一半均可。仔猪断尾的方法有：

（1）烧烙断尾法：将仔猪横抱，腹部向下，侧身站立，将仔猪臀部紧贴栏墙，术者站在通道上，左手将仔猪尾根拉直，右手持已充分预热的250W弯头电烙铁在距尾跟2.5cm处，稍用力压下，随烧烙尾巴被瞬间切断。

（2）钝钳夹持断尾法：术者在仔猪哺乳或饮水时，左手提尾，右手用钝型钢丝钳在距尾根2.5cm处，连续钳两钳子，两钳的间距为0.3～0.5cm，5～7天之后尾骨组织由于被破坏停止生长而干掉脱落。

（3）牛筋绳紧勒法：仔猪出生后7～14天，用浸泡数天的牛筋线蘸消毒液后在距尾根

2.5cm 处用力勒紧，待 7 ~ 12 天后自行脱落，达到断尾目的。此法操作简便，不会发生任何感染。

(4) 剪断法：断尾时固定好仔猪，消毒手术部位，再用已消毒的剪刀在距尾根 2.5cm 处直接剪断尾巴，然后用清水冲洗并涂上碘酒或止血剂。此法操作比较麻烦，断尾后还会出血，涂抹碘酒达不到消毒的目的。有时断尾的创面结痂后痂皮容易被擦掉造成第二次出血，或仔猪相互咬食尾巴引起感染发炎和脓肿。

断尾注意事项：电烙铁应充分预热。只有温度高，切断速度才快，应激反应才小；断尾时不能过分切除，否则切面过大，会大量失血；手术时固定要牢靠，术者下手要准，防止仔猪挣脱烙铁、钝钳和手术剪等触及猪或人的其他部位，造成损伤；个别受断尾应激的仔猪要单独分开饲养。

5. 登记

所有仔猪出生后都要登记品种、性别、毛色、初生时间、初生个体重、初生窝重、乳头数等。

(七) 清理

母猪产后，将生产过程中的脏物、排泄物、脐带断头（两次断脐带）及胎衣和死仔猪清理干净，以防被母猪吃掉。一旦脐带断头、胎衣和死仔猪被母猪吃了，会导致两种不良后果：一是母猪奶汁变浓，变少，仔猪消化不良，加重仔猪下痢；二是母猪会形成吃仔猪的恶癖。

四、母猪分娩常见问题的处理

(一) 仔猪冻僵

在生产中，由于保温不够、吃奶不及时或奶汁不足，常会使仔猪冻僵。最有效的处理方法是将冻僵仔猪全身浸没在 38℃ ~40℃ 的温水中，只将头部托在水面上，或者用手托住仔猪火烤，直到仔猪叫出声为止，同时辅助静脉或腹腔注射能量合剂：25% 葡萄糖 20mL、辅酶 A 0.5 支，ATP 0.5 支。

(二) 假死仔猪

仔猪出生后呼吸停止，但心脏和脐带动脉还在跳动，这种现象叫假死。

1. 假死原因

假死原因多为仔猪在产道内停留时间过长，吸进产道内的羊水和黏液，造成窒息。仔猪在产道内停留的时间过长的原因有：母猪年老体衰，分娩无力；母猪长期不运动，腹肌无力；胎儿过大卡在产道某一部位；母猪产道狭窄，有先天狭窄或后备母猪配种过早导致的发育不全性狭窄等。

2. 急救技术

在急救前必须首先把口、鼻内的黏液与羊水用力甩出或捋出并擦干后，再进行急救。急救速度要快，否则假死会变成真死。抢救假死仔猪的原则有两个：一是使仔猪的呼吸中枢兴奋，尽快让仔猪能够自主呼吸；二是采取措施尽快使仔猪的呼吸道畅通。具体的措施如下：

（1）人工呼吸法：用手托起假死仔猪，或把它放在垫草上，然后用右手伸屈仔猪两前肢或前后肢，促其呼吸。

（2）吹气法：向假死仔猪鼻内或嘴内用力吹气，促其呼吸。

（3）拍打法：右手提起两后肢，使假死仔猪头向下，左手拍胸拍背，促其呼吸，仔猪发出叫声说明已经救活。

（4）刺激法：将酒精喷入假死仔猪的鼻腔，刺激鼻腔感受器，促使其呼吸。

（三）难产

1. 难产原因

母猪临产时羊水排出后1h内，仍未见仔猪产出或分娩间隔超过1h就视为难产。有母猪和胎儿两个方面的原因：

（1）母猪方面：主要是产道狭窄性难产，多见于初产母猪。由于母猪配种怀孕后还处于生长发育阶段，骨盆口太小，虽然母猪经强烈的子宫收缩，但胎儿排不出子宫口造成难产；产力虚弱性难产，多见于体弱、疾病、高胎次或产仔多的母猪，由于疲劳造成子宫收缩无力，无法将胎儿排出产道，引起难产；外界刺激引起的应激性难产，多见于初产、胆小的母猪，由于受到突然惊吓或分娩环境不安静等外界强烈的刺激，起卧不安，子宫不能正常收缩，引起难产；母猪羊水缺乏，多见由于营养不良或遗传原因引起，临床症状为母猪强力努责，只有少量羊水排出，呼吸紧迫，用手探进子宫不光滑，很难进入；母猪过于肥胖、产道畸形、有疾病或发育不良也可以引起难产。

（2）胎儿方面：主要是胎儿过大性难产，多见于母猪产仔太少，胎儿发育过大引起难产；胎位不正性难产，多见于胎儿在产道中姿势不正堵塞产道引起难产；畸形胎儿性难产，胎儿畸形不能顺利通过产道，引起难产；死胎性难产，胎儿在母体内死亡时间较长，引起胎儿水肿、发胀造成难产。

2. 难产的处理方法

检查难产母猪骨盆腔与产道的状态，排除仔猪产出通道的障碍。助产人员应剪短指甲，除去指甲边缘的积垢并磨光指甲边缘，用0.1%的高锰酸钾浸洗手掌、手臂和母猪外阴部，手掌、手臂涂上肥皂或石蜡油，五指并拢呈圆锥状慢慢旋转伸入母猪产道内，母猪努责时停止伸入，检查引起难产的原因。助产牵拉切不可用力过猛，以免损伤母猪产道或引起产道脱出。

发生难产应用人工助产，其具体方法是坚持“五字”方针的原则，即推、拉、掏、注、剖。

(1) 推：接产人员用双手托住母猪的后腹部，随着母猪的努责，向臀部方向用力推。

(2) 拉：看见仔猪的头或腿且胎位、胎势正确时，可用手抓住仔猪的头或腿随母猪努责将仔猪轻轻拉出。

(3) 掏：母猪较长时间努责，仔猪就是产不出来时，可用手(5 个手指呈锥形)慢慢伸入阴道内掏出仔猪。当掏出 1 头仔猪，由难产转为正产时，就不要继续掏了。掏完后用手把 40 万 IU 青霉素抹入母猪阴道内，以防患阴道炎。

(4) 注：肌肉注射催产素，建议每隔 20 ~ 30min 肌肉或皮下注射催产素 30 ~ 50IU。为了提高催产素的药效可选择性地使用雌激素，即在用催产素前预先肌注雌二醇 10 ~ 20mg 或其他雌激素制剂。

(5) 剖：以上措施都采用后，仔猪仍然生不下来，应立即做剖宫产手术，取出胎儿。

死胎性难产的处理方法：对接近分娩期或超过分娩期时间较长，且阴户连续流出恶露、临床有分娩征兆的母猪，用输精管连接注射器向母猪子宫腔内注入浓度为 1% ~ 3%、温度 36℃ ~ 38℃ 的食盐水，直至食盐水从母猪阴户流出，然后配合使用催产素。20h 后，母猪子宫内容物就能排出。但必须注意，母猪子宫颈未张开、骨盆狭窄以及产道有阻碍时，不能注射催产素。产后 5 天内，每天需肌注青霉素与链霉素，以防生殖道炎症。

模块八　哺乳母猪的生产

在正常的仔猪生产中，母乳是初生仔猪唯一的营养来源，是 30 日龄前仔猪的主要营养来源。母猪泌乳量的多少、乳质的好坏，直接影响仔猪的生长发育。为了哺育好仔猪，必须饲养管理好哺乳母猪。生产目标是确保母猪在该阶段有较多的泌乳，较少的体储损失，饲养出大量健康、体重大的仔猪；断奶后的母猪能在 7 ~ 10 天内发情配种及妊娠。

任务一　了解哺乳母猪的特点

一、哺乳母猪消化生理特点

母猪分娩后，消化功能下降，母猪采食量降低。但随着母猪体况的恢复，采食量逐步增加，哺乳母猪采食潜力很大，远大于妊娠期需要的量。由于母猪在泌乳期须分泌大量乳汁，物质代谢旺盛，因此，要求饲料营养水平较高。对能量的需要按哺乳仔猪头数的增加而增加，蛋白质、矿物质和维生素对泌乳母猪的生产性能影响也很大。若长期供应不足，会导致母猪泌乳量的下降，仔猪体弱，易患病；母猪消瘦，影响再次发情与配种。

二、哺乳母猪的泌乳特点

（一）母猪的泌乳规律

1. 母猪乳腺结构

各乳房之间互不相通，每个乳房由2~3个乳腺团组成，每个乳头有2~3个乳头管，一般前部乳头的乳头管比后部的多，因此前部乳头比后部乳头产奶量高。

2. 泌乳时间

分娩后2~3天连续排乳，以后由仔猪拱揉的刺激有控制地排乳。每次一般10~20s，间隔1h左右排乳一次。

3. 泌乳量

平均每天泌乳5~9kg，每次泌乳量0.25~0.4kg。全期泌乳量的变化：一般在分娩后逐渐增加，到产后21天左右达高峰，以后奶量渐降。母猪胎次不同，泌乳量不同，初产母猪泌乳量低，4~6胎泌乳量最高，以后逐渐下降。

（二）乳成分

最初2~3天的乳为初乳，以后为常乳。初乳与常乳相比，初乳中免疫球蛋白含量高，干物质比常乳高1.5倍，蛋白质比常乳高3~4倍，镁离子高，维生素丰富。

（三）影响母猪泌乳的因素

1. 品种

猪的品种不同泌乳量差异较大。一般大型高产瘦肉型和兼用型品种泌乳量较高。

2. 胎次与初配年龄

第1胎泌乳力较低，第2~3胎上升，6~7胎后有下降趋势。初配年龄与泌乳力也有关，配种过早或过晚泌乳力都较低。

3. 每窝哺育的仔猪数

一般每窝哺育的仔猪数越多，泌乳力越高。

4. 乳头位置

一般第1对乳头泌乳量最多，第2~4对几乎相同，第5对次之，第6对以后显著减少。前4对乳汁好。

5. 环境因素

安静环境和适宜温度有利于泌乳。

6. 营养因素

营养因素是影响泌乳量和乳品质的主要因素。应满足哺乳期母猪的能量、蛋白质、矿物质、维生素等营养的需要;控制粗饲料,增加精料的给量。

7. 分娩季节

春秋两季,天气温和凉爽,青绿饲料多,母猪食欲旺盛,所以在这两季分娩的母猪泌乳量一般较多。夏季虽青绿饲料丰富,但天气炎热,影响母猪的体热平衡;冬季严寒,母猪体热消耗过多。因此,冬夏分娩的母猪泌乳受到一定程度的影响。为了避免夏季炎热和冬季严寒对母猪泌乳量的影响,有些猪场采取春秋两季季节性分娩。

任务二 研究哺乳母猪的饲养技术

一、哺乳母猪的营养需要特点

(一) 能量

哺乳母猪的能量需要分为维持需要、泌乳需要和生长需要。哺乳期间需要大量的能量,当哺乳母猪摄入的能量不能满足这三种能量需求时,母猪就动用自身体储进行泌乳。而当母猪体重损失过大时就会影响下一次发情,干扰猪场的生产。按照目前泌乳母猪每千克日粮能量水平为13.6MJ DE/kg和每日平均采食量5kg左右,母猪的能量摄入远不能满足产奶的需要,而必须动用体内的储备,这种能量相对缺乏在整个泌乳期都是存在的,添加脂肪是提高饲粮能量的有效措施,而且还可以增加脂肪酸的含量。特别是在夏季高温季节,添加脂肪尤为重要,可有效提高日粮能量水平,而且脂肪在代谢过程中产生的体增热较少。脂肪的适宜添加量在2% ~3%,添加过多,饲料容易变质而且增加饲料的成本。多数试验表明,在泌乳初期母猪日粮中添加脂肪,还可以提高日产奶量和乳脂率。

(二) 蛋白质

哺乳母猪对蛋白质的需求较高,粗蛋白含量可配到18%,蛋白原料应选择优质豆粕、膨化大豆或进口鱼粉等。鱼粉中的氨基酸和猪的理想氨基酸模式是最接近的,在哺乳母猪料中添加鱼粉可以使母猪更好地发挥泌乳性能。

在所有氨基酸中,赖氨酸是哺乳母猪的第一限制性氨基酸。对于高产母猪,随着赖氨酸摄入量的增加,母猪产奶量增加,仔猪增重提高,母猪自身体重损失减少。现在的高产体系母猪,产奶量增加,所需的赖氨酸含量也增加,NRC(1998)推荐0.6%的赖氨酸水平是远不能满足需求的。试验表明,当赖氨酸水平从0.75%提高至0.9%时,随着赖氨酸摄入量的增加,每窝仔猪增重提高,母猪体重损失减少。因此,新版NRC推荐的赖氨酸需要量为0.97%。但是赖氨酸含量过高会导致另一种氨基酸——缬氨酸的不足。有研究结果表明，日粮中缬氨酸与赖氨酸比例增加，可提高母猪的泌乳性能和仔猪断奶时的窝重。

（三）维生素

夏季母猪日粮中添加一定量的维生素C（150～300mg/kg）可减缓高热应激症。维生素E（30～50mg/kg）可增强机体免疫力和抗氧化功能，减少母猪乳房炎、子宫炎的发生；缺乏时可使仔猪断奶数减少和仔猪下痢。生物素（0.2mg/kg）广泛参与碳水化合物、脂肪和蛋白质的代谢，生物素缺乏可导致动物皮炎或蹄裂。高温环境可使动物肠道细菌合成生物素减少，故在饲料中应补充较多的生物素。维生素D（150～200IU/kg）可调节体内钙、磷代谢。其他一些必需维生素如B族维生素、叶酸、泛酸、胆碱等也应适量添加，不可忽视。

（四）矿物质元素

钙、磷是骨骼的主要组成成分。钙、磷比例恰当的钙含量为0.8%～1%，磷为0.7%～0.8%，有效磷0.45%。为提高植酸磷的吸收利用率可在日粮中添加植酸酶。钙、磷含量过低或比例失调可造成哺乳母猪后肢瘫痪，在原料选择上应选择优质钙、磷添加剂。母猪在哺乳期间会丢失大量的铁，常常表现为临界缺铁性贫血状态，不但影响健康，而且会降低母猪对饲料的利用率，推荐用量为70mg/kg。哺乳母猪长期饲喂含0.5mg/kg锰的日粮会出现骨骼异常、发情不规律或不发情、泌乳量减少等现象。研究表明，泌乳母猪日粮中添加5～10mg/kg的锰比较适宜。缺锌对母猪的泌乳性能也有影响。锌可以促进蹄、骨骼、毛发的发育，减少蹄病，同时可以提高母猪的繁殖性能和减少乳房炎的发生。哺乳母猪对锌的需要量受诸多因素的影响，各个国家给出的锌的添加标准差异较大，范围为40～140mg/kg。我国锌的添加量为60mg/kg，比较适宜。其他矿物质如硒的需要量为0.15mg/kg，碘为0.14mg/kg。

哺乳母猪所需的营养还受品种、年龄、胎次、产仔数等因素的影响。另外，哺乳母猪采食量的多少直接决定了营养的摄入量。

二、哺乳母猪饲养技术

（一）喂料量适宜

母猪产后体质较弱，消化力不强，一般产后1周才能恢复正常饮食。

1. 一般做法

母猪产仔当天不喂饲料，仅喂麸皮食盐水或麸皮电解质水，麸皮浓度为10%～20%；第2天喂饲料1.5kg左右；从第3天开始，逐天增加0.5kg料；1周后恢复正常喂量，每天喂4～5kg，直至断奶。

2. 依带仔猪数确定

哺乳母猪带仔多，喂料多；带仔少，喂料少。一般都按每多带一头仔猪，在母猪维持需要的基础上加喂0.35kg饲料。母猪维持需要，按每100kg体重喂1.1kg饲料计算。例如，120kg的母猪，带仔10头，则每天平均喂料为(120÷100)×1.1+10×0.35=4.82(kg)；如带仔5头，用同样的方法可以算出，母猪每天喂3.07kg料，才能满足需要。

3. 依母猪泌乳期失重确定

产后第三天母猪的重(W_1)减去断奶时母猪重(W_2)称为失重。失重率的计算公式是：

$$失重率=\frac{W_1-W_2}{W_1}\times 100\%$$

若失重率在15%～20%的范围内，说明母猪喂量正常；若母猪失重小于15%，说明母猪喂料量多了；若母猪失重大于20%，则母猪喂料少了。

4. 依断奶后发情时间确定

母猪正常喂料情况下，仔猪断奶后7～10天发情，最迟不超15天。若超过15天母猪不发情，从营养角度来看，就是喂料不适。

（二）饲喂方法得当

哺乳母猪，特别是产后短期内，针对母猪体虚、消化能力弱的状况，应采取少喂、勤添，定时定量的喂法。喂料不宜采用料水分开法，以稀料或湿拌料最佳。泌乳母猪以日喂4次为好，每顿喂八成饱即可，具体时间安排为每天的6时、10时、14时和22时为宜，每次间隔时间要尽量均匀，最后一餐应晚一点，让母猪有饱感，这样夜间就不会站立拱草寻食，从而减少压死、踩死仔猪现象的发生。

（三）保证充足清洁的饮水

猪奶中含水量在80%左右，充足饮水对母猪泌乳十分重要。尤其夏季哺乳母猪的饮水需求量更高。因此，母猪的饮水应保证敞开供应。如果是水槽式饮水则应一直装满清水；如果是自动饮水器，则要勤检查，保证畅通无阻，而且要求水流速、流量达到一定程度。饮水应清洁，符合卫生标准。饮水不足或不洁可影响母猪采食量及消化泌乳功能。

（四）饲料多样搭配，保证营养平衡

泌乳母猪的日粮应采取多样配合，防止单调，并注意蛋白质、矿物质、维生素的补充，适当多喂些豆饼、麸皮、豆科牧草等。饲料中钙、磷的含量及比例不容忽视。不足时，轻者影响泌乳，严重时会造成母猪瘫痪或骨折。多喂青绿多汁饲料，可显著提高母猪泌乳量，同时可提高母猪的繁殖力。

（五）饲料要固定

日粮应相对稳定，不能随意改变日粮种类。必须改变时，应循序渐进，逐步适应，否则会引起母猪应激,造成母猪消化道疾病,影响泌乳。不喂发霉、腐败变质的饲料。这些饲料会造成泌乳量减少,还会降低乳的品质,甚至引起仔猪疾病和母猪中毒,导致仔猪死亡。

任务三　探究哺乳母猪的管理技术

哺乳母猪管理的好坏,不仅影响母猪的泌乳量、断奶仔猪的成活率和仔猪的断奶体重,而且还会影响断奶后母猪的正常发情、配种。所以加强哺乳母猪的管理,是提高养猪经济效益的重要环节。

一、保持良好的环境

冬季防寒保温,夏季防暑降温,防止贼风侵袭。尽量保持产床的干燥、清洁。及时清理脏物,以免仔猪接触拱咬而造成疾病。若用高床漏缝地板饲养哺乳母猪,不宜用水带猪冲洗网床,床下粪污每天清扫两次,若水冲则注意防止水溅到网床上。每天除清扫猪栏、冲洗排污道外,还必须定期用对猪无副作用的消毒剂喷雾消毒猪栏和猪舍。哺乳母猪舍湿度要适中,以40% ~75%较佳。由于产房密封性好,常常使室内空气不新鲜,有害气体如氨气、硫化氢等浓度过高,导致母猪的抗病力下降。为了保证通风不至于使室温降低,生产上常选择在每天温度最高时即午后的13 ~14 时将窗户打开,采用自然通风或人工通风,时间不宜过长,一般半小时左右。保证环境安静、噪音小或无噪音,有利于母猪乳的合成、泌乳和排乳。总之,保持清洁干燥、安静舒适、空气流通好、日光充足的环境,有利于提高母猪的繁殖性能。

二、适当运动

产后母猪体质差,抵抗力弱,易被病原微生物感染而发病,所以要控制母猪外出运动。一般产后3 天内母猪不宜圈外活动。3 天后若是晴天,母猪可以适当外出运动,一般一天两次,每次以0.5 ~1h 为宜,但不能带仔猪。1 周后,母猪可以正常外出运动。若是晴天,也可以带仔猪外出。每天给予哺乳母猪适当的运动,以提高食欲,利于哺乳母猪健康和泌乳,提高抗病能力。

三、保证母猪的乳腺发育

母猪乳腺的发育与仔猪的吮吸有关,特别是头胎母猪,要让所有乳头都得到均匀利用,头胎母猪产仔数一般少于乳头数,让仔猪自由吃奶,会出现有的乳头没猪吃奶,结果被吃的乳房发育良好,未被吃的乳房发育差,逐步形成乳房大小不均,发育好的乳房泌乳多,发育差的泌乳少。因此,当头胎母猪产仔过少时,可采取并窝办法。如果没有并窝条件,可用人工挤乳或让一头仔猪吃几个乳头,尤其要训练仔猪吮吸后部的乳头,防止未被吮吸的乳头萎缩,影响下一胎仔猪的吃奶。实践证明,人工挤乳效果不如仔猪吮吸好。

四、防治乳房炎

母猪乳房炎是哺乳母猪较为常见的一种疾病。它是乳腺发生的一种以乳房红、肿、热、痛,泌乳量减少或停止为特征的产后疾病,多发生于产后泌乳期,特别是产后5~30天内,尤其夏季母猪最易发病。

(一)病因

1. 饲养管理不当

母猪舍温度高、湿度大、产房拥挤、通风不良常引起母猪难产,进而引起母猪劳累过度,血流循环受阻,出现乳房水肿,从而引起乳房炎。有的产房产前未严格消毒,母猪分娩后抵抗力下降,加上不注意乳房卫生,环境中的病原菌引发乳房炎。

2. 乳汁分泌过多

母猪泌乳期,如补饲方法不当,补饲的饲料过多、质量过好可导致泌乳量过多,但仔猪过小,吮乳量有限时可因乳汁凝滞而引发乳房炎。另外,仔猪断奶时,没有相应减少母猪精料喂量,常会导致过多的乳汁得不到及时的吮吸而发生炎症。

3. 病原微生物感染

病原微生物感染是母猪乳房炎发病率居高不下的重要因素之一。临床上可将其分为两类。第一类是接触性病原微生物,它们主要定植于乳腺,包括无乳链球菌、停乳链球菌、金黄色葡萄球菌和支原体等。金黄色葡萄球菌主要存在于乳头管的皮肤上,引起慢性乳房炎。第二类为环境性病原菌,细菌通过松弛的乳头孔进入乳房,乳头受体被细菌侵袭,特别是乳头损伤更易发生细菌侵入而诱发乳房炎,包括大肠杆菌、假单孢菌、酵母菌等。大肠杆菌由于产生内毒素而导致乳房炎的发生。

4. 继发因素

母猪发热以及患产后热、阴道炎、子宫内膜炎等均可引起乳房炎。母猪患子宫内膜炎后,由于细菌毒素和子宫内炎性分泌物不断产生,周围血流不畅,经络受阻,波及乳房,导致发生乳房炎。

5. 内分泌失调

我国的养猪业,乱用、滥用抗生素药物的现象很严重,给猪带来的直接危害则是药源性内分泌紊乱。例如,氢氯噻嗪使用不当可致使动物乳房肿胀,分泌脓性乳汁样分泌物,乳腺诱发炎症。

6. 母猪自身的原因

母猪年龄较大或是品种原因,脊背凹陷,腹部松弛下垂,怀孕后乳头触地摩擦损伤,有的母猪泌乳不足,仔猪抢奶,咬伤乳头后,继发细菌感染,引起乳房炎症。

(二) 预防措施

1. 猪舍及环境的消毒

要保持母猪圈舍通风干燥,清洁卫生。母猪生产期间应坚持每周给猪消毒1次。给猪喷雾消毒要选用刺激性小的药物(如百毒杀、碘制剂),并轮换交替使用消毒药,提高消毒效果。消毒杀死环境中的病菌,减少猪群感染疫病的机会。分娩后用0.1%的高锰酸钾对乳房进行消毒。

2. 充分利用乳房

对产后1~2天长时间侧卧的母猪,要人为地驱赶其起来,以避免因一侧长时不哺乳使乳房充盈而肿胀发炎。对于母猪乳汁过多,仔猪利用不了的,应采用人工挤乳。

3. 喂料恰当

分娩前1周应逐渐减料,分娩当天不喂精料,只喂麸皮汤。分娩后初期,不宜过早补料,更不宜补高蛋白质的饲料;对已发生泌乳性过剩的,要及时适量添加粗饲料或适当减料。

4. 科学管理

经常按摩母猪乳房,促进血液循环和保证泌乳通畅;剪掉犬齿,防止其咬伤母猪。

(三) 治疗措施

1. 毛巾冷敷

母猪乳房炎发病初期,乳房发硬、表面温度烫手时,用毛巾或干净软布在凉水中浸泡后稍挤干,敷于患处,每天2~3次,每次5~10min(也可在凉水中加入硫酸镁配成5%~10%的溶液),边冷敷边轻轻挤出乳汁,有利于炎症消除。

2. 消炎治疗

乳房炎较重时,用青霉素160万IU、链霉素200万IU,每天肌内注射2次,或用磺胺嘧啶钠每天肌内注射2次,每次10mL。磺胺类药物连续使用不要超过1周,或同时静脉注射5%碳酸氢钠或喂服苏打,否则会引起泌尿系统疾病,出现血尿等症状。

3. 封闭疗法

0.25%或0.5%的普鲁卡因20~30mL,加入用注射水稀释好的青霉素80万IU,在乳房根部周围柔软处分多点做皮下注射,每天2次。盐酸普鲁卡因注射液有2%、1%等不同的浓度,要稀释成0.25%~0.5%的浓度使用。在注射时再将稀释好的青霉素同普鲁卡因注射液混合,否则会出现沉淀。

4. 中草药

对乳房炎发生初期可用蒲公英100g，中期用鹿角霜40g、红花10g，水煎后分两次灌服。也可用中草药虫楼15g、苍耳15g、黄芩10g、虎掌草15g，水煎随饲料一起投服，每日1剂，连用3~5天。经治疗的母猪乳房炎症状很快消失，食欲转入正常，全部治愈。治愈后的个别母猪或个别乳腺会出现泌乳能力下降，但大多不影响下一次的泌乳能力。

5. 人工辅助挤出积乳和按摩乳房，促使乳房肿块消散

五、母猪缺乳或无乳的处理

（一）母猪缺乳、无乳的原因

1. 营养

母猪饲粮配合不合理，饲料单一，营养水平过低或过高，维生素、微量元素缺乏（如维生素E和硒），饲料突变，饲料原料粉碎过粗或过细（过粗导致消化不良，过细导致便秘），饲料贮存不当导致发霉变质等，均将会引起母猪营养不良或过肥，生理功能下降，内分泌功能紊乱和抗病力差，导致无乳或缺乳。

2. 应激

母猪妊娠后期转群的驱赶以及环境的变化，分娩时的紧张，新生仔猪啃咬乳头，注射药物等，均能刺激母猪的感受器官，引起兴奋，刺激相应的神经系统，致使泌乳能力下降。

3. 管理

母猪的管理包括妊娠期和哺乳期的管理。如果此期母猪的生活环境恶劣，如空间拥挤、光照不足、噪音大、高温等，均能引起母猪烦躁不安，容易发病。如果地面潮湿、不卫生，尤其是产前、产后母猪后躯易被污染引起子宫炎，乳头被污染易造成乳头孔堵塞或引起乳房炎，致使泌乳力下降。如妊娠中期饲喂量过大造成母猪肥胖，使乳房内发生脂肪浸润，影响乳腺发育；妊娠后期营养水平过低，猪内分泌功能紊乱，导致泌乳减少或停止。如选择刺激性过大的消毒药或配比比例过高，会给母猪造成危害，而配比比例过低又达不到消毒效果等。当母猪患乳房炎，或由于难产及其他原因引起的子宫炎，继发乳房炎，而使得乳腺泡和乳腺管炎性肿胀阻塞，造成乳汁潴留和反馈性抑制乳汁生成激素和排乳激素的释放，造成泌乳力下降。母猪如患有其他疾病，引起体温升高，食欲减退，均会影响泌乳。由于仔猪生后体弱，无力吮吸乳头，不能给予母猪乳房以足够的刺激，致使母猪不能正常放奶，而使泌乳力下降。

（二）预防措施

1. 营养全价平衡，供量合理

根据母猪妊娠期和哺乳期分别配制日粮，日粮养分要全价平衡。特别是维生素E和

硒，妊娠期要采用限饲的方法。母猪配种前体况良好，妊娠期可采用前低后高的饲喂方法；如母猪配种前体质瘦弱要采取短期优饲，妊娠期可采用“高—低—高”的饲养方式，哺乳期日粮要选择易消化的优质原料配制。

2. 避免机械撞伤

防止互相拥挤、撕咬、滑倒、鞭打、惊吓和追赶等机械性撞伤损伤母猪乳头，引发生乳房炎症。

3. 保持良好的卫生环境，预防疾病

凡是引起母猪体温升高的疾病，如子宫炎、乳房炎、乙型脑炎、流行性感冒等都能造成泌乳力下降或停止。因此，要做好圈舍的清洁消毒和疾病预防工作。初产母猪在产前半个月，每天进行2次乳房按摩，促进其发育，产后要做好仔猪人工辅助吃奶，防止仔猪因相互抢奶损伤母猪乳头而发生乳房炎。

4. 加强产后监控工作

母猪产后因患子宫炎、乳房炎、感冒等病引起高热，表现为拒食、无乳，严重影响仔猪的哺育。因此，产后3天内早、晚测量母猪体温，根据体温进行及时处理。要注意观察母猪的采食状况、粪便形状及外阴部流出分泌物的情况，使患病母猪及时得到治疗，不致因病情严重影响泌乳。适时配种和淘汰老龄母猪，对体重100kg以上、满8月龄后备母猪适时配种，对产7胎以上老龄母猪要及时淘汰，培育健康的繁殖母猪群。

（三）处理措施

1. 人工催奶

妊娠母猪如果食欲较差，导致妊娠期间营养不良，出现产后无奶或奶量不足，应及时进行催乳，否则将会导致仔猪发育迟缓甚至饿死。首先用健胃药提高其食欲，多喂青绿多汁饲料；其次喂给母猪小米粥、豆浆、胎衣汤、小鱼虾汤，或将胎衣洗净、切碎、煮熟分几次喂之，也可用海带250g泡胀切碎，加食油50～100g煮汤喂给。对膘情好而奶量不足的母猪，除喂给催乳饲料外，可同时采用药物催乳。用中药王不留行、穿山甲、木通、路路通、铁扫帚、当归、黄芪、党参等，结合动物性饲料，效果更好。

2. 人工哺乳

生产实践中常常还会遇到仔猪出生不久，母猪产后无乳、乳汁不足、患病或死亡等原因造成缺乳或无乳仔猪。人工哺乳是解决母猪无乳的措施之一。

（1）人工乳的配制原则：

① 人工乳的营养性：人工乳的成分要和母乳相似，猪乳中脂肪丰富而蛋白质相对较少，是一种高能低蛋白的营养品。配制人工乳时，如以牛、羊乳为基础须加入一定量的脂肪和糖，以提高其含热量。人工乳中粗蛋白质含量不宜过多，一般为16%～20%，更要注

意质量，以保证仔猪所必需的氨基酸的供给。初生仔猪不能从土壤中获得矿物质和微量元素，维生素也无法获得，所以在配制人工乳时，应力求其全，使之接近天然乳水平。

② 人工乳的消化性：初生仔猪消化能力很差，配制人工乳必须选用合适的原料，糖和脂肪原料应选用易被仔猪消化吸收的葡萄糖和猪油为宜。

③ 人工乳的适口性：人工乳如果适口性不好，仔猪不爱采食，所以配制时应选择脱脂奶粉、大豆粉等仔猪喜食原料或添加一定量的香味剂、糖精，以提高人工乳的适口性。

④ 人工乳应具有预防疾病、促进发育的作用：仔猪不吃初乳，不能从中获得免疫抗体，须给仔猪补饲牛乳的初乳或母猪血清，并在人工乳中加入抗生素。

（2）人工乳的配制：

下面提供两种人工乳的配方：

配方Ⅰ：牛乳或羊乳 1 000mL（若用奶粉则按照 10% 的奶粉配制），5mL 矿物质混合液（水 1 000mL，硫酸铜 3.9g，氯化锰 3.9g，碘化钾 0.26g，硫酸亚铁 50g），鲜鸡蛋 1 个，鱼肝油适量，葡萄糖 20g，复合维生素 B 适量，猪油 20g，抗生素适量。

配方Ⅱ：牛乳或羊乳 1 000mL，鸡蛋 50g，葡萄糖 20g，琼脂 5g，矿物质适量，盐 1.5g，维生素适量，抗生素适量。

此两种配方适用于出生到 10 ~ 15 日龄仔猪，配制方法相同，即先将鸡蛋加入少量牛乳或羊奶中充分搅拌，并同时加入其他成分，搅匀后分装瓶中加塞，隔水加温至 60℃ ~ 65℃约经 1h，备用。

（3）人工乳的饲喂：人工乳中如果没有抗生素，临用前须加入母猪血清 20%，隔水加温至 60℃，半小时内分装入奶瓶，待凉至 40℃时即可饲喂。

仔猪人工饲喂：首先要教会仔猪吸吮乳头，以后可改为浅盆或槽自食。每日饲喂 6 ~ 8 次，可限量或不限量，应防止过食引起消化道疾病。10 ~ 15 日龄后可逐步加入米汤、面粉、鱼粉、豆饼粉、酵母粉等。20 日龄后可全部改为上述植物性饲料，30 日龄即可断奶，供给断乳仔猪料。

六、防止母猪产后瘫痪

母猪产后瘫痪又称产后风，是母猪分娩后突发或渐进性发生的一种以知觉丧失和四肢瘫痪为主要特征的急性低血钙症。产后瘫痪是母猪常见的营养代谢性疾病，急症于产后 6 ~ 10h 出现临床症状，慢者 2 ~ 5 天。

（一）瘫痪主要原因

1. 营养因素

粗饲料在日粮中的比例较低或猪的生产力较高，使母猪日粮中的钙磷比例失调，钙相对缺乏；精料中谷类、豆类比例过大，由于谷类、豆类中所含磷大多以植酸磷的形式存在，这种磷不但不易被母猪吸收，反而会妨碍钙的吸收，使猪体组织中钙磷严重不足；长期饲喂玉米、酒糟、豆渣、麸皮等，致使外源饲料含钙不足。总之，当日粮中钙磷不足时，母猪产仔前后就会动用骨骼中的钙和磷。长期摄入不足，就会导致母猪体内钙磷缺乏，特别是高产母猪更易发生。产仔20天后，母猪泌乳量达到高峰时，病情大多趋于严重。

2. 环境因素

长期圈养，户外运动不够，日照时间少，机体内钙合成下降，抵抗力降低而发病。在湿度大、气候冷的季节较易发生该病。产后气血亏损，母体受潮湿、寒风袭击而使经络阻滞导致瘫痪。

3. 母猪因素

母猪分娩后，大量泌乳，血钙及血糖进入乳汁，并随乳汁大量排出；分娩时，甲状旁腺分泌的甲状旁腺激素的量减少，机体动用骨钙的能力降低，以致不能保持体内血钙的平衡；头胎母猪若配种过早，自身四肢骨骼处在生长发育阶段，未达到体成熟，骨中钙储存不足，产后从乳中排出的钙质超过了从肠道吸收以及骨骼动员出来钙数量的总和时，易导致瘫痪；经产母猪，尤其是年老母猪，不仅因为怀孕引起钙的缺乏，而且还有每次妊娠、分娩、哺乳缺钙的积累。如果产仔比较多（哺乳10头以上仔猪的母猪），泌乳力强，骨盐降解速度较快，则更易引起瘫痪。

（二）预防措施

平时要在猪日粮中补饲贝壳粉、蛋壳粉和碳酸钙；在母猪妊娠后期和泌乳期应补饲骨粉、鱼粉和杂骨汤；冬春雨季要补喂优质干草粉、豆科牧草（苜蓿草）和青绿饲料；猪舍要保持清洁干燥；母猪产仔后，猪舍要多加垫草；防止冷风吹袭，保持猪舍温暖、宽敞、有充足的阳光照射；母猪在妊娠期应多晒太阳，每天要让母猪在阳光下运动2～3h；饲喂易消化，富含蛋白质、矿物质和维生素的饲料，钙磷比例要适当；对有产后瘫痪史的母猪，在产前20天静脉注射10%的葡萄糖酸钙100mL，每周一次，以预防本病的发生。

（三）治疗

（1）维生素胶丁钙注射液5～10mL，肌肉注射，隔3天后再注射一次。

（2）每天在饲料中添加3～6g过磷酸钙或骨粉，连喂10～15天。

（3）地塞米松注射液5～10mL，一次肌肉注射，每日1次，连用3天。

（4）10%葡萄糖酸钙注射液100～150mL，一次静脉注射，每日一次。

（5）乳房送风法将乳头和导乳针消毒，用100mL注射器向乳房内打气，乳房稍微鼓起即停止送风。目的是减少乳量，从而减缓血中钙的流失。

（6）对重病猪可用10%的葡萄糖酸钙液100～200mL，12.5%的维生素C 10mL，复方水杨酸钠20mL,50%的葡萄糖500mL,一次静脉注射,每隔5天一次,重复用药一次,有良好的效果。

(7) 中药疗法内服“复方龙骨汤”。处方:龙骨300g,当归、熟地各50g,红花15g,麦芽400g,共煎汤两次合一,每日分早、晚两次灌服,连用3剂,疗效显著。

七、产后母猪厌食、拒食处理

(一) 产生原因

1. 饲料和饲喂方法不当

怀孕期和哺乳期母猪的饲料不适、饲喂方法不当,会造成生殖系统和胚胎的损伤,影响母猪的体质,使母猪产后厌食。

2. 生殖系统炎症

母猪在生产过程中造成产道损伤,发生产道炎症;胎衣不下或胎衣不全,发生子宫炎,都可以造成产后厌食。

3. 产后缺水

在母猪生产过程中,由于用力努责,造成母猪出汗甚至虚脱,急需补充水分,但有部分母猪饲养户还是沿用传统观念,认为母猪生产后不能饮水,致使母猪不能及时地补充水分,这也是造成母猪产后厌食的一个主要原因。

4. 环境和气候因素

母猪产仔以后,身体十分虚弱,如环境脏差或气候多变,都可造成母猪感冒或诱发其他疾病,致使母猪发生产后厌食。

5. 产前运动少

目前母猪多为限位栏饲养,在怀孕后期更不便运动。由于产前运动少,母猪体质下降,且更容易发生难产,导致虚脱,这也是引发母猪产后厌食的又一个重要原因。

6. 母猪自食胎衣或死胎

有部分母猪在产后喜欢自食胎衣或死胎,这样会使母猪产生严重的消化不良,引发产后厌食。

7. 品种原因

随着生产的发展,母猪品种不断更新,逐渐趋于品种化,品种越优良,自身抵抗力越差,越易形成产后厌食。

8. 某些微量元素及维生素的缺乏

微量元素及维生素的缺乏会使母猪产后发生代谢障碍或代谢紊乱,造成产后厌食。

（二）防治措施

1．预防

在产前给以营养丰富和易消化的饲料，精料、粗料、青料合理搭配，母猪不宜饲喂过肥或过瘦。在产前1周用5%的新鲜石灰水消毒圈舍，防止细菌污染母猪产道。母猪产出的胎衣要及时拿出，不让母猪吞食。

2．治疗

治疗原则：具体问题，分别对待。

（1）由产道感染引起的厌食，应以控制产道感染为主要治疗手段。用青霉素800万IU、链霉素400万IU，混合在20mL安乃近中进行肌肉注射，每天2次，连注射2天。

（2）中药（仅供参考）：用黄芩60g、黄连50g、银花40g、陈皮40g、厚卜40g、地丁草100g、车前草80g、夏枯草80g。用猪苦胆一个加醋200mL，煎沸后加入稀饭中一次喂饲，每天1次，连喂3天，完全不吃的，煎好药水后不加稀饭进行灌服（用胃管灌服），可增进食欲。

项目四

幼猪培育

幼猪培育包括哺乳仔猪培育、断奶仔猪培育和后备猪培育三个阶段。幼猪阶段是生长发育最迅速、饲料利用率较高、可塑性较大、最有利于定向培育的阶段。仔猪的培育，是实现仔猪多活快长的重要环节，是种猪选育和肉猪生产的基础。后备猪则是猪群的未来，不断培育和选拔种猪，对更新猪群、提高种猪生产性能起决定性作用。培育目标是让仔猪全活全壮，后备猪发育良好，具有品种的典型特征，有较高的经济价值。

模块一　培育哺乳仔猪

任务一　了解胎儿、仔猪的生存环境

环境变化对初生仔猪培育效果的好坏，关键取决于出生后的初生阶段对这些应激的控制和适应。仔猪出生时的环境变化主要表现在以下四个方面。

一、由水生变为陆生

仔猪出生前，生活在母体子宫内的羊水中。胚胎发育过程中依靠母子胎盘的血液循环来实现气体交换，获得氧气并排出二氧化碳，而仔猪出生后必须依靠自己的肺呼吸，否则会窒息死亡。

二、由恒温变为变温

母猪子宫内环境温度保持在39℃～39.5℃较恒定的范围内，但仔猪出生后所面临的

环境温度却随时变化，尤其是出生时，环境温度与体温相差5℃～6℃以上。

三、由无菌变为有菌

母体子宫内是无菌的，而出生后却会受到各种微生物的侵袭，甚至生后1～2 h肠道内即有肠杆菌定居。

四、营养由被动吸收变为主动吸吮

仔猪出生前营养物质是通过胎盘的血液循环，直接由血液供给，出生后即转变吸吮母猪乳汁由肠道获得营养。

仔猪出生时所发生的这些变化，是对仔猪生命的严峻考验。在仔猪的养育过程中，应精心照料，合理安排仔猪的饲养管理，尽量较少其他的应激因素对初生仔猪的影响，从而确保仔猪的正常生长发育。

任务二　了解仔猪的生理特点

哺乳仔猪的主要特点是生长发育快和生理上不成熟，因而难饲养，成活率低。

一、生长发育快、代谢功能旺盛、利用养分能力强

仔猪初生体重小，不到成年体重的1%，但出生后生长很快(表4-1)。一般初生体重为1kg左右，10日龄时体重达初生重的2倍以上，30日龄达5～6倍，60日龄达10～13倍。仔猪生长快，是因为物质代谢旺盛，特别是蛋白质代谢和钙、磷代谢要比成年猪高得多。生后20日龄时，每千克体重沉积的蛋白质相当于成年猪的30～35倍，每千克体重所需代谢净能为成年猪的3倍。所以，仔猪对营养物质的需要，无论在数量和质量上都较高，对营养不全的饲料反应特别敏感，因此，对仔猪必须保证各种营养物质的供应。

猪体内水分、蛋白质和矿物质的含量是随年龄的增长而降低，而沉积脂肪的能力则随年龄的增长而提高。形成蛋白质所需要的能量比形成脂肪所需要的能量少约40%(形成1kg蛋白质只需要能量23.63MJ，而形成1kg脂肪则需要39.33MJ)。所以，小猪要比大猪长得快，能更经济有效地利用饲料，这是其他家畜不可比拟的。

表 4-1 哺乳仔猪的体重变化

	日龄						
	出生	10	20	30	40	50	60
平均体重/kg	1.50	3.24	5.72	7.25	10.56	14.54	18.65
范围/kg	0.9 ~ 2.2	2.0 ~ 4.8	3.1 ~ 7.8	4.2 ~ 10.8	5.4 ~ 15.3	8.9 ~ 22.4	11.0 ~ 27.2
增长倍数	1.00	2.16	3.81	4.83	7.04	9.71	12.43

二、仔猪消化器官不发达、容积小、功能不完善

仔猪初生时，消化器官虽然已经形成，但其重量和容积都比较小。如胃重，仔猪出生时仅有 4 ~ 8g，能容纳乳汁 25 ~ 50g；20 日龄时胃重达到 35g，容积扩大 2 ~ 3 倍；当仔猪 60 日龄时胃重可达到 150g。小肠也快速地生长，4 周龄时重量为出生时的 10.17 倍。消化器官这种快速的生长保持到 7 ~ 8 月龄，之后开始降低，一直到 13 ~ 15 月龄才接近成年水平。

仔猪出生时胃内仅有凝乳酶，胃蛋白酶很少，由于胃底腺不发达，缺乏游离盐酸、胃蛋白酶，不能消化蛋白质，特别是植物性蛋白质。这时只有肠腺和胰腺发育比较完全，胰蛋白酶、肠淀粉酶和乳糖酶活性较高，食物主要在小肠内消化。所以，初生小猪只能吃奶而不能利用植物性饲料。

在胃液分泌上，由于仔猪的胃和神经系统之间的联系还没有完全建立，缺乏条件反射性的胃液分泌。只有当食物进入胃内直接刺激胃壁后，才分泌少量胃液。而成年猪由于条件反射作用，即使胃内没有食物，到时候同样能分泌大量胃液。

随着仔猪日龄的增长和食物对胃壁的刺激，盐酸的分泌不断增加，到 35 ~ 40 日龄，胃蛋白酶才表现出消化能力，仔猪才可利用多种饲料，直到 2.5 ~ 3 月龄胃酸浓度才接近成年猪的水平。

哺乳仔猪消化功能不完善的又一表现是食物通过消化道的速度较快，食物进入胃内排空的时间是：1 ~ 15 日龄时为 1.5h，16 ~ 30 日龄时 3 ~ 5h，60 日龄时为 16 ~ 19h。

三、缺乏先天免疫力

免疫抗体是一种大分子球蛋白，胚胎期由于母体血管与胎儿脐带血管之间被 6 层膜组织隔开，限制了母体抗体通过血液向胎儿的转移。因而仔猪出生时缺乏先天性的免疫力，自身也不能产生抗体，所以容易得病。只有吃到初乳以后，靠初乳把母体的抗体传递给仔猪，以后过渡到自体产生抗体而获得免疫力。

（一）初乳中免疫抗体的变化

母猪分娩时初乳中免疫抗体含量最高，以后随时间的延长而逐渐降低，分娩开始时每100mL 初乳中含有免疫球蛋白20g，分娩后4h 下降到10g，以后还要逐渐减少。所以，分娩后尽早使仔猪吃到初乳是提高成活率的关键。

（二）初乳中含有抗蛋白分解酶

初乳中的抗蛋白分解酶可以保护免疫球蛋白不被分解，这种酶存在的时间比较短。如果没有这种酶存在，仔猪就不能原样吸收免疫抗体

（三）仔猪小肠有吸收大分子蛋白质的能力

仔猪出生后24～36h，小肠有吸收大分子蛋白质的能力。不论是免疫球蛋白还是细菌等大分子蛋白质，都能被吸收（可以说是无保留地吸收）。随着时间的推移，仔猪吸收大分子蛋白质的能力减弱：生后3h之内，抗体的吸收率达100%；生后4～9h 抗体吸收率达50%；生后10～12h，抗体吸收率是5%～10%，以后吸收逐步减少。当一定的乳汁通过小肠后，这种吸收能力就会减弱消失，母乳中的抗体就不会被原样吸收。

仔猪出生10日龄以后才开始产生自身抗体，但30～35日龄前数量还很少。因此，3周龄以内是免疫球蛋白青黄不接的阶段，此时胃液内又缺乏游离盐酸，对随饲料、饮水等进入胃内的病原微生物没有消灭和抑制作用，因而仔猪容易患消化道疾病。

四、调节体温的能力差

仔猪出生时大脑皮质发育不够健全，通过神经系统调节体温的能力差。还有仔猪体内能源的贮存较少，遇到寒冷刺激血糖会很快降低。如不及时吃到初乳很难成活。仔猪正常体温约39℃，刚出生时所需要的环境温度为30℃～32℃，当环境温度偏低时仔猪体温开始下降，下降到一定范围开始回升。仔猪生后体温下降的幅度及恢复所用时间视环境温度而变化。环境温度越低，则体温下降的幅度越大，恢复所用的时间越长。当环境温度低到一定范围时，仔猪则会冻僵、冻死。

据研究，仔猪出生时如果处于13℃～24℃的环境中，体温在生后1h 内可降1.7℃～7.2℃，尤其是前20min 内，由于羊水的蒸发，降低更快。仔猪体温下降的幅度与仔猪体重大小和环境温度有关。吃上初乳的健壮仔猪，在18℃～24℃的环境中，约2天后可恢复到正常，在0℃（－4℃～2℃）左右的环境条件下，经10天尚难达到正常体温。出生仔猪如果裸露在1℃环境中2h 可冻昏、冻僵，甚至冻死。

任务三　研究哺乳仔猪的死亡规律

仔猪出生前后生存环境发生巨大变化，若仔猪自身无法通过调节来适应，将会死亡。据统计，仔猪从出生到断乳，死亡率达 10% ~20%，这不仅影响猪群的发展，而且给养猪业造成较大的经济损失。

一、死亡的主要原因调查

在实际生产中，哺乳仔猪的死亡率在猪场内是最高的。在正常生产状况下，死亡率差别也很大，从 1% 到 15% 不等。而在母猪健康状况差或管理混乱的猪场，仔猪死亡率可能更高。当然，哺乳仔猪死亡的原因是多方面的，既有母猪的原因，又有仔猪的原因，但更多的是饲养管理的原因。据陈清明(1997)对某猪场多年死亡仔猪的统计分析(表 4-2)可以看出，死亡率较高的是患白痢病，占死亡总数的 31.3%，肺炎死亡占 14.3%，冻死、压死占 12.8%，其他死亡占 41.6%。

表 4-2　哺乳仔猪死亡原因分析表

死亡原因	出生至 20 日龄死亡头数/%	21 至 60 日龄死亡头数/%	合计
压死、冻死	128(94.8)	7(5.2)	135(12.8)
白痢死亡	315(95.5)	15(4.5)	330(31.3)
肺炎死亡	130(86.7)	20(13.3)	150(14.3)
其他死亡	332(75.8)	106(24.2)	433(41.6)
合计	905(85.9)	148(14.1)	1 053(100)

注：其他死亡原因为：发育不良死亡 86 头(8.16%)，贫血死亡 90 头(8.54%)，畸形死亡 80 头(7.59%)，心脏病死亡 75 头(7.14%)，寄生虫死亡 55 头(5.23%)，白肌病和脑炎死亡 52 头(4.95)。

二、死亡率与生后时间的关系

由表 4-2 可以看出，哺乳仔猪死亡的时间，生后 20 日龄内死亡率高，21 ~60 日龄死亡率较低。从哺乳仔猪因白痢、压死和冻死三项来看，生后 20 日龄死亡数占总死亡数的 95%，而以后的 40 天死亡仅占 5%。因肺炎死亡的，生后 20 天内约占 87%，21 ~60 日龄死亡的占 13%。其他原因死亡的，20 日龄内占 76%，21 ~60 日龄的占 24%。由此可见，哺乳仔猪的死亡主要集中在生后的 20 日龄内。从死亡原因来看，传统的地面平养方式比较粗放，仔猪死亡率高，压死、咬死和冻死的仔猪多，也易发生白痢、肺炎等疾病。采用高床网上饲养，设有保温箱，则可明显减少仔猪死亡数。

三、死亡率与初生体重的关系

有学者对1 000多头仔猪试验数据的分析(表4-3)表明,初生重不足1kg的仔猪死亡率在44%～100%,随仔猪初生体重的增加,死亡率下降。

表4-3 初生体重与死亡率的关系

初生重/kg	0.4～0.7	0.7～0.8	0.8～0.9	0.9～1.0	1.0～1.1	1.1～1.2	1.2～1.3	1.3～1.4	1.4～1.5	1.5～1.8
死亡率/%	100～65	64	49	44	35	16	15	14	12	7

由表4-3可以看出,初生重低的仔猪死亡率高。若体重低于0.75kg,死亡率可达70%以上,所以,保留体重特低的仔猪,将显著提高死亡率。主要原因是低体重仔猪的体内各器官没有发育完善,活力低,没有能力获得足够的奶水,被饿死、压死的比例更高。尤其是这些仔猪的免疫系统发育不完全,容易发生腹泻和全身感染。

任务四 探讨哺乳仔猪的饲养技术

一、尽早吃初乳

由于母猪胎盘组织多达6层,母猪血液中的免疫抗体是一种大分子球蛋白,无法通过胎盘传入仔猪体内,故初生仔猪没有先天免疫力,而母猪初乳中富含免疫球蛋白等物质,可以使仔猪获得被动免疫力,所以要吃初乳。另外,初乳中蛋白质含量高,含有轻泻作用的镁盐,可促进胎粪排出,同时初乳酸度较高,可弥补初生仔猪消化道不发达和消化腺功能不完善的缺陷。母猪24h以内的初乳与3天后的常乳在成分上的区别见表4-4。

表4-4 母猪初乳与常乳在成分上的区别

养分	产后时间					
	0h	3h	6h	12h	24h	常乳
脂肪/%	7.2	7.3	7.8	7.2	8.7	7～9
蛋白质/%	18.9	17.5	15.2	9.2	7.3	5～6
乳糖/%	2.5	2.7	2.9	3.4	3.9	5

从表中可以看出:初乳与常乳在成分上的主要不同是蛋白质含量的差异。仔猪出生后18～24h免疫球蛋白虽然不能从肠壁直接吸收,但仔猪出生几小时内初乳的各种营养物质在小肠内几乎全被吸收,有利于增强体力和御寒。因此,仔猪应早吃初乳,吃足初乳,

以便获得足够的抗体，一般出生到首次吃初乳的间隔时间最好不超过3h。最初每隔1h让仔猪吃母乳一次，逐渐延至2h或稍长时间。仔猪自身在10日龄前不能产生抗体。

二、补铁和硒

铁是血细胞的重要成分，补铁可防止营养性贫血。仔猪出生时体内铁的总贮量为40～50mg，以后每日生长约需7mg，到第3周龄开始吃料前共需200mg，而母乳中含铁量很少(每100g乳中仅含铁0.2mg)，仔猪从母乳中每日仅能获得约1mg的补充，远远达不到生长发育的需要。如果不进行补铁，仔猪10日龄前后就会出现营养性贫血，导致仔猪食欲减退、被毛散乱、生长停滞和易发白痢等疾病，所以一般在仔猪出生3天内应每头注射100～200mg铁剂，7天内还可以根据仔猪状况，考虑第二次补铁，以利于仔猪生长，仔猪补铁效应见表4-5。

表4-5　仔猪补铁效应

项目	每头补铁量			
	100mg	150mg	200mg	对照
仔猪数	38	38	42	41
3日龄重/kg	1.59	1.60	1.61	1.58
45日龄重/kg	10.81	11.72	11.69	9.60
日龄重/g	220	241	240	191
45日龄育成数	36	37	41	36
3日龄血红蛋白/(g/100 mL)	8.07	8.09	8.11	8.60
20日龄血红蛋白/(g/100 mL)	9.72	10.47	10.62	7.42

据资料介绍，对缺乏维生素E及硒的新生仔猪补铁，可使仔猪中毒，数小时内死亡，所以在补铁的同时应注意硒的补充，防止发生铁中毒、仔猪白肌病和水肿病。

1. 补铁

(1) 口服铁铜合剂补饲法：生后3日龄起，把2.5g硫酸亚铁和1g硫酸铜溶于1 000mL水中配制而成。滴于母猪乳头上令其吸食，也可用奶瓶直接滴喂，每天1～2次，每头每天约10mL。

(2) 肌肉注射补铁：目前市售的有英国的血多素、加拿大的富血来、广西生产的牲血素、上海生产的右旋糖酐铁等。一般于3～4日龄注射100～150mg，2周龄时再注射一次。如用右旋糖酐铁，颈侧肌肉分点注射或3日龄注射1～2mL，7日龄再注射2mL。

(3) 舔剂法：生后5天，补饲骨粉、食盐、木炭末、红土，拌上铁铜合剂，自由舔食。

2. 补硒和维生素 E

具体做法是:生后 3 天内注射 0.1% 的亚硒酸钠、维生素 E 合剂,每头 0.5mL(含亚硒酸钠 0.5mg、维生素 E 25IU),10 日龄补第二针。

三、补铜

铜与红细胞生成有关。如果血液中铜的含量低于 0.2mg/L,就会发生缺铜性贫血。但在通常情况下不易缺乏,哺乳仔猪铜的需要量为 6mg/kg。在生产中,高剂量铜可作为生长促进剂。当日粮中铜达 125 ~250mg/kg 时,使仔猪日增重可提高 18% ~22%,饲料利用率提高 8%。原因是铜可激活蛋白酶,提高胃蛋白酶的水解作用,从而提高仔猪对蛋白质的消化率,铜对生长育肥猪的提高效果微弱。所以,仔猪料中铜的含量可适当高一些,但育肥猪不必过高。使用高铜要注意以下问题:

(1) 首先是补饲不能过量,过量会引起中毒。生长猪对铜的需要量仅为 4 ~6mg/kg,高铜添加不得超过 250mg/kg,一般添加量为 125 ~250mg/kg。

(2) 其次是饲粮中的锌、铁与铜有拮抗作用。铁制剂用量过大,不仅会抑制肠道对锌、镁等微量元素的吸收,而且机体过量吸收铁元素还会导致内脏器官(心、肝、胰等)血色素沉积。

(3) 第三是所用铜的形态,一般认为以硫酸铜最好,其他的铜盐也可,不同化合物效果不同,主要与其溶解度不同有关。

四、补水

水是动物血液和体液的主要成分,是消化、吸收、运输养分和带走废物的溶剂,可调节体液电解质的平衡。由于仔猪生长迅速,代谢旺盛,母乳较浓,含蛋白质(17% ~20%)和脂肪(7% ~11%)多,故需水量较多。如果不及时给仔猪补水,会因喝污水或尿液而引起下痢。目前一些工厂化猪场都给产房或产床上安装专门供仔猪饮水的自动饮水器,保证哺乳仔猪随时饮水。如果没有专门供仔猪饮水装置,一般生后 3 天开始给清洁的水,水中可添加 0.8% 的盐酸、抗生素、电解质及多维片等。水槽要经常刷洗,水要勤更换,冬季可供给温热水。

五、补喂矿物质饲料

从仔猪 4 ~5 日龄时就应开始补喂矿物质饲料,方法是在补料间或补料栏里做一个小饲槽,将少量骨粉、食盐等矿物质饲料与炒熟的黄豆、玉米或高粱等混合后放入饲槽内,让仔猪自由采食。

六、适时开食

仔猪出生后,迅速生长,体重直线增加,所需营养物质也与日俱增,但母猪泌乳在产后3周达高峰期,以后逐渐下降,且营养物质含量也逐渐减少,而仔猪生长发育正值旺盛时期,会出现不能满足仔猪营养供求的矛盾。所以可在母猪泌乳量下降之前,使仔猪进食以保证在母乳量下降前会吃饲料,从饲料中获取所需的营养物质,满足自身生长发育的需要,采食饲料能促进消化器官的发育和消化功能的完善,促进胃蛋白酶、胰液和肠液分泌,增加仔猪断奶体重,提高抗病能力。

刚出生不久的仔猪要训练学会吃饲料,称为开食。仔猪开食时间适时,仔猪饲喂开食料量要适宜,方法要得当。因为开食料饲喂过早,喂量过大,容易引起消化不良等胃肠道疾病;而开食过迟、喂量不足又会影响消化液的分泌,导致仔猪营养不良。

(一) 开食时间

仔猪出生后以7~10天开始训练吃料为宜。此时仔猪出牙,齿龈有发痒的感觉,喜欢通过啃食东西来止痒,因而是训练仔猪吃料的最佳时机。补料时间应选择在仔猪活动高峰时,一般为早上7:00~9:00,下午14:00~15:00,晚上19:00~21:00,多次投入新鲜的开食饲料。

(二) 选择合适的开食料

开食料的好坏直接影响补料的效果,所以要重视对开食料的选择。仔猪开食料应具有以下特点:

1. 诱食性好

使用仔猪喜欢的气味,吸引仔猪采食,仔猪生来就有喜吃甜食的习性,可以选择甜、香、脆等适口性好的饲料作为开食料。

2. 易于采食

以颗粒料为首选,颗粒大小适中,以方便仔猪对饲料的摄入。

3. 营养全面

必须为仔猪提供优质而全面的营养供给,合理完善地补充,单纯依靠母乳不能满足营养需求

4. 易于消化

饲料原料要求消化率高、适口性强、品质好。可选择玉米、大豆、大麦、小麦。先将大麦、小麦炒熟制成面粉,再把玉米、大豆煮熟制成糊,最后混合制成仔猪开食料。

(三) 开食方法

1. 诱食开食

利用仔猪有好奇和爱啃东西的习性,可在仔猪自由活动时在地上撒些开食料(多为硬

粒料）供仔猪拱、咬；也可将开食料放周围打洞、两端封死的圆筒内，供仔猪玩耍时拣食从筒中掉落在地上的颗粒料；还可以将准备用做开食的粥料涂在人的手指或其他硬物上，伸到仔猪的嘴边，诱导仔猪接触开食料；或者将开食的粥料涂在母猪乳头上，使仔猪能够在吃奶时闻到开食料的气味，并接触到开食料，从而诱导仔猪提前开食。

2. 强制开食

对某些泌乳量较多的母猪，仔猪迟迟不愿吃料的，可把开食料加上糖水调制成糊状，涂抹于仔猪的嘴唇上，这样经过 2 ~3 天多次反复的抹涂和调教，仔猪就能够吃饲料了。

3. 以大带小

利用仔猪喜爱模仿和争食的习性，把要进行开食的仔猪和已经调教好会吃食的仔猪放在一起，仔猪很快就能够学会吃食。另外，也可以把开食的饲料撒在清洁的地面，让母猪带着仔猪一起吃，母猪吃的时候，仔猪也会跟母猪学习，这样仔猪很快就会认料吃食。

（四）开食注意事项

1. 母子分开

为了使仔猪能够尽快学会吃饲料，可以在仔猪需要吃奶时，将母猪和仔猪强制暂时分开，让仔猪先吃料，然后再放回母猪身边吃奶，每天进行 3 ~4 次（上、下午各 2 次），每次间隔时间以 1 ~2h 为宜，但该方法耗费人力较多，给仔猪带来的应激反应较大。

2. 少喂勤添

开始时，应尽量少给。第一天即使吃完也不再补给，第二天稍微增加，通过逐步增加使仔猪逐渐适应。随意向饲料槽中加料，不但易使仔猪采食过量，造成下痢，而且易导致饲料变质浪费。

3. 勤打扫

每天要对开食的场所进行清扫，除去剩余未吃完的或者被踩踏过不卫生的饲料，并及时更换上新的饲料，保证开食料的场所有卫生、新鲜和仔猪爱吃的饲料。

七、补料

一般在仔猪 15 ~17 日龄时，让仔猪吃上补料。补料的营养价值比开食料高，开食料只是以训练仔猪会吃为目的，而补料是以补充营养不足为宗旨。补料的营养标准是：每千克饲料含消化能 13.85 ~15.15MJ，蛋白质含量为 19% ~22%，赖氨酸占日粮的 0.9% 以上。仔猪补料应该选择高消化率原料，这是提高仔猪采食量的首要因素。利用这些原料配制出的补料，既能弥补仔猪消化能力的不足，又能刺激仔猪消化系统发育，同时对胃肠壁损害较低。乳清粉和膨化大豆粉是最适合补料日粮的原料。

乳清粉是乳制品加工的副产品，属于碳水化合物类，主要成分是乳糖。质量好的乳清粉含乳糖70% ~85%。大多数研究和实践表明，仔猪对日粮应用乳清粉反应良好。由于乳清粉含天然的乳香味，可促进仔猪的食欲，提高采食量，而进入胃内产生的乳酸又能降低断奶仔猪胃内的pH，有利于食物蛋白消化，明显改善早期断奶仔猪前2周的生产性能。

膨化大豆是将生大豆挤压产生的高温“煮熟”的大豆，破坏了抗营养因子和过敏物质，提高了香味和适口性，可作为仔猪补料的重要组成部分。膨化全脂大豆中含有17%的脂肪，提高了日粮的浓度，这是仔猪必需的。

仔猪对粗纤维和谷类消化率不高，因此，不能全靠植物蛋白补充供给，最好给以一定量的鱼粉、肉骨粉等动物性饲料。现列举典型的早期断奶仔猪补料配方，仅供参考：玉米57.9%、豆粕15%、膨化大豆10%、进口鱼粉7%、大豆油1%、磷酸氢钙1.2%、石粉0.6%、食盐0.3%、多维素预混料1%、乳清粉6%。此配方的营养含量是：消化能13.64MJ/kg，粗蛋白20.1%，赖氨酸1.35%，钙0.96%，磷0.72%。

补料时应注意以下问题：

(1) 适用期：10 ~30日龄为仔猪正式吃料期，饲料逐渐过渡。此时仔猪主要吃湿拌料，一天4 ~6次，在两次湿拌料之间，再撒一次粒料。每天还可喂1次优质青绿多汁饲料，如鲜胡萝卜。但青绿多汁饲料不能多喂，以免仔猪腹泻。

(2) 旺食期：30 ~45日龄为仔猪大口吞食时期。此时仔猪全部吃湿拌料，喂量一定要加大，每天喂4 ~6次，夜间加喂一次效果更好。日粮调制要营养丰富，适口性好，日粮中豆饼应占20% ~25%，日粮中粗蛋白的含量为20%左右，不能过高，以免引起仔猪腹泻。另外，还可加喂少量品质好的粗饲料，以促使其消化功能的迅速提高，并防止因断奶后日粮变粗而带来的不良影响。同时，日粮中应添加多种维生素与微量元素。

(3) 饲料必须清洁、新鲜，不喂霉烂、变质饲料；食槽、水槽与用具要经常洗刷与消毒；饲喂时要做到少喂勤添，以防仔猪饥饱不匀；补料与补水同时进行，水要新鲜、充足、勤换，采用自动饮水器效果更好；饲料变换时，如由粒料变换为湿拌料，旺食期添加粗饲料等，要做到循序渐进，逐步过渡；经常注意仔猪粪便情况，如果有异常，及时处理。

任务五　研究哺乳仔猪的管理技术

一、固定乳头

固定乳头的目的是让仔猪都能吃到、吃足初乳。母猪在哺乳时，仔猪有争夺奶头的习性，在短暂的放奶时间内，如果不固定乳头，必然会发生仔猪相互抢夺奶头、咬架的现象，干扰母猪正常放奶。由于争夺会使弱仔猪吃奶不足，甚至吃不到奶。因此，在产后2 ~3

三、仔猪寄养

寄养对母猪和仔猪均是一种应激，且寄养易导致疾病交叉感染，所以应尽量减少寄养，特别要严禁跨单元房寄养。但在生产中常遇到仔猪需要寄养的问题，原因是：母猪泌乳量不足，产仔多而奶头不够，有的母猪产后体质虚弱、有病等。仔猪寄养是提高哺乳仔猪成活率的有效措施之一。在寄养前，要考虑寄养母猪的选择，应选择泌乳量高、哺育性能好、性情温顺、有利于仔猪的生长的母猪。

（一）寄养类型

1. 个别寄养

母猪泌乳量不足，产仔数过多，仔猪大小不均。

2. 全窝寄养

母猪产后无乳、体弱有病、产后死亡、有咬仔恶癖等；或母猪需频密繁殖，老龄母猪产仔数少而提前淘汰时，需要将整窝仔猪寄养。

3. 并窝寄养

当两窝母猪产期相近且仔猪大小不均时，将仔猪按体质强弱和大小分为两组，由乳汁多而质量高、母性好的母猪哺育体质较弱的一组仔猪，另一头母猪哺育体质较强的一组。

（二）寄养措施

养母与继母分娩日期要相近，最好不超过3天。寄养时，若后产的仔猪向先产的窝里寄养时，则挑选猪群里个体较大的寄养；若先产的仔猪向后产的窝里寄养时，则挑体重小的寄养；若同期产的仔猪寄养时，则挑体形大和体质强的寄养，以避免仔猪体重相差较大，影响体重小的仔猪的生长发育。生产中，猪的嗅觉特别灵敏，母子相认主要靠嗅觉来识别。多数母猪会追咬别窝仔猪，不能哺乳。为了顺利寄养，可在夜间将被寄养仔猪与养母所生仔猪关在同一仔猪箱内，经过一时间后同时放到母猪身边，使母猪分辨不出被寄养仔猪的气味，或者在寄养的仔猪身上涂抹代养母猪的尿液或乳汁，或在全群仔猪身上洒上气味相同的液体（如来苏尔等），来掩盖仔猪的异味，减少母猪对寄养仔猪的排斥。

（三）仔猪寄养遵循的一般原则

1. 寄养仔猪需尽快吃到足够的初乳

由于仔猪出生时没有先天免疫力，母源抗体对仔猪前期的抗病力十分关键，对提高仔猪成活率具有重要意义。仔猪只有及时吃到足够的初乳，才能获得坚强的免疫力。寄养一般在出生3天之内进行，继母与养母产仔日期越接近越好，通常母猪生产日期相差不超过1天。

2. 寄养时需要估计代养母猪的哺育能力

也就是考虑母猪是否有足够的有效乳头数，估计其母性行为、泌乳能力等。

3. 利用仔猪的吮乳行为来指导寄养

出生超过 8h,还没建立固定奶头次序的仔猪,是寄养的首选对象。在一个大的窝内如果一头弱小的仔猪已经有一个固定的乳头位置,此时最好是把其留在原母猪身边。

4. 寄养最好选择同胎次的母猪代养

同胎次母猪差异小,对仔猪应激小。若不能同胎次,则青年母猪的后代选择青年母猪代养,老母猪的后代,选择老母猪代养。

5. 在种猪场,仔猪寄养前,需要作好耳号等标记与记录,以免发生系谱混乱

无论初生仔猪寄养与否,都要做好固定乳头的工作。固定乳头可以减少仔猪打架争乳,保证及早吃足初乳,是实现仔猪均衡发育的好方法。固定乳头应当顺从仔猪意愿适当调整,对弱小仔猪一般选择固定在前 2 对乳头上,体质强壮的仔猪固定在靠后的乳头上,其他仔猪以不争食同一乳头为宜。

四、防止仔猪腹泻

哺乳期仔猪抗病能力差,消化功能不完善,易患病死亡。在哺乳期间,对仔猪危害最大的疾病是腹泻病。仔猪腹泻病是一种总称,包括多种肠道传染病。

(一)腹泻种类

1. 病原性腹泻

(1)细菌性腹泻:常见的有大肠杆菌引起的仔猪黄白痢,魏式梭菌引起的仔猪红痢,沙门氏菌引起的仔猪副伤寒等造成的腹泻。不同类型的腹泻各有特点:红痢常发生于 3 日龄以内的仔猪,以拉红色稀便、肠坏死、病程短、死亡率高为主要特征;黄痢常发生于 3 日龄后的仔猪,以死亡率低和拉黄色稀便为主要特征;白痢常发生于 9 ~ 30 日龄内会吃料的仔猪,尤其是 10 ~ 20 日龄的仔猪,以拉乳白色或灰白色带有腥臭味的稀便、病程长、死亡率低为主要特征;副伤寒造成的腹泻常发生于 30 日龄以上的断奶仔猪,以剧烈腹泻、高热、皮肤紫斑、脓性结膜炎、败血症为主要症状。上述致病菌同样会感染母猪,但母猪不会出现症状,而成为病原携带者,常传染给仔猪,使仔猪发生腹泻。

(2)密螺旋体性腹泻:由密螺旋体引发的腹泻,大猪、小猪都易发,但以 50 ~ 80 日龄的小猪多发,以出现黏液性、出血性下痢,病变局限于大肠为主要特征。

(3)病毒性腹泻:常见的有猪轮状病毒性腹泻、传染性胃肠炎、流行性腹泻、仔猪伪狂犬病等。它们的共同特征是厌食、水样腹泻、脱水、体重锐减,日龄越小死亡率越高。它们的不同点是:轮状病毒以 56 日龄内的小猪多发,大猪常为病毒携带者,不表现症状;传染性胃肠炎、流行性腹泻,各种年龄的猪都可发病,冬季多发,且发病快,病程 5 天左右,病愈后产生免疫力,10 日龄以下的仔猪死亡率很低,成年猪若没有继发感染几乎没有死亡;仔

断奶。

一、断奶日龄与母猪生产力的关系

（一）断奶日龄对断奶至发情间隔的影响

猪断奶至发情间隔一般为7～10天。在卵巢功能恢复前，随着断奶时间的推迟，断奶至发情间隔会有不同程度的缩短。研究表明，哺乳不到10天就断奶的母猪，其断奶至发情的间隔较长，而哺乳3～4周才断奶的母猪，断奶至发情的间隔最短。当卵巢功能基本恢复后，如果泌乳期继续延长，则对断奶至发情间隔无明显影响。例如，在35日龄以后断奶，母猪从断奶到发情的时间间隔不受断奶日龄的影响。

在泌乳期少于21天的情况下，初产母猪比经产母猪更易出现断奶至发情间隔延长的现象，这可能与哺乳期母猪的采食量有关。尽量不要在17日龄以前断奶，尤其是青年母猪，这样有助于达到断奶至发情间隔与产奶量最大化的最佳平衡，因为断奶至发情间隔与发情持续时间之间存在负相关，所以哺乳期较短的母猪同哺乳期较长的母猪相比，趋于有较短的发情持续期。

（二）断奶日龄对母猪的排卵数、受胎率、胚胎存活率和产仔数的影响

大多数研究发现，哺乳期的长短不会影响母猪下一发情期的排卵数。不过，哺乳期短确实可降低母猪的受胎率。研究还表明，胚胎存活率随哺乳期的缩短而下降。在21日龄之前断奶，胚胎存活下降可能与母猪子宫内膜未完全复位有关。母猪的产仔数也随着仔猪断奶日龄的缩短而下降。11～19日龄断奶的母猪同23～25日龄断奶的母猪相比，产仔数显著下降。大量的研究从不同侧面表明，随着断奶日龄的不断提前，母猪的卵巢和子宫未完全恢复，卵巢的排卵数、胚胎着床数和成活率均会下降；如果断奶发生在产后20天的时间内会降低母猪的生产性能，而在产后超过20天断奶的母猪则不会出现显著的生产性能下降。

（三）断奶日龄对下一胎窝产仔数的影响

研究显示，哺乳时间长短不同的母猪下一胎的窝产仔数变化很大。不到18日龄就断奶的母猪，其下一胎的窝产仔数一般较少，这可能是受到子宫复位所需的时间、排卵率、卵子的受精率和胚胎存活率影响的结果。有试验结果表明，早期断奶的母猪输配效果要好于常规断奶的母猪，其中3、4和5周龄断奶的母猪输配效果好，三者之中，3周龄和4周龄断奶的母猪输配效果最好。

（四）断奶日龄对仔猪断奶窝重的影响

很显然，哺乳时间较长的母猪会生产出断奶窝重较重的仔猪。随着断奶日龄的增加，平均断奶窝重会有所提高。

（五）断奶日龄对母猪的使用年限与体况的影响

早期断奶就是缩短仔猪的哺乳期，使每头母猪每年分娩的窝数增加，年产仔总数增多（表4-6）。分娩次数增加相应地母猪机体的代谢需求也提高，结果引起了母猪淘汰率的提高。过早断奶会使母猪的使用年限缩短。同哺乳期较长的母猪群相比，哺乳期较短的猪场，其淘汰母猪的平均胎次及猪群平均胎次均较低。不过，哺乳期短对母猪也有好处，就是可以减少哺乳期间的体重过度损失，提高母猪的繁殖利用率，增加使用年限，节约饲料成本。

表4-6　断奶日龄与母猪年产窝数及产仔数的关系

项目	初生	7日龄	14日龄	21日龄	28日龄	35日龄
妊娠期/d	114	114	114	114	114	114
哺乳期/d	0	7	14	21	28	35
断奶至再妊娠间隔/d	10	10	10	10	10	10
繁殖周期/d	124	131	138	145	152	159
每头母猪每年产仔的窝数	2.94	2.79	2.64	2.52	2.40	2.30
每头母猪每年生产的仔猪头数	26.5	25.1	23.8	22.7	21.6	20.7

二、断奶日龄与仔猪生产性能的关系

（一）对仔猪消化系统的影响

一般来讲，仔猪消化系统成熟程度的衡量指标有胃肠道的吸收能力、消化酶和胃酸的分泌能力等。

1. 吸收能力

在仔猪生长阶段，胃肠道组织的生长发育快于其他组织。整个消化道发育在20～70日龄之间最快；消化道的迅速生长发育表明其吸收能力在逐渐增强。因此，仔猪断奶日龄最好在20日龄之后。

2. 消化酶的分泌

仔猪消化酶的分泌量随着日龄的增长而增强。0～25日龄仔猪的乳糖酶、凝乳酶活性很高；21日龄后淀粉酶和麦芽糖酶的活性开始上升；未断奶仔猪0～5周龄期间肠道中的脂肪酶活性逐周几乎成倍增长；28日龄断奶时，胰脂肪酶、小肠胰蛋白酶、空肠糜蛋白酶在断奶后活性不降低或降低后更容易恢复到或超过原有水平。因此，从消化酶活性的角度上看，28日龄断奶更有利于断乳仔猪克服断乳应激。

3. 胃酸分泌

仔猪一般到8周龄时才会有较为完整的胃酸分泌能力，这严重影响了8周龄以前断奶仔猪对日粮蛋白质的充分消化。然而这一限制因素对仔猪断奶日龄的限制可以通过在断奶仔猪日粮中添加酸制剂或对饲料原料进行酸化处理来解决。因此,胃酸分泌能力对仔猪断奶日龄的影响不是那么显著。

（二）对仔猪免疫系统的影响

仔猪免疫系统,特别是来自母源的被动免疫,在仔猪早期抵抗外来病原体的侵害中发挥了重要的作用。但是3周龄以后,仔猪获得的被动免疫处于最低水平,到4~5周龄时自身免疫系统才开始发挥作用。从此意义上讲,仔猪断奶日龄应该控制在4周龄以后更有利于提高断乳仔猪的抗病能力。然而近年来北美兴起的仔猪早期隔离断奶则采用了早期母子分开饲养,从而阻断疾病循环的方法。然而英国的一项调查表明,采用19日龄前断奶的猪场很少,所占的比例低于8%;2周龄内断奶更不切合实际。

二、仔猪断奶日龄的选择

在正常饲养条件下,国外一般3~4周断奶,国内一般是5~6周断奶。我国养猪业从传统的60日龄断奶提前到35日龄,一些规模猪场现多采用28日龄断奶,有的技术较高的猪场断奶日龄为21天左右,有的甚至更低。美国是世界上养猪水平较高的国家之一,从1990年至2000年的10年间,美国的仔猪断奶平均日龄从28.8天降至19.3天,仔猪早期断奶成为提高母猪产仔数和育成头数的关键性措施。然而,从2000年后美国仔猪断奶日龄又有所提高,现代研究表明,只有当断奶日龄对母猪繁殖性能不造成显著影响,而且产房设施能够得到充分利用的情况下,猪场才能实现最大效益。

任务二　选择断奶的方法

断奶方法有一次断奶法、分批断奶法、逐渐断奶法等,其中以逐渐断奶法对仔猪应激最小。

一、一次断奶法

一次断奶法是指仔猪到达一定日龄时,一次性将仔猪与母猪分开,并转到保育舍内饲养,适宜工厂化猪场使用。对于生产水平较低的小型养猪场(户),实行该法最好要求仔猪体重达到6~7kg以上,仔猪健康状态良好。一次断奶法优点是操作方法简单,劳动量小,可以保证全进全出,减少病原微生物的交叉感染。缺点是弱仔易受应激影响,可能导致生长发育速度减慢,甚至形成僵猪或导致死亡;母猪也易由于停止吸乳刺激造成乳房胀痛或乳房炎。使用此法应注意对母猪和仔猪的护理,断奶前3天要减少母猪精料及青饲料喂量,减少乳汁的分泌。

二、分批断奶法

按仔猪体质强弱、个体大小及采食情况区别对待,进行分批次断奶。一般是将发育好、食欲强的仔猪先断奶,而体质弱、个体小、食欲差的仔猪后断奶,适当延长其哺乳期,以促进仔猪发育。先断奶仔猪所留的空乳头,应让留下的仔猪吸食,以免母猪发生乳房炎。此法可使整窝仔猪都能正常地生长发育,避免出现僵猪,减少弱仔猪的死亡率,提高仔猪的成活率。

三、逐渐断奶法

根据仔猪的发育情况,逐步减少哺乳次数。在仔猪断乳前5天左右,将母猪赶到离原圈舍较远的地方,然后每天将母猪放回原圈数次。逐日减少仔猪哺乳次数,第一天哺乳4~5次,第二天哺乳3~4次,经3~5天断奶。这种方法可避免引起母猪乳房炎或仔猪胃肠道疾病,对母子均有利。对农村散养户而言,选择分批断奶法和逐渐断奶法相结合进行断奶较好,可以减少断奶应激,提高仔猪成活率和生产性能。

无论采用哪种断乳方法,都要根据猪的品种、母猪的膘情和泌乳量以及仔猪的补料情况等灵活掌握,并且做好断奶前的准备工作。一经断奶,母子必须分开,不能让仔猪闻到母猪味,听到母猪叫,更不能见到母猪,否则很难顺利断奶。

任务三　研究断奶仔猪的饲养技术

仔猪断奶后往往由于生活条件的突然改变,表现出食欲不振,增重缓慢,甚至减重,尤其是补料晚的仔猪更为明显。所以在满足营养需要的前提下,关键要做到饲料、饲养制度及生活环境的“两维持”和“三过渡”,即维持在原圈培育并维持原来的饲料不变,做到饲料、饲养制度和环境条件的逐渐过渡。尽量减少仔猪因饲料改变所造成的应激影响。

一、断奶仔猪的营养需要

仔猪断奶后营养的唯一来源是饲料,所以饲料的组成、性质及配制对断奶仔猪的生长发育是至关重要的因素。从研究结果与实践证明来看,影响断奶仔猪生长发育的营养要素依次是能量、蛋白质(氨基酸)、维生素、矿物质和水。

(一) 能量的需要

断奶仔猪对能量需要是依据仔猪断奶时间和体重来确定的。由于各个猪场的生产条件、生产技术水平及饲养猪的品种不同,导致仔猪断奶时间和断奶体重不一致。目前国内外一般多实行 3 ~4 周龄断奶,其体重为 6 ~ 10kg。根据美国 NRC(1998)饲养标准,其日粮消化能的最低供给量是 7.11MJ。断奶仔猪在保育舍内饲养到 9 周龄,体重可达 20kg 左右,此阶段的日粮消化能最低供给量是 14.21MJ。日粮中能量水平是决定断奶仔猪生长速度的第一要素。为了提高断奶仔猪的生长速度,应使仔猪尽可能摄取较多的能量。但由于断奶仔猪胃肠容积有限,采食的日粮受到限制,所以只能通过提高饲料能量浓度的方法,使仔猪摄取较多的能量。生产中,常常采取向仔猪饲料中添加脂肪或糖。试验证明,在仔猪饲料中添加 3% ~8% 的脂肪,可使断奶仔猪在 9 周龄体重达 25kg 左右。

(二)蛋白质的需要

仔猪在断奶之前平均日增重为 300g 左右,断奶 1 周左右的应激期过后,仔猪的生长速度上升较快,在良好的饲养条件下,仔猪断奶后至 9 周龄的平均日增重为 500 ~ 700g。生长速度加快对营养需求量也迅速增加,而在体重 60kg 之前的猪增加的主要是肌肉组织,而肌肉组织的主要成分是蛋白质,因此要注意蛋白质的供给。据美国 NRC(1998)饲养标准,仔猪在 10 ~ 20kg 阶段,粗蛋白质含量一般为 20.9%。

断奶仔猪饲料粗蛋白质水平的高低对仔猪的生长与健康影响很大,粗蛋白质过低会使仔猪生长发育变慢,粗蛋白质水平偏高又会导致仔猪腹泻发生率增加。生产上,常常向饲料中添加氨基酸来减少粗蛋白质的水平,这样既能提高生长速度,又能减少腹泻的发生。目前,在饲料中常添加赖氨酸、蛋氨酸、色氨酸及苏氨酸。赖氨酸可提高生长速度,增强仔猪的免疫力;蛋氨酸既能节省蛋白质饲料又能缓解胆碱缺乏症;色氨酸可以防止烟酸缺乏症,减少咬尾症的发生,同时也能增强仔猪的免疫力。当断奶仔猪饲料中添加赖氨酸 0.29%、苏氨酸 0.68% 时,仔猪生长速度和饲料转化率最佳。美国 NRC(1998)推荐量是:色氨酸 0.21%、蛋氨酸 0.30%、苏氨酸 0.74%。

(三)矿物质的需要

断奶仔猪骨骼生长强度较大,而钙磷则是骨骼的重要组成部分,所以断奶仔猪饲料应加大钙磷的添加量。美国 NRC(1998)饲养标准推荐:钙 0.70% ~0.80%、总磷 0.60% ~0.65%、有效磷 0.32% ~0.40%。较好的钙磷饲料是石灰石粉、磷酸氢钙,但在添加时要注意氟等有害物质的含量,以免影响断奶仔猪的健康。为了保证钙磷的有效吸收,添加时应注意钙、磷的比例要协调,此外饲料中要有充足的维生素 D。

其他矿物质元素对断奶仔猪生长发育也十分重要,特别是铜、铁、锌、硒、碘等。美国 NRC(1998)推荐量为:铜 5mg/kg、铁 80mg/kg、锌 80mg/kg、硒 0.25mg/kg、碘 0.14mg/kg、锰 3mg/kg。常以硫酸铜、硫酸亚铁、硫酸锌、亚硒酸钠、碘化钾、硫酸锰的形式添加。其他矿物质元素的推荐量是:氯 0.15%、钠 0.15%、镁 0.04%、钾 0.26%。

（四）维生素的需要

仔猪断奶后生长速度较快，断奶对仔猪应激反应较大，所以对维生素的需求量高。维生素A和维生素E有增强仔猪免疫力的功能。水溶性维生素可以增进食欲，防止皮毛粗糙。美国NRC（1998）推荐量只是防止出现缺乏症的最低需要量，在饲料配合中，应考虑生长、加工损耗、抗应激、被破坏等因素，一般加入量是推荐量的2～8倍。

（五）水的需要

断奶仔猪饲料由断奶前的流体乳和固体饲料混合采食，转变为完全的固体饲料，仔猪对水的需求量大大增加。正常情况下仔猪的需水量为其采食的风干料重的2～4倍。为了保证饮水，断奶仔猪最好使用自动饮水器，既卫生又方便，其水流量至少250mL/min。饮水器要灵活好用，每10～12头安装一个饮水器，其高度为30～35cm。采用水槽饮水时，饮水槽内必须常备清洁、卫生、爽口的饮用水。饮水不足，一会影响健康，二会影响采食，降低生长速度。猪饮水主要在早上9:00到晚上19:00，高峰在下午15:00到16:00，要保证随时供给仔猪清洁的饮水。

二、断奶仔猪的饲料

由于断奶前后饲料的改变，仔猪采食量会下降，所以应选择容易消化、具有较高消化率的饲料。尽管每日总采食量降低，但仍能满足仔猪的营养需要，又不至于使仔猪的胃肠道负担过重而引起仔猪腹泻。断奶仔猪正处于身体迅速发育的生长阶段，需要高蛋白、高能量和含有丰富维生素、矿物质的日粮，应限制含粗纤维过多的饲料，注意添加剂的补充。尽量少用粗蛋白质饲料，可用添加氨基酸的方式来代替，以防引起腹泻。在原料的选择上，可用玉米、鱼粉、喷雾干燥的血粉以及一部分豆粕。有条件的可以用一些乳制品，使用柠檬酸等酸化剂，有助于仔猪的消化吸收。

断奶仔猪饲料参考配方：玉米70.15%、豆粕22.0%、鱼粉5.0%、磷酸氢钙1%、石粉0.55%、食盐0.3%、预混料1%。预混料包括每千克饲料中加入黄霉素2.5mg和土霉素50mg，用于防病促长。

三、维持原圈饲养

仔猪断乳后1～2天很不安定，经常嘶叫并寻找母猪，夜间更严重。为了减轻仔猪断乳后因失掉母乳和母子共居环境而引起的不安，应将母猪调出另圈饲养。仔猪断乳后也不应立即混群，以免仔猪受到断乳、混群的双重刺激。

四、维持原料

仔猪断奶后,要保持原来的饲料半个月内不变,饲料配方必须保持与哺乳期补料配方相同,以免改变饲料降低仔猪食欲,引起胃肠不适和消化功能紊乱。

五、饲料过渡

为了安全,仔猪断奶前饲料改为断奶后饲料,要采取逐渐过渡的办法。常用“三步法”,即第一步,原来饲料占2/3,新饲料占1/3;第二步,原来饲料占1/3,新饲料占2/3;第三步,全是新饲料。每一步的时间根据改变饲料的幅度而定,观察仔猪的采食情况。若仔猪正常,按计划实施;若有异常,停止换料。一般1周内完成饲料过渡。

六、饲养制度的过渡

仔猪断奶后半个月内,每天饲喂的次数比哺乳期多1~2次。这主要是加喂夜餐,以免仔猪因饥饿而不安。每次喂量不宜过多,以七八成饱为度,使仔猪保持旺盛的食欲。仔猪采食大量饲料后,应供给清洁饮水,以免仔猪饮用污水或尿液而造成腹泻。

七、环境过渡

仔猪断奶的最初几天,常表现出精神不安、鸣叫,寻找母猪。为了减轻仔猪的不安,最好将仔猪留在原圈,也不要混群并窝。待仔猪的表现基本稳定时,再调圈并窝。在调圈分群时,要根据性别、个体大小、吃食快慢等进行分群。应让断奶仔猪在圈外保持比较充分的运动时间,圈内也应清洁、干燥、冬暖夏凉,并进行固定地点排泄的调教。

任务四　探讨断奶仔猪的管理技术

一、减少断奶仔猪应激

仔猪断奶后1~2周的时间内,会产生心理上和身体上各系统的应激反应,应激反应大小和持续时间主要取决于仔猪断奶的日龄和体重。断奶日龄长,体重大,体质好,应激反应小。主要表现为:仔猪情绪不稳定、急躁、争斗咬架、食欲下降、消化不良、腹泻或便秘、体质变弱、被毛蓬乱无光泽、皮肤黏膜颜色变浅、生长缓慢或停滞,有的减重,有的继发其他疾病,形成僵猪或死亡,给养猪生产带来一定的经济损失。断奶仔猪应激是养猪生产面临的一个主要问题。在一定时期内完全避免仔猪断奶应激的可能性较小,就应激发生的原因,减少仔猪应激须做好以下工作。

（一）适时断奶

仔猪免疫系统和消化系统基本成熟,体质健康时进行断奶,可以减少应激。如 4 周龄断奶比 3 周龄更能抵抗应激。鉴于此,建议 4 周龄断奶。

（二）科学配合仔猪饲粮

根据仔猪的消化生理特点,结合其营养需要配制出适于仔猪采食、消化吸收和生长发育所需的饲料。

（三）减少混群机会

断奶后仔猪原圈饲养 1 ~2 天后,在傍晚将同窝仔猪转移到同一保育栏内,减少争斗机会,并注意看护。

（四）环境控制

舍内要求清洁卫生,有足够的趴卧和活动空间,一般每头断奶仔猪所需面积为 $0.3m^2$。

1. 温度

断奶仔猪适宜的环境温度是:30 ~40 日龄为 21℃ ~22℃,41 ~60 日龄为 21℃,60 ~90 日龄为 20℃。为了能保持上述的温度,冬季要采取保温措施, 除注意房舍防风保温和增加舍内养猪头数保持舍温外,最好安装取暖设备,如暖气(包括土暖气在内),热风炉和煤火炉等。在炎热的夏季则要防暑降温,可采取喷雾、淋浴、通风等降温方法。近年来许多猪舍采用纵向通风降温取得了良好效果。

2. 湿度

仔猪舍内湿度过大可增加寒冷和炎热对猪的不良影响。潮湿有利于病原微生物的孳生繁殖,可引起仔猪多种疾病。断奶仔猪舍适宜的相对湿度为 65% ~75%。

3. 清洁卫生

猪舍内外要经常清扫,定期消毒,杀灭病菌,防止传染病。

4. 保持空气新鲜

猪舍空气中的有害气体对猪的毒害作用具有长期性、连续性和累加性。对舍栏内粪尿等有机物及时清除处理,减少氨气、硫化氢等有害气体的产生,控制通风换气量,排除舍内污浊的空气,保持空气清新。通风换气时空气流动速度控制在 0.2m/s 以下,并防止贼风吹入引起仔猪感冒。

（五）其他方面

仔猪断奶后 1 ~2 周内,不要进行驱虫、免疫接种和去势,避免长途运输,最好使用断奶前饲粮饲养 1 周左右,然后逐渐过渡到断奶后饲粮,要保持舍内安静,以减少应激反应发生。

二、观察猪群

断奶初期仔猪性情烦躁不安,有时争斗咬架,要格外注意看护,防止咬伤,特别是断奶1周以后咬架的发生率较高。生产实践中发现,断奶仔猪间咬架多发生在断奶的14~15h以后。为了避免上述现象,除加强饲养管理外,可通过转移注意力的方法来减少争斗咬架和咬尾。可在围栏内放置铁链或废弃轮胎供仔猪玩耍。应该抽时间每天到猪群里走几趟,因为有人在猪群里走动时猪会站起来,而站起来以后,它们总是会去吃料饮水,这样一来可以促进仔猪多吃料,二来可以观察仔猪精神状况,以及时发现病情。

三、分群

工厂化养猪生产采取全年均衡生产方式,各工艺阶段设计严格,实行流水作业。仔猪断奶后立即转入仔猪培育舍,产房内的猪严格实行"全进全出"的饲养方式,猪转走后立即清扫消毒,再转入待产母猪。断奶仔猪转群时一般采取原窝培育,即将原窝仔猪(剔除个别发育不良个体)转入培育舍关入同一栏内饲养。如果原窝仔猪过多或过少时,需要重新分群,可按其体重大小、身体强弱进行并群分栏,同栏群仔猪体重相差不应超过1~2kg。将各窝的弱小仔猪合并分成小群进行单独饲养。合群仔猪会有争斗位次现象,可进行适当看管,防止咬伤。

四、仔猪调教

断奶转群的仔猪吃食、趴卧、饮水、排泄均未形成固定区域。加强调教,使其形成良好的生活习惯,既可保持栏内卫生,又为育成、育肥打下了良好的基础,方便生产管理。方法是:将食槽设在栏舍一端,饮水器设在栏舍另一端,靠近食槽一侧为睡卧区,靠近饮水器一侧为排泄区。新转群的猪可将其粪便人为放在排泄区,其他区域有粪尿及时清理,并对仔猪排泄进行看管,强制其在指定区域排泄。1周左右即可使仔猪形成定点睡卧、排泄的条件反射。

五、预防仔猪水肿病

仔猪水肿病又叫做大肠杆菌毒血症、浮肿病、仔猪摇摆症,是由致病性大肠杆菌引起的断乳后仔猪的一种肠毒血症。此病一年四季均可发生,尤以春季的4~5月份和秋季的9~10月份多发,特别在气候骤变和阴雨季节更易发病,常呈现地方流行。

（一）病因

致病性大肠杆菌在哺乳期间即有少量存在于仔猪肠道内，在哺乳条件下它们一般不致病，但在某些诱因如断乳方法不当、突然改变饲料和饲喂方法、天气突变、饲喂贪吃过饱、维生素或微量元素缺乏、蛋白质含量过高、消化功能不健全、猪舍卫生条件差等情况下，因机体抵抗力下降，特别是胃肠功能紊乱，肠道内微生态平衡被破坏，促进了溶血性大肠杆菌在仔猪肠道内不断繁殖，产生毒素，并经肠道吸收进入血液在体内积聚，引起毒血症。毒素积聚到一定程度，就会引起仔猪发病，甚至死亡。

（二）预防

1. 接种疫苗

对妊娠母猪在产前30~40天免疫接种大肠杆菌。对仔猪在出生15~20天注射仔猪水肿灭活苗，能有效预防水肿病的发生。

2. 加强仔猪饲养管理

对哺乳仔猪适时补料，以提高其消化能力，切忌突然断乳和更换饲料，饲料营养要全面，断乳后切忌饲喂过饱。

3. 注意饲料中维生素E和硒的补充

机体缺乏维生素E和硒时，免疫器官会遭到破坏，抗病力降低，特别是消化酶的活性降低，影响消化道正常功能，肠道菌群失调，从而为某些致病性大肠杆菌的增殖、附着和毒素的产生和吸收创造了条件。

4. 控制饲料中的蛋白质水平

仔猪早期断奶后胃酸分泌少，各种蛋白酶的活性低，尤其不适应植物性蛋白质高的饲料。一般断奶后3周内仔猪饲料中蛋白质含量不应高于19%，其中植物性蛋白不应高于15%。如果蛋白质含量过高，使得蛋白质不能彻底分解，使肠内容物腐败、发酵，会刺激肠末梢感受器蠕动增强，从而引起腹泻、消化不良，继而发生水肿病。

5. 控制仔猪采食量

有些养殖场采用将颗粒料放入料槽，让猪自由采食的饲喂方式。这样容易造成抢食、暴食行为，引起消化功能紊乱，从而诱发水肿病。

6. 药物预防

在断奶仔猪的饲料中添加适宜的抗菌药物，如土霉素、新霉素等，可预防本病的发生。

（三）治疗

可采用对症疗法，以抗过敏、消除水肿和抑制肠道致病菌协同进行，而且应早发现、早诊断、早隔离、早治疗，方可取得比较好的疗效。

（1）庆大霉素5万~10万IU、硫酸黄连素5~10mL，肌肉注射，2次/天，连用2~3天。

（2）2.5%恩诺沙星注射液按 10mL/kg，肌肉注射，2 次/天，连用 2 ~ 3 天；0.1%亚硒酸钠注射液 3 ~ 4mL，深部肌肉注射 1 次，病重者隔 5 ~ 6 天重复注射一次。

（3）补液对于腹泻时间较长或已经出现脱水症状的仔猪，可用口服补液盐（氯化钠 3.5g、碳酸氢钠 2.5g、氯化钾 1.5g、葡萄糖 20g，加温水 1kg），同时加入乳酸环丙沙星可溶性粉按 10g/kg，混合在一起，让猪自由饮用。

六、网床培育

（一）概况

断奶仔猪网床培育是养猪发达国家 20 世纪 70 年代发展起来的一项仔猪培育新技术，仔猪培育由地面猪床逐渐转变成各种网床上饲养，获得了良好的效果。我国规模化和现代化养猪生产，由于条件所限发展较慢，直到 80 年代后期在北京、广州、上海等城市郊区试验、推广获成功后，进一步在全国有了较大的发展。目前，仔猪网床培育技术已普遍推广应用，对我国现代化养猪生产起到了推动作用。

（二）网床培育断奶仔猪的优点

1. 利于保温

仔猪离开地面，减少了冬季地面传导散热的损失，提高了饲养温度。

2. 减少疾病传播

网床有利于粪尿、污水随时通过漏缝网格漏到网下，减少了仔猪接触污染的机会，床面清洁卫生、干燥，能有效地控制仔猪腹泻病的发生和传播。

3. 仔猪生产性能高

采用网床饲养工艺能提高仔猪的成活率、生长速度、个体均匀度和饲料利用率。例如，中国农业科学院畜牧研究所等单位在北京顺义陈各庄猪场试验结果：在相同的营养与环境条件下，断奶仔猪 35 ~ 70 日龄网床培育比在立砖地面上养育平均日增重提高 15%，日采食量提高 12.6%；35 日龄断奶成活率 94.45%，断奶窝重 85.55kg，平均个体重 8.73kg，比地面饲养分别提高 13.33%、40.4%和 18.15%。

（三）网床设计

仔猪培育网床通常采用钢筋结构（图 4-3），尺寸大小为 240cm × 165cm × 70cm，离地面约 35cm，笼底可用钢筋，部分面积也可放置木板，便于仔猪休息。有的还设有活动保育箱，以便冬季保暖。每头仔猪的面积为 0.3 ~ 0.4m^2。

图 4-3　仔猪培育网床结构图

模块三　培育隔离式早期断奶仔猪

隔离式早期断奶法(SEW)的技术起源至少可以追溯到 19 世纪 60 年代,当时加拿大圭尔夫大学安大略兽医学院的 Chuck Roe 和 Tom Alexander 博士探索一种以非手术方法达到与 SPF 猪相同的疾病净化效果的技术。SEW 法是美国养猪界在 1993 年开始试行的一种新的养猪方法,其实质内容是,母猪在分娩前按常规程序进行有关疾病的免疫注射,仔猪出生后保证吃到初乳,按常规免疫程序进行疫苗预防接种后,在 10 ~ 20 日龄断奶,然后把仔猪在隔离条件下保育饲养。保育仔猪舍要与母猪舍及生产猪舍分离开,隔离距离为 250m ~ 10km,根据隔离条件不同而不同。

任务一　了解仔猪早期断奶的优缺点

一、仔猪早期断奶的优点

(一) 提高了母猪的繁殖力,充分利用母猪

仔猪早期断奶可以缩短母猪的产仔间隔(繁殖周期),增加年产仔窝数。母猪年产仔窝数 = 365/(妊娠期 + 哺乳期 + 空怀期)。一年为 365 天是个常数,妊娠期、哺乳期、空怀期之和为一个繁殖周期。妊娠期约为 114 天,变化很小,而哺乳期和空怀期是可变化的,也就是说哺乳期和空怀期的长短直接影响繁殖周期的长短。所以,缩短哺乳期可缩短产仔间隔,提高母猪年产仔胎数。断奶后母猪能迅速再发情配种,这样又可进一步缩短繁殖

周期，提高母猪年产仔胎数，从而提高母猪年产仔总数和断奶仔猪头数。

（二）提高了饲料的利用率

在母猪哺乳情况下，仔猪对饲料的利用是通过母猪将饲料转化为乳汁后再利用，这时饲料的利用率为20% ~30%。如采取仔猪早期断奶，则饲料的利用率可达到50% ~60%。仔猪早期断奶对母猪来说可减轻失重，节省饲料用量。

（三）有效地控制疾病由母体向仔猪传播的概率

母猪初乳中含有丰富的母源抗体，仔猪通过吮吸初乳而获得免疫力。在2~3周龄后母源抗体水平逐渐降低，仔猪易受母猪所带大多数病原微生物的侵袭。因此，在这个时期断奶隔离，能有效地控制仔猪的疾病感染率。

（四）提高了仔猪的日增重和均匀度

母猪的泌乳量一般从仔猪21日龄起已不能满足仔猪的生长需要，这时根据断奶仔猪营养的需要饲喂全价饲料，有利于促使生长潜力的发挥，减少弱猪、僵猪的发生比例，而获得体重大而均匀的仔猪。

（五）减少仔猪死亡率

压死和下痢是仔猪死亡的重要原因。母子早期分离，可以防止母猪压死仔猪，减少仔猪感染传染病和寄生虫病的机会。

二、仔猪早期断奶的缺点

（一）代谢功能旺盛与消化系统发育不成熟的矛盾

早期断奶仔猪相对生长迅速，代谢功能旺盛，其单位体重消耗的各类营养物质量大。但早期断奶仔猪胃发育不成熟，断奶使胃内容物pH升高，小肠黏膜抵抗能力减弱，易被各种外源性蛋白质抗原损伤，从而引起仔猪营养性下痢。

（二）消化酶系统发育不健全导致消化酶浓度与活性不稳定

仔猪出生时胃内仅有凝乳酶，胃蛋白酶很少，由于胃底腺不发达，缺乏游离盐酸，胃蛋白酶没有活性，不能消化蛋白质，特别是植物性蛋白质。胃液pH高，病原菌易进入小肠，未消化的大量营养物质进入大肠，造成腹泻。随着仔猪日龄的增长和食物对胃壁的刺激，盐酸的分泌不断增加，到35~40日龄，胃蛋白酶才表现出消化能力，仔猪才可利用多种饲料。乳糖酶以及与消化母乳中的碳水化合物相关的酶的活性在出生后2~3周达到高峰，然后很快下降。淀粉酶以及与消化谷物中淀粉和碳水化合物有关的酶的活性在出生时很低，在乳糖酶急剧下降时，这些酶活性就开始上升。由于消化酶系统发育不健全导致消化酶浓度与活性不稳定，从而决定了早期断奶仔猪消化利用多种饲料具有局限性。

（三）先天性免疫力的建立滞后导致抗体水平不稳定

母猪初乳抗体含量高，且含有阻止其分解的抗蛋白分解酶；仔猪在出生后24~36 h，小肠有吸收大分子蛋白质的能力，这便促使仔猪从初乳中获得有效的被动免疫，但以上状况维持时间短，仔猪的这种被动免疫水平在7日龄时达到高峰，在随后3周内很快下降。而仔猪的主动免疫要在4～5周才开始建立。在3～5周龄期间断奶，仔猪表现出显著的免疫能力抑制，循环抗体水平降低，抑制细胞免疫能力，以及外界活性抗原蛋白引起异常免疫应答（抗原过敏反应）；仔猪抗体水平处于相对低谷期，抵抗力差，易感染疾病；这期间仔猪需要一个洁净、无疫病污染的环境。

（四）调节体温的能力差、怕冷

早期断奶仔猪大脑皮质发育不够健全，通过神经系统调节体温的能力差。并且仔猪的皮下脂肪层薄，体内能源的贮存较少，遇到寒冷时，血糖会很快降低。如猪场的保温设施不健全，仔猪在早期断奶后环境温度过低，易引起仔猪抵抗力减弱而患病，甚至冻僵、冻死。

（五）易发生早期断奶综合征

基于上述综合因素，早期断奶仔猪常表现出：食欲差，采食量低，消化不良，下痢，生长缓慢，饲料利用率低，抗病力下降，发病率和死亡率增高，精神状况以及外貌表现不佳等，称为仔猪早期断奶综合征。下痢是早期断奶综合征的主要表现。

任务二　讨论SEW法的主要特点及依据

一、SEW法的主要特点

（一）仔猪

1. 获得母源抗体

在出生后2～3h内吃到、吃足初乳，从初乳中获得必需的抗体。对母乳不足的，须供给人工乳。

2. 正常免疫

出生后仔猪按常规免疫，产生并增强自身的免疫能力。

3. 饲料适当，控制采食量

早期断奶的仔猪配合料，要保证饲料有良好的适口性，易消化、易吸收和营养全面。防止仔猪下痢。

4. 生长快

SEW猪群本身健康无病，不受病原体干扰，免疫系统没有激活，从而减少了抗病的消耗，加上科学饲养，仔猪生长快，到10周龄体重可达30～35kg，比常规饲养的仔猪提高增重10kg左右。

（二）母猪

1. 母猪正常接种防疫

母猪在妊娠期免疫后，对一些特定的疾病产生的抗体可以垂直传给胎儿，仔猪在胎儿期间就获得一定程度的免疫。

2. 控制喂量

分娩后母猪按产仔数和泌乳量供给饲料量，在断奶前5天减少母猪的采食量，采用逐渐断奶的方法，防止母猪乳房炎的发生。

3. 断奶后保证母猪及时配种和妊娠

（三）管理

1. 全进全出

断奶后仔猪在保育舍要严格实行全进全出制度。

2. 保证环境温度

早期断奶仔猪对环境温度要求高。断奶时温度控制在25℃左右，温差不能变化太大，一般不超1℃。

3. 注重清洁卫生

母猪产仔在产床，仔猪在床上生活，并远离粪尿。打扫时，要清扫床上积留的猪粪，常换仔猪垫料，定期消毒环境。

二、SEW法的依据

SEW法在美国获得成功，并取得了良好的效益，其主要原因是有以下几个方面：

（一）解决了仔猪饲料

随着仔猪营养学研究的进展，对仔猪的消化生理及仔猪饲料已有比较清楚的认识，仔猪10日龄以后所需要的饲料已经得到了很好的解决，仔猪能够很好地消化吸收饲料中的营养物质，保证了仔猪快速生长的需要。

（二）免疫力得到保障

母猪在妊娠期进行了有效的免疫，母体内一些疾病的免疫功能，通过初乳传递给仔猪，再加上仔猪自身的免疫功能，在21日龄以前，当仔猪从母体获得的免疫力还没有完全消失时，就将仔猪从母猪舍移出，进入隔离条件良好的保育仔猪舍内，使仔猪代谢旺盛。因此，生长迅速。

（三）比常规断奶应激反应小

仔猪在常规断奶后，大多数会出现7～10天的生长停滞期，尽管在以后生长中有可能补偿，但终究有很大的影响。SEW 法基本上没有或很少引起断奶应激反应。另外，仔猪舍的隔离条件要求严格，减少了疾病对仔猪的影响，从而保证了仔猪的快速生长（表 4-7）。

表 4-7 常规法与 SEW 仔猪生产性能比较

项目	阉猪		幼母猪	
	常规饲养	SEW 法饲养	常规饲养	SEW 法饲养
保育期				
初生重/kg	1.56	1.50	1.54	1.52
10 日龄增重/kg	3.19	2.89	3.17	3.10
4 周重/kg	7.24	2.67	7.45	8.08
5 周重/kg	8.88	10.73	8.89	10.90
6 周重/kg	11.67	13.38	11.67	13.50
7 周重/kg	14.69	17.60	14.76	17.79
平均日增重/g	277	331	272	336
育成期				
达 105kg 日龄	152.6	148.55	160.35	155.10
饲料报酬	2.96	2.92	2.87	2.96
背膘厚/mm	22.86	25.65	20.83	22.61

任务三 探究 SEW 法断奶仔猪的饲养管理技术

一、SEW 法断奶仔猪的饲养技术

（一）SEW 仔猪的日粮

日粮成分对早期隔离断奶的成功具有重大影响。1995 年，Dritz 等比较了简单、一般和复杂的三种早期隔离断奶日粮。简单日粮中主要含玉米、豆粕和乳清粉，猪采食简单日粮时日增重和饲料利用率都最差。复杂日粮含玉米、膨化大豆蛋白质精料、乳糖、鱼粉以及喷雾干燥血浆粉和血粉，猪采食复杂日粮时的日增重和饲料转化率最优。

大多数猪营养学家都认为，SEW 仔猪的营养需要不同于常规断奶仔猪。1995 年，Nelssen 等提出，应将堪萨斯州大学三阶段饲喂方案扩展为包括一种早期隔离断奶日粮和一种过渡日粮。早期隔离断奶日粮中应含有赖氨酸 1.7% ~1.8%、蛋氨酸 0.48% ~0.5%、乳糖 2% ~5%、喷雾干燥血浆粉 6% ~8%、豆粕 10% ~15%、添加脂肪 6% ~8% 以及优质步鱼粉 3% ~6%。过渡日粮的养分浓度应稍低，含赖氨酸 1.5% ~1.6%、蛋氨酸 0.42% ~0.44%、乳糖 15% ~20%、喷雾干燥猪血粉 2% ~3%、豆粕 20% ~30%、添加脂肪3% ~5%、喷雾干燥血浆粉2% ~3%、优质步鱼粉3% ~5%。第三阶段则可将适口性好但价格昂贵的成分从配方中撤出,以降低饲料成本。三阶段饲喂方案中至关重要的是第一、二阶段日粮,但这两个阶段的饲喂时间不能过长,以免增加总的生产成本。

SEW仔猪日粮中的氨基酸用量也高于常规断奶仔猪。赖氨酸用量为1.7% ~1.8%。其他必需氨基酸需要量以赖氨酸为100%计,分别为异亮氨酸60%,蛋氨酸28%,蛋氨酸+胱氨酸55%,苏氨酸65%,色氨酸18%。

(二)饲喂

早期断奶仔猪日粮中脂肪和乳糖含量很高,很难制成颗粒料,且高温对血浆蛋白粉中免疫球蛋白等生物活性物质有灭活作用。粉料会造成饲料浪费(浪费可能达20%),并易诱发呼吸系统疾病。液体饲料是一理想的选择。液体饲料可降低仔猪断奶时从吸吮流质母乳到饲喂温度、味道、感觉、成分及消化率完全不同的固体饲料的应激,提高采食量,促进消化道发育,增进生产性能。在最初的5~7天内每天饲喂4~6次,然后改为每天2次。饲料必须保证越新鲜越好。妥善保管饲料以保证到喂料时仍然新鲜。当这种饲料暴露在猪舍环境中时很容易吸收异味和水分,因而容易引起猪的厌食。

(三)SEW生产工艺

SEW技术体系下的养猪生产工艺流程与传统的一条龙模式不同,为多点式生产模式,即将猪群分开隔离在不同的地点(猪场)饲养。目前流行的有以下两种生产模式:

1. 二场式

繁殖猪群在一个场地,保育和生长育肥猪群在另一场地。这种饲养方式在美国越来越受到重视,这种二场式不同于传统的二场式,前者在猪场饲养,而后者其保育舍与繁殖群在同一猪场,直到保育舍出栏后,才隔离到另一猪场进入生长育肥阶段。

2. 三场式

繁殖、保育和育肥三个阶段的猪群,分别在三个互相隔离的不同猪场饲养。妊娠、分娩母猪饲养在繁殖场和10~21日龄猪场。

在实际操作中,新猪场可按SEW要求进行设计建造,三区隔离布局,老猪场可通过改造达到SEW技术要求,或者多场通过功能再定位而整合。SEW技术在单场实行时,则父母代猪场的基础母猪要具备较大规模,尽量减少由繁殖场(配种—妊娠—哺乳阶段)向保育场转群的次数。母猪的大脑、子宫和卵巢均需要时间从分娩中康复,这三个器官通常在分娩后14~15天就可复原。断奶日龄太小(7~10日龄)会严重影响断奶至再次发情的间隔时间。

(四)饲养密度

早期断奶仔猪栏的大小以每圈容纳15~20头为宜。每头仔猪的最佳空间面积见

表4-8。

表4-8　保育舍饲养密度

体重/kg	面积/m^2·头$^{-1}$
11	0.16~0.19
18	0.19~0.23
27	0.28~0.37

二、SEW法断奶仔猪的管理技术

（一）温度控制

断奶仔猪对环境温度的要求主要与采食水平有关。由于采食量低，活动量大，仔猪在断奶后4~6天呈负能量平衡，临界温度下限高。一旦仔猪能正常采食且不发生腹泻，断奶仔猪舍的环境温度可迅速降低。体重为4.0~4.5kg的猪断奶时，猪舍温度应保持在30.6℃~32.2℃，以后每周温度下降1.7℃~2.2℃，直至达到育成舍温度。生产中要尽量缩小温差。

（二）降低夜间温度

一旦仔猪在保育舍呆1~2周并开始积极采食时，可以用降低夜间温度的方式来刺激食欲和生长。内布拉斯加大学的试验结果显示，从晚间19:00开始将温度降低5.5℃，到第二天早晨7:00再重新回升到原设定温度，日采食量提高7%，日增重提高6%（表4-9）。必须记住的是，试验中温度是由温控器严密调控的，而且所有的温度都是根据猪的需要而设定的。

表4-9　断奶1周后夜间降低5.5℃对保育猪和生长育肥猪的影响

生长期	指标	保育猪处理组	
		温度控制组	降低夜间温度组
保育猪			
	体重/kg		
	起始	6.7	6.7
	结束	17.9	18.4
	日增重/g	340	358
	平均采食量/g	530	567
	饲料/增重	1.57	1.61
	成本/$	492.27	415.72

续表

生长期	指标	保育猪处理组	
		温度控制组	降低夜间温度组
生长—育肥猪			
	日增重/g	689	689
	平均采食量/g	2.23	2.21
	饲料/增重	3.23	3.23

如果采用降低夜间温度的方法,必须采取以下四项措施:

(1) 需要好的保育的设备。睡眠区必须无贼风,而且需要有适当的通风,保持良好的湿度控制。

(2) 仔猪进食不积极时不要降低晚间的温度。升高温度在某种程度上可以补偿一些较虚弱的仔猪采食量的降低(低能量摄入)。

(3) 降低的温度不能比日间推荐温度低5.5℃以上。不要降低最低的通风率。

(4) 仔细观察仔猪。如果发现任何疾病或生产性能降低的征兆,应立即将温度调回到推荐的温度。

(三) 通风和湿度

适当的通风对于冬天与夏天是同样重要的。通风是降低湿度和减少呼吸道疾病的必要条件。通风可以降低空气传播微生物的数量,也能使致病的可能性最小化。这就验证了夏天相对于冬天呼吸道感染较少的原因。冬天在一间封闭式通风的猪舍中,其空气传播微生物的数量可能是炎热夏天通风猪舍中的5 000~10 000倍。

相对湿度是另一个关键的因素。空气传播的微生物需要潮湿的条件赖以存活。只要将猪舍内相对湿度降低10%就可以杀死空气中一半的微生物。在冬天,猪舍的通风设备应能够将相对湿度调整在65%~75%以使呼吸道疾病的危险最小化。相对湿度低于65%时并不能促进呼吸道的健康,相反会加大热量损失。

对仔猪来说,常温下适当的风速应该在1.5~6m/min。在寒冷的地区,空气进入猪舍前应在走道或屋顶被预热。但是,普通的走道往往会带给猪舍间相互感染的危险。

(四) 生物安全措施

采用隔离早期断奶的猪群,应该严格执行生物安全措施。当隔离群的仔猪从产仔舍转移到保育舍最终到生长—育肥舍时,必须防止病原体侵入高度健康的猪群环境中。这些早期断奶猪对感染非常敏感。生物安全具体措施如下:

(1) 所有的猪舍必须用高压水龙头彻底清洗干净,猪舍中所有的工具,如电扇、料槽、扫帚等都必须清洗。

(2) 猪舍必须用能杀死主要病原体的广谱消毒剂消毒。

(3) 猪舍间互不相通,以避免大、小猪间的交叉感染。不建议在猪舍下面建粪池。

(4) 当不同日龄的猪养在同一猪场时,对猪的看护(喂料、打扫)必须从最健康的猪开始(通常是最小的猪)。在衣服、靴子未经清洗和消毒前,不可以从大猪舍再回到小猪舍。

(5) 工人进猪舍时必须始终穿干净的衣服和靴子。与育肥猪或种猪接触过的人,必须洗澡后方可进入早期断奶猪舍或生长—育肥舍。

(6) 保证猪场人员不与外面的猪群接触,非猪场人员不得进入猪场。参观者必须遵守猪场各条规则。

(7) 与其他养猪单元离得越远越好,早期断奶猪舍应建在离母猪舍至少100m远的上风处,因为这些猪仅在这部分猪舍中饲养3个月,这个隔离距离可以满足维持猪生长期健康状况的需要,增加种猪舍与保育舍之间的距离将减少疾病传播的危险。因此,这个距离应视具体情况而定。

(8) 采取积极的措施控制老鼠、苍蝇和流浪的动物。一旦出现老鼠,应使用灭鼠药或利用防鼠猪舍来消灭或控制。

(9) 外界的车辆(如运饲料车)不得进入,除非经过清洗、消毒。

(10) 新引入猪群的种猪应隔离30～60天。

以上建议的生物安全措施不仅适合于隔离早期断奶猪,也适用于任何日龄的隔离饲养猪。任何降低生物安全性的做法都将增加疾病传播的危险性,或失去采用隔离饲养的优越性。

模块四 培育SPF猪

任务一 了解SPF猪的生产概况

一、国际SPF猪产业发展概况

SPF技术起源于20世纪50年代的美国,内布拉斯加州的一位兽医Young首先提出了SPF的概念,并生产出了SPF猪,当时建立SPF猪的目的是生产健康的实验动物。美国于20世纪60年代推行SPF计划,并建立SPF猪审定协会。1962年,日本农林水产省的波岗博士着手该项研究,1990 年后开始研究对 SPF 猪场的认定制度,成立了认定委员会。到目前为止,日本饲养 SPF 猪的农场有 300 个,并建立了一整套的组织管理机构和制度。丹麦已有 275 个 SPF 核心群及种猪群。养猪业已成为丹麦出口创汇的主导行业,是丹麦不可或缺的经济支柱。

二、我国 SPF 猪生产研发现状

我国从 1988 年起开始为建立 SPF 猪生产系统,并进行了初步探索。北京市 SPF 猪育种管理中心(简称 SPF 中心)是全国唯一一家从事 SPF 猪系统研究和开发推广的单位。该中心于 1988 年开始筹建,是国家科学委员会“七五”重点攻关项目,与中国农业大学、中国农科院、中国兽药监察所等科研单位合作实施,并从丹麦、美国引进技术和设备,1992 年该项目通过国家科学委员会验收并获北京市科技进步二等奖。近 10 年来,该中心又进行了大量的相关软科学研究,实践证明是成功的,由试验到生产摸索出适合我国国情的 SPF 猪实验室监测、仔猪获取、隔离寄养、性能测定、SPF 猪核心群选育和扩繁以及相关配套技术标准等为一体的完整的 SPF 猪应用技术体系。多年来,该中心已为母猪实施剖宫产手术 208 例(图 4-4),成功率可达 99.5% ,已生产 SPF 猪 2 万头,其中销售种猪 3 000 余头,近期在超市挂牌试销售 SPF 猪肉 14.6 吨,售价比普通猪肉高一倍。

我国 SPF 中心参与起草了于 2004 年发布的《猪用手术隔离器》和《猪用寄养隔离器》行业标准;2005 年,SPF 中心起草的《中国 SPF 猪病原的控制与监测》国家标准通过了国家标准化管理委员会的审查。

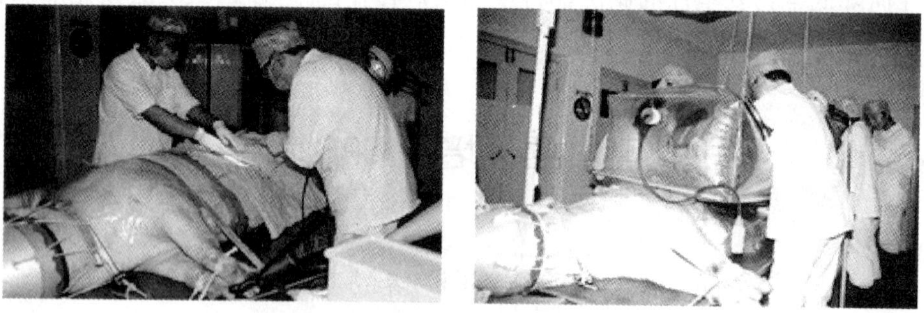

图 4-4　猪剖宫产手术

任务二　获得SPF猪群

一、SPF 猪的概念

SPF（specific, pathogen, free）猪是指猪群无某种特定病原体疾病和寄生虫疾病，猪群呈明显的健康状态。现在通常是指无猪气喘病、萎缩性鼻炎、猪痢疾和猪弓形虫等病。据美国 SPF 计划创始人 Young 博士称：SPF 猪是对妊娠末期的健康母猪通过子宫切除或子宫切开手术获取仔猪，在无菌环境中饲喂超高温消毒牛奶，在此期间，给仔猪接种乳酸杆菌，增强其消化功能，21 天后转入环境适应间饲养 4～6 周，使其产生对环境的适应能力后转入严格卫生管理的猪场育成，这样育成的猪称为初级 SPF 猪。初级 SPF 猪正常配种繁殖生产的后代称为二级 SPF 猪。此方法的主要依据是利用胎盘的屏障作用净化不能通过胎盘垂直感染的各种疾病，从而生产高度健康的猪群。SPF 猪通过不断推广辐射，建立起 SPF 猪生产体系，并辅以专门的屠宰加工和物流配送，形成 SPF 猪产业化。

二、SPF 猪群的获得

初级 SPF 仔猪可以通过剖腹取胎和无菌接产两种方法得到。

（　）剖腹取胎法

从母猪体内取出胎儿有子宫切除和子宫切开两种方法。

1. 子宫切除法

子宫切除法是将妊娠 112 天或 113 天的母猪进行体表消毒后，处死母猪取出带有仔猪的子宫，浸在消毒液中，并迅速移至无菌室内切开子宫取出仔猪。

2. 子宫切开法

子宫切开法是不摘除子宫，将母猪麻醉后，剖腹切开子宫，取出仔猪，尽快让母猪切口愈合。

不管用哪种方法取出的仔猪，都要在恒温环境中人工哺育长大，并在隔离环境中繁殖后代，以育成 SPF 猪群。此法可使仔猪尽快地保持无菌，在以后的严格哺育环境中可有效地消除猪喘气病、猪萎缩性鼻炎、仔猪红痢和弓形体等四大慢性传染病的感染，这种生产方式成功率高，但需要特殊的设备，技术性较强，牺牲了母猪，减少了母猪的利用年限，生产成本高。通过对剖宫产前的母猪严格检验，可排除猪瘟、猪细小病毒、猪伪狂犬病病毒、猪蓝耳病病毒、猪传染性胃肠炎病毒等病毒的传播机会。

（二）无菌接产法

母猪自然分娩时，将母猪后躯及产道消毒后用人工接产获得仔猪。对妊娠母猪要选择食欲正常、健康和生产性能高的个体。

具体的接产方法是:事先准备好经过严格消毒的产房,临产前将母猪体表用温水清洗,并用0.2%的新洁尔灭消毒,再用灌肠器将新洁尔灭溶液反复冲洗阴道,然后让母猪卧于消毒后的塑料布上进行接产。接产人员要穿无菌工作服,并浸泡消毒双手。

仔猪出生后不接触地面,接产后直接放入事先消毒好的容器内,迅速送至哺乳室,用消毒溶液擦洗全身,放在哺乳室内人工哺乳。

这种方法由于对母猪分娩准确预测的困难,以及参与接产者对分娩的干扰,实际操作有较大困难。更重要的是,很难控制仔猪一点也不被污染。由于建立一个原代SPF猪群相当昂贵,万一在接产过程出现问题,则会导致失败。因此,接产时要有一套严密的消毒制度,将产房、母猪、用具及哺乳室和工作人员的工作服和双手严格消毒,不能掉以轻心。通过严格的环境卫生控制措施,避免由鼠、鸟传播的鼠疫、乙脑、弓形体等疾病和旋毛虫、蛔虫、虱、螨等多种体内外寄生虫性疾病。通过严格的消毒卫生防疫措施切断外部疾病的传播途径,并对SPF猪群定期化验监测,以保持SPF猪群稳定的健康状态。

任务三　探究SPF猪的饲养管理技术

一、SPF猪的饲养技术

(一)营养特点

仔猪出生经擦干断脐带后,立即送至人工哺乳室进行喂养。人工乳是仔猪营养的唯一来源,配制适宜的人工乳是培育SPF猪成功的保证,也是建立无特定病原猪群的关键措施。配制人工乳要以猪乳的成分及性质以及仔猪的消化能力和发育规律为依据,考虑人工乳的营养性、消化性、适口性及抗病效能等问题。

1. 营养全面

人工乳的成分要与母乳相似,母乳的成分不是一成不变的。初乳含干物质和蛋白质特别高,并含有丰富的免疫抗体,3天后乳的成分接近常乳,但和牛、羊乳比较,含脂肪丰富,蛋白质相对较少。因此,在设计人工乳时,即使以牛、羊乳为基础,还需要补加脂肪和糖,以提高其含热量。人工乳中粗蛋白质的含量不宜过多,一般为16%~20%,因为初生仔猪的肾脏功能还不完善,人工乳中生理上多余的蛋白质要转化为尿素,从尿中排出,有加重肾脏的负担导致肾脏功能紊乱的危险,同时也会引起肠道内微生物区系的改变,增加大肠菌群的数量,减少对机体有益的菌群。对蛋白质不仅要求数量,更要注重蛋白质中必需氨基酸的平衡。仔猪出生后最初几天要给予初乳替代品,最好是补充猪免疫球蛋白,口服牛初乳往往无效。

2. 易于消化

初生仔猪对非猪乳原料的消化吸收能力差，配制人工乳必须选择合适的原料并添加适量的胃蛋白酶。由于小肠内蔗糖酶的分泌较少，故在前期的人工乳中不应使用蔗糖，以补加葡萄糖为宜，其次是麦芽糖。脂肪酶的活性在30日龄前也不发达。因此，在使用油脂时，以猪油为宜，其表观消化率为91.9%，人工乳中加入2.7%的猪油可满足仔猪的生长需要。

3. 适口性好

配制人工乳既要选择和母乳成分相近，且能供给仔猪完全营养的原料，更要注意其消化性和适口性。人工乳的营养价值再高，但适口性和消化性不好，仔猪不爱吃，或不能消化利用，也不是好的人工乳。特别是在配制补饲人工乳和母乳并存时，适口性尤为重要。脱脂奶粉和乳清粉口味好，炒大豆粉有香味，故仔猪喜食。小麦粉、大豆粉和鱼粉口味较差，应与适口性好的饲料配合使用。添加香味剂、甜味剂等是提高适口性的好方法。

4. 预防疾病功能强

初生SPF仔猪吃不到母猪初乳，人工乳中一定要补充猪免疫球蛋白，在人工乳中增加抗生素，可抑制肠内微生物区系中有害细菌的繁殖，并能防止肠壁增厚，有利于养分的吸收。另外，人工乳中可以添加抗氧化剂，以保证品质稳定，且易于保存。

（二）人工乳的配制

配方Ⅰ	牛乳或羊乳① 1 000mL	矿物质混合液② 5mL
	鸡蛋 1 个	鱼肝油③适量
	葡萄糖 20g	复合维生素 适量

注 ① 如用奶粉，可按1:9加水配成乳汁；②维生素D含量达到每毫升人工乳400IU；③矿物质混合液配方：水1 000mL，硫酸铜3.9g，硫酸亚铁49.8g，氯化锰3.9g，碘化钾0.26g

配方Ⅱ 详见表4-10。

表 4-10　仔猪人工乳配方

成分	用量	成分	用量
牛乳	1 000mL	维生素 A	125IU
鸡蛋	50g	维生素 B_1	260μg
葡萄糖	20g	维生素 B_2	330μg
琼脂	5g	维生素 B_6	130μg
碳酸氢钙	3g	维生素 B_{12}	2μg
硫酸亚铁	100mg	维生素 E	100μg
硫酸镁	300mg	维生素 K	2mg
硫酸铜	7mg	维生素 D_3	3IU
硫酸锰	16mg	烟酸	3mg
硫酸锌	43mg	泛酸钙	2mg
硫酸钴	0.9mg	叶酸	5μg
碘化钾	0.1mg	肌醇	26mg
盐	1.5g	对氨基苯甲酸	0.9mg

在配制人工乳时，先将牛乳煮沸消毒，待冷却至 40℃ 左右，加入葡萄糖和鲜鸡蛋、复合维生素、微量元素盐溶液和母猪血清，拌匀后装入瓶子，置于恒温水浴锅中备用。

（三）SPF 仔猪的喂养

仔猪在 3 日龄以内喂给奶牛初乳为主的人工乳，同时加喂猪的免疫球蛋白（也可以用自备的母猪血清代替），10 日龄后可以喂给仔猪诱食料。21 日龄后开始训练喂给混合料，45 日龄转喂糊状混合料，并逐渐改为湿拌料。仔猪饲喂制度见表 4-11。

表 4-11　仔猪饲养制度

日龄	0 ~ 3	4 ~ 5	6 ~ 8	9 ~ 11	12 ~ 14	15 ~ 17	18 ~ 21
日喂次数	20	18	16	15	14	12	10
日饮水次数	10	8	6	6	5	5	4
每头每日喂人工乳/mL	210	275	357	430	470	503	608
每头每日饮水量/mL	150	160	170	200	220	240	270
血清比例/%	20	15	14	10	5		
诱食料/%				2	5	10	15

二、SPF 猪的管理技术

（一）保温

人工哺乳室应保持适宜的温度。1 日龄 37℃，2～4 日龄 33℃，5～7 日龄 30℃～28℃，8～35 日龄 28℃～20℃。在饲养笼上 40cm 处安装红外线灯取暖。

（二）消毒

在笼上适当安装紫外线灯，对仔猪培育舍和所用喂食用具定期进行清洗消毒。

（三）疾病预防

SPF 猪群比较脆弱，环境一旦改变，易导致仔猪发热、厌食、腹泻等，大部分可以用抗生素治疗。为了避免以上问题的发生，应让仔猪逐渐适应新的环境。如果猪群中发生病原体侵入，会暴发严重的疾病，所以要使用免疫程序，实施严格的生物安全措施。

任务四 讨论实施 SPF 猪产业化的发展前景

20 世纪 50 年代，随着集约化养猪生产的发展，猪群数量增多，饲养密度增加，周转速度加快，制约养猪业发展的主要因素是疾病，特别是有些传染病，由于当时许多疾病还没有确切疗效的药物可供使用，疫苗免疫受本身效果、使用条件和方法的限制，控制疾病效果并不十分理想，并且有的传染病当时还没有疫苗可供免疫。于是美国兽医提出建立 SPF 猪，从而减少某些传染病的危害。到了 20 世纪末，随着我国生活水平的提高，人们对养猪业提出更高的要求，不仅要提高猪的生产性能和猪肉品质，而且要生产出优质、安全、放心猪肉，保证人类的健康。从国外的养猪历史来看，在实施 SPF 猪产业化以后，经过长时间的发展，猪病得到了很好的净化，养猪环境达到较洁净的程度，而且花费较低成本控制了一些猪的疾病，因此推进了 SPF 猪的产业化发展。

一、实施 SPF 猪产业化的意义

根据国内外 SPF 猪的生产经验，与普通猪群比较可以获得较好且稳定的成果：一是由于严格的疾病控制措施，SPF 猪不但可以消除特定的病原体，同时净化了绝大多数对人畜有害的病原微生物，SPF 猪肉是人类渴望食用的放心肉。二是能使耗料增重比降低 10%，日增重提高 10%，使兽医费用开支降低 30%。因此，减少了药物残留，并可以提高养猪经济效益。

（一）应用 SPF 猪生产技术，可有效控制疾病

由于现代规模化养猪密度增大，许多猪传染病的流行规律发生了很大的变化，如伪狂

犬病、萎缩性鼻炎、猪肺炎支原体病等,对养猪生产构成了极大的威胁。猪生长速度大大降低,饲料消耗增加。为了解决这一问题,养猪业先进的国家采用 SPF 技术,使猪的健康得到保障,提高了养猪业的生产水平和经济效益。

(二) 应用 SPF 猪生产技术,可产出放心猪肉产品

由于 SPF 猪无特定病原体、卫生状况好,保证了猪肉食品安全和人们的健康,符合现在和未来市场的需要。

随着人民生活质量的提高,人们对肉食品的质量和安全问题已经提上了议事日程,安全肉、绿色肉、有机肉的概念被越来越多的人接受,安全肉食品最首要解决的问题就是无病原和无药物残留。尤其是加入 WTO 以后,要发展猪肉的出口,最关键的是要解决猪肉有无病原的卫生问题。遗憾的是一些养猪企业的防疫观念比较淡漠,防治措施不力,常常发生人畜共患病原体感染的猪肉上市,给人民健康和生命安全带来了威胁,也给我国猪肉出口带来了负面的影响,影响了我国畜牧经济的发展。在北京肉食品市场上已经体现出了对进口或者国产的高质量、绿色食品具有较高的售价和旺盛的市场需求。而开展 SPF 技术正是针对提高猪只生产性能、猪群健康及其产品的质量和安全等问题提出的。实施 SPF 技术将会对生产安全猪肉、提高人民的生活质量和健康水平具有重要的意义。

(三) SPF 猪的猪肉不存在抗生素、重金属残留问题

SPF 猪肉降低了对人体的毒害,降低了对环境的污染,提高了人类的生存质量。常规的养猪生产,由于疾病的困扰,大量使用抗生素,高铜、高锌、高砷,而过量使用造成猪肉内这些抗生素和金属元素残留,会给人们的身体健康带来危害。实施 SPF 生产技术,由于猪体内病原少基本上不使用抗生素,也没有必要为防止猪的腹泻添加高铜、高锌、高砷,因而降低了对人体的毒害,降低了对环境的污染,提高了人类的生存质量。

二、SPF 猪产业化生产的前景

首先,SPF 猪技术的引进和试验生产的成功是一项科研成果,应将这项成果尽快转化为生产力,为我国养猪业的健康发展服务,使我国无论在种猪生产还是在猪肉产品加工方面,尽快实现与国际接轨,适应国际市场发展的需要。我国引进这项技术已十几年了,广大人民群众对健康食品的呼声又是那样强烈,所以应用 SPF 猪生产技术推进 SPF 猪产业化是非常紧迫的。

国际上发达国家从研究到实施 SPF 猪产业化,一般要经过 20 ~ 30 年的时间,进程的快慢取决于技术成熟过程、养殖者认知程度的提高、高层领导的决策等因素,如 SEW 技术。我国也急需经过 SPF 猪产业化发展过程来净化养猪大环境,然后再采取次级控制策略,保持猪的健康水平。

其次，SPF猪即“无特定病原猪”，通过实施严格的SPF猪技术体系，可以控制20多种传染病。推进SPF猪产业化，走健康发展之路十分必要。首先，应用SPF猪技术体系生产的猪肉，对人类健康有益，具有广阔的市场前景。其次，SPF猪及其产品不但降低了对人体的毒害，同时也降低了对环境的污染。第三，生产SPF猪可以使养猪总收益提高20%～30%。

模块五　防止僵猪的产生

僵猪是指久养不大、只吃不长、体重很小的猪，俗称“小老猪”“落脚猪”等。僵猪形成的原因较为复杂，一般情况是猪在生长发育的某一阶段受到某些不利因素的影响，如营养缺乏、患病等，发育变缓、停滞，形成各种类型的僵猪。

任务一　调查僵猪产生的危害及原因

一、僵猪对养猪业的危害

僵猪年龄虽然不大，但生长迟缓、背毛粗乱、曲背弓腰、精神呆滞、体形消瘦、体重轻，料肉比增高，生长速度缓慢，经济效益降低，影响养殖场的正常生产，严重危害养猪业的发展。据资料显示，养猪的饲料成本占总生产成本的60%～80%，因此，僵猪的产生对养猪业的危害是很大的。只有进行科学的饲养管理和采取及时有效的综合防治措施，才能杜绝僵猪的形成和最大限度地减少不必要的损失，提高养猪生产经济效益。

二、僵猪产生的原因

根据对僵猪形成情况的分析，其产生的原因很多，而且70%以上的僵猪都是由2个或2个以上的因素影响而造成的。原因主要有以下几种情况。

（一）胎僵

1. 胎儿期营养不足

母猪在妊娠期饲养不当，如饲养方式方法不当、营养不平衡等，导致母猪体内的营养供给不能满足胎儿发育的需要，致使胎儿生长发育受阻。

2. 后备种猪过早交配利用

后备种猪在经过4～6个月达到性成熟后，开始有发情表现。还需经过一段时间后达到体成熟，才可交配。若过早交配，因一方面母猪自身要生长，另一方面还要供给胎儿生长发育，生后仔猪适应性差，从而会导致僵猪。

3. 公、母猪年龄过大仍在利用

如果公、母猪年龄过大仍在利用，由于其各方面功能开始全面下降，特别是消化、吸收、运输营养的功能会大大降低，使胎儿得不到充分的营养，形成僵猪。

以上几种原因最终会使所生仔猪出生体重轻且体质弱，但实际情况应视品种而异。

（二）奶僵

奶僵就是因为仔猪吃奶少或吃不到奶而导致生长受阻。奶僵猪表现为哺乳期生长极缓，断乳时仔猪体重很轻，被毛粗乱。奶僵猪的形成主要是以下几种原因。

1. 母猪较瘦

母猪怀孕后期营养供应不足，产后母猪较瘦，泌乳能力差或缺乳。

2. 母猪过肥

妊娠母猪饲养不当，营养过剩，产后母猪过肥，导致奶汁过浓或奶少。

3. 母猪产褥热

接产时，由于消毒不彻底，方法不严谨，生产过程消毒不全面等，导致母猪产后无明显原因地发热，致使不能产奶或奶少。即使产奶，奶烫，生产上称为“火奶”，仔猪不吃。

4. 母猪乳房炎

哺乳母猪在哺乳期饲养管理不当，母猪被病原微生物感染或乳头被仔猪咬伤感染形成乳房炎，导致泌乳量少或无乳。

5. 仔猪出生后没有固定好乳头

仔猪出生后可自行固定乳头，但需要时间长，往往造成强者占有泌乳量高的中间及前排乳头，弱者被挤到泌乳量少的后排乳头，导致强者更强，弱者更弱，弱的仔猪将成为僵猪。

6. 没有及时进行寄养

母猪一般所生仔猪较多，超过其有效乳头数。母猪产后乳量不足或母猪产后死亡时，若不及时将仔猪部分或全部寄养出去（产期应相近，不超过3天为宜），会使仔猪因争吃乳头吃乳不足造成生长发育受阻。

（三）料僵

料僵是因为仔猪开食、补料不正确而导致生长发育受阻。仔猪开食补料过迟，消化功能得不到及时锻炼，会引起仔猪食欲不振、腹泻、消瘦，同时随着仔猪生长发育加快，母乳供应与仔猪营养需要形成矛盾。若不及时补料，就会阻碍仔猪发育，即使以后营养改善，也较难补偿。相反，仔猪开食补料过早，会引起不能消化或消化不良等现象发生。仔猪开食补料所用的饲料原料或加工方法不适宜，仔猪不喜欢吃等，都会使仔猪营养得不到及时补充而使生长发育受阻，形成僵猪。

（四）病僵

仔猪长期患病易导致病僵，痢疾是仔猪常见的导致病僵的疾病之一。其他还有仔猪感染伤寒、气喘病、蛔虫病、肺丝虫病、疥癣病、姜片虫、肾虫病及营养性贫血的侵袭得不到及时的治疗所致。尤其是寄生虫病引起的病僵占70%～80%。

（五）种僵

种僵的常见原因有两个：一是猪的品种问题；二是近交后代。近交是指公母猪与其共同祖先的总代数不超过6代而互相交配所生子女，近交系数大于0.78%。由于近交，所以生产性能衰退，表现为繁殖力减退，死胎、弱胎和畸形胎增多，生活力下降，适应性较差，体质转弱，生产力降低，导致后代生长受阻。

（六）断乳僵

仔猪断乳方法不当，断乳后饲养管理不善，饲料日粮配方不良，品种配合单一，营养价值低劣，难以满足仔猪生长发育的需要，特别是缺乏蛋白质、矿物质和维生素，致使断乳仔猪生长发育停滞。

任务二　预防僵猪的产生

在养猪生产实践中，僵猪的产生是受单一或多重因素影响而造成的，具体情况各异。要预防形成僵猪就必须根据不同时期的特点予以正确的饲养管理和护理。具体预防措施如下。

一、有计划地进行交配

定期轮调公猪，严格控制近亲繁殖，防止近交衰退，使群体近交增量控制在3%～4%以下。留作种用的小猪按公母、强弱分开饲养，避免过早初配，适时配种，一般本地母猪6～8月龄，国外品种母猪8～9月龄。不断更新猪群，及时淘汰哺乳性能差、年龄过大的母猪。确定合理利用年限，提高种猪品质。

二、加强母猪妊娠期饲养管理

根据妊娠期母猪的生理特点，按照营养标准需要，选择适宜的饲养方式，适当的运动，保证仔猪在胎儿期和哺乳期获得全面营养，使仔猪充分地生长发育。

三、提高母猪的泌乳性能

母猪泌乳量的高低，对仔猪的成活、断乳重及抗病力均有很大的影响。通过母猪产前减料、产后逐渐加料，适当增喂青绿多汁饲料，补喂豆浆、糠、红糖、小鱼、小虾和煮熟胎衣等动物性饲料，创造良好的生活条件，分娩前后按摩母猪乳房或使用中草药健胃催乳等办法可提高母猪泌乳量，保证仔猪吃到量多质优的乳汁。

四、抓好人工固定乳头、寄养和开食补料工作

人工固定乳头一般采取“抓两头、顾中间”的办法，原则是把一窝中最强、最弱和最爱抢乳头的仔猪控制住，强制它吃指定的乳头，其他仔猪则自己去选吸乳头。当仔猪生后8～10天时母猪吃料时会抗过去拱料，则表明对饲料有兴趣时，即可进行补料。所补饲料应由粒到粉，由干到湿，由少到多，由细到粗，以缓解营养需要与母乳供应之矛盾，并建立“免疫耐受力”。仔猪断乳前至少需采食600g开食料，才能使消化系统耐受日粮刺激，防止肠道一直处于“免疫反应”状态，减少断乳后严重腹泻的发生。

五、做好哺乳仔猪断乳工作

做到维持原圈管理，维持原来饲料与饲养方式。在实际生产中，断乳的方法和时间可根据猪场性质、生产条件、仔猪生长发育和用途、母猪情况和饲养条件而选择。断乳仔猪日粮中粗蛋白含量应不低于16%，碳水化合物应限量饲喂，并保证饲料的适口性；注意进行合理分群，保持适宜饲养密度，创造良好的生活条件。

六、制订疾病防控计划

采取注射疫苗、补充维生素、防寒保暖等综合技术措施，防止仔猪下痢、营养性贫血等疾病的发生。

七、加强猪场组织管理

制订严格的人事管理制度和技术操作规程，树立爱岗敬业的风气，增强工作责任心。同时应搞好猪场消毒卫生、防病等工作。

任务三　研究脱僵的措施

在养猪生产实践中，一旦出现僵猪，应根据出现的年龄、季节及特征等进行具体分析，找出致僵的原因，进行单独饲养，及时治疗，促进机体生理功能的调整，恢复正常生长发育，减少经济损失。脱僵可主要从以下几个方面着手。

一、调整日粮结构，改善营养水平

主要供给粗蛋白质含量高、矿物质和维生素含量丰富的饲料，每天饲料的给量以猪吃完不剩为宜。先投精料后喂青绿饲料。参考日粮配方：玉米45%、麦麸12%、小麦10%、黄豆8%、豌豆5%、菜籽饼15%、鱼粉3%、维生素添加剂1%、微量元素添加剂0.5%、食盐0.3%。

二、进行洗胃、健胃，增强僵猪的食欲和消化功能

对每头猪用小苏打片15～20g拌入饲料中喂，猪每10kg加大黄苏打片2片，分3次拌入饲料中喂。

三、补充微量成分

对因缺乏营养的僵猪，主要从改善饲养管理，增加精料和动物性饲料着手，保持营养供给的平衡，如注射维生素 B_2 12～15μg、肌苷0.05 mL，1周后再一次肌注维生素 B_{12} 12～15μg、肌苷0.05mL、三磷酸腺苷钠0.05mL。此外还要深部肌注牲血素2～3mL。

四、驱虫

仔猪期间要进行2次驱虫（驱虫最好在晚上进行，投药前应停食一顿），中间间隔7～10天，用左旋咪唑，按25mg/kg体重服用，或用丙硫咪唑按15mg/kg体重服用。体外寄生虫可用阿维菌素或伊维菌素拌料或注射驱杀。

五、中药治疗

中药治疗的参考配方如下：

（1）枳实、厚朴、大黄、甘草、苍术各50g，硫酸锌、硫酸亚铁、硫酸铜各5g混匀，按每千克体重0.3～0.5g喂饲，每天2次，连喂3～5天。

（2）蛋壳粉50g，骨粉100g，苍术、松针粉各20～30g，磷酸氢钙10～20g，食盐5～10g，研细混匀，分3次拌料喂服。

项目五

育肥猪的生产

仔猪断奶后有两条去路:一是种猪发展方向,二是生长育肥。饲养生长育肥猪是养猪生产的最后一个环节,可为种猪生产和育成猪及后备猪培育的成果提供检验的依据,同时为人类提供商品育肥猪,这也是养猪的终极目的。在一个集约化养猪场中,生长育肥猪头数一般占50%~60%,其消耗的饲料占各类猪总耗料量的75%左右。所以,生长育肥猪的生产性能的高低是影响猪场经济效益的主要因素。饲养生长育肥猪的生产目标是:用最少的劳动力,在较短的时间内,生产出数量多、质量优、成本低的猪肉。

模块一　育肥猪生产前的准备

任务一　了解生长育肥猪的生长发育规律

一、体重的增长

一般体重的增长是"慢—快—慢"的趋势。由于品种、营养和饲养管理的差异,不同猪的绝对生长和相对生长不尽相同,但其增长规律是一致的。

在正常的饲养条件下,初生仔猪的体重为1.0~1.2kg,7日龄内日增重为110~180g;2月龄体重为17~20kg,日增重为450~500g;3月龄体重为35~38kg,日增重为550~600g;4月龄体重为55~60kg,日增重为700~800g;5~6月龄体重为70~100kg,日增重为700g左右。肉猪在4月龄左右为生长速度最快的时期,是肉猪体重增长的最关键时期,肉猪体重的75%要在110天内完成。

生长育肥猪的生长强度也可以用相对生长速度来表示。年龄(体重)越小,生长强度越大，随着年龄（体重）的增长（增加），相对生长速度逐渐减慢。

因此，生产者必须掌握和利用肉猪增重的规律，在生产中抓好育肥猪生长转折点的饲养管理工作，尤其是利用好在生长阶段较大的生长强度，以保证其最快生长，提早出栏，提高饲料的转化效率。

二、育肥猪体组织的生长

育肥猪的骨骼、皮肤、肌肉、脂肪的生长是有一定规律的（图 5-1）。随着年龄的增长，胴体中水分和灰分的含量明显减少，蛋白质仅有轻度下降，活重达到 50kg 以后，脂肪急剧上升。骨骼从生后 2～3 月龄开始到体重 30～40kg 是快速生长时期，随后生长强度下降；皮肤在 6 月龄前生长最快，其后稳定；脂肪的生长与肌肉刚好相反，体重在 70kg 以前增长较慢，70kg 以后增长最快。综合起来，就是通常所说的“小猪长骨，中猪长皮（指肚皮），大猪长肉，肥猪长油（脂肪）”。虽然因猪的品种、饲养营养与管理水平不同，几种组织生长强度有所差异，但基本上表现出一致性的规律。肉猪生产利用这个规律，生长肉猪前期（60～70kg 活重）给予高营养水平，注意日粮中氨基酸的含量及其生物学价值，促进骨骼和肌肉的快速发育，后期（70kg 活重以上）适当限饲以减少脂肪的沉积，既可防止饲料的浪费，又可提高胴体品质和肉质。

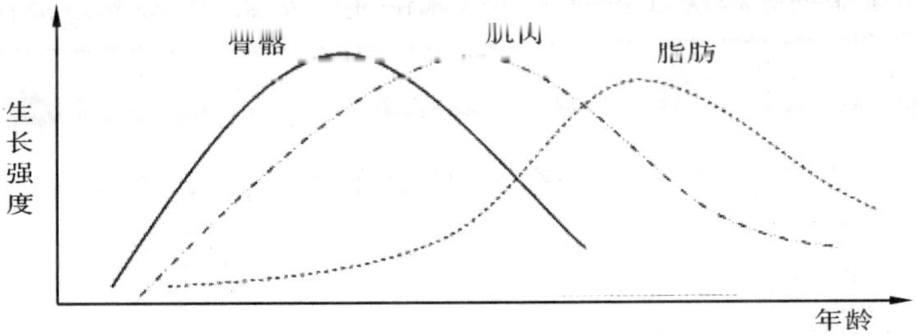

图 5-1　育肥猪体组织生长规律

三、育肥猪机体化学成分的变化

随着肉猪各体组织及增重的变化，猪体的化学成分也呈一定规律性的变化，即随着年龄的增长和体重的增加，机体的水分、蛋白质和灰分相对含量下降，而脂肪相对含量则迅速增长（表 5-1）。瘦肉型猪体重 45kg 以后，蛋白质和灰分是相当稳定的。如体重为 10kg 时，猪体组织内水分含量为 73% 左右，蛋白质含量为 17%；到体重为 100kg 时，猪体组织内水分含量只有 49%，蛋白质含量只有 12%。初生仔猪体内脂肪含量只有 2.5%，到体重 100kg 时含量可达 30% 左右。

表 5-1 猪体化学成分的变化

日龄或体重	猪数/头	水分/%	脂肪/%	蛋白质/%	矿物质/%
初生	3	79.95	2.45	16.25	4.06
25 日龄	5	70.67	9.74	16.56	3.06
45kg	60	66.76	16.16	14.94	3.12
68kg	6	56.07	29.08	14.03	2.85
90kg	12	53.09	28.54	14.48	2.66
114kg	40	51.28	32.14	13.37	2.75
136kg	10	42.48	42.64	11.63	2.06

引自:山西农业大学,江苏农学院主编.养猪学,1982

从上表可以看出:生长育肥猪体内水分和脂肪的含量变化最大,而蛋白质和矿物质的含量变化较小。育肥猪与后备猪相比,随年龄增长,体内水分含量减少和脂肪含量增加的变化更快。从增长成分看,年龄越大,则增重部分所含水分愈少,含脂肪愈多。

猪体化学成分变化的内在规律,是制定商品瘦肉猪体不同体重时期最佳营养水平和科学饲养技术措施的理论依据。掌握肉猪的生长发育规律后,就可以在其生长不同阶段控制营养水平,加速或抑制猪体某些部位和组织的生长发育,以改变猪的体型结构、生产性能和胴体结构、胴体品质。

任务二 做好育肥前的准备工作

一、圈舍的准备

(一) 育肥猪舍设计

1. 具有一定的防寒隔热性能、适当密度、清洁可躺卧的床面

现代养猪不管规模大小都是常年饲养,这就需要注意四季不同的气温对育肥猪生产性能的影响。一般春、秋季节的气温对生产的影响小,冬、夏季节影响大,过高或过低的气温都会使增重速度降低、饲料的利用率下降和猪的发病率升高,导致生产效益大幅度下降。因此,在设计育肥猪圈舍时,应充分考虑冬季防寒、夏季防暑的要求。要求夏季通风良好、没有阳光直射,温度最好控制在30℃以下,必要时应采取喷雾降温;冬季温度要控制在10℃以上。

猪群适当密度对于养好育肥猪是非常重要的。适宜的密度使猪只容易形成强弱次

序,不持续出现相互攻击现象;使猪群容易形成定点排便的好习惯;有利于冬季保暖和夏季防暑。因此,设计育肥猪圈舍时,应合理安排圈舍面积及每圈猪数。一般每头占猪床面积不小于 $0.9m^2$,每圈猪数不超过12头。

育肥猪应有足够的躺卧休息时间,这有利于猪的增重和健康,也有利于减少饲料消耗。因此,应为猪考虑适合躺卧的床面,即床面应有一定坡度,以便于排水、保持干燥,但坡度又不能过大,一般不超过2%~3%;如果条件不是很好,漏缝地板面积所占比例不要太大;冬季如果有垫料,最好不要让猪直接躺卧水泥地面。

2. 供给清洁的饮水

充足、清洁的饮水是育肥猪生长发育,取得良好生产性能的必要条件。因此,圈舍设计应充分考虑这一需要,同时不会造成水资源浪费和圈舍潮湿、污秽。目前猪场广泛使用的自动供水系统是很值得借鉴的。这个系统由水塔或水罐、管道、自动饮水器组成,用少量投资即可使猪群得到充足清洁的饮水,但应考虑冬季防冻。

3. 便于育肥猪采食,但又不浪费饲料

猪只有获得应有的饲料,才能达到理想的增重。猪群能否充分获得采食的关键因素是食槽的宽度(或槽位多少)及饲喂时间的长短。如果采用自由采食,可每2~3头猪设置一个槽位;如果分顿饲喂,则应每头猪有一个30cm的槽位。饲料浪费多少,最重要的因素是饲槽设计是否合理。一般应考虑栏外加料,栏内采食。食槽内沿低,外沿高,槽上设置防拱护栏。根据猪体大小确定饲槽的深度(一般25cm左右),可以购买适用的成品水泥或金属制作的食槽。

4. 节约用水,有效清理粪尿

圈舍的设计应尽量少用水,其至少有两项优点:一是节约水资源,尤其是我国北方,水是非常短缺和宝贵的资源;二是少污染,同时也可减少污水处理费用。所以尽量使用小粪沟排污,结合人工清粪(或机械刮粪)。

(二) 消毒

消毒是对已污染的环境所采取的必要的补救措施,而没有预防环境污染的作用,更不可能对疾病的治疗有任何的意义。因此,尽可能地减少污染和控制污染源才是唯一有效的方法。

消毒方法有许多种。实践证明,"八步消毒法"即一清二洗三泡四除残,五雾六白七熏八空舍,是较好的消毒方法之一。

"一清"是指彻底清扫猪舍内各种污染物,特别是一些死角,甚至需要拆卸设备、搬动漏粪板,还包括屋顶、窗户上的蜘蛛网、灰尘等。

"二洗"就是对猪舍地面、墙壁、不可拆卸设备进行冲洗和刷洗。

“三泡”是对地面进行浅水消毒液(2%的氢氧化钠)浸泡,至少保持24h,这与猪舍建筑设计时有没有考虑地面浸泡消毒措施有关。很多养猪场这个程序没有办法做,如地面坡度过大、无法蓄水等。还有就是一些可拆卸的设备如产床扣板、保育床扣板、辅料槽、仔猪保温间垫板、麻袋片等,也必须用消毒液浸泡24h以上。

“四除残”就是对上述三步消毒措施后残留的消毒剂用大量水进行冲洗。

“五雾”是指在前四项措施的基础上做全面的雾化消毒,特别是屋顶和空气消毒,要求雾化效果好,这样消毒剂在空气中的停留时间会尽可能长。

“六白”是用石灰乳对猪接触到的墙壁、地面、料槽等进行刷白,就是把可能残留的有害病菌、病毒或寄生虫封杀掉。

“七熏”是关好门窗用甲醛溶液熏蒸消毒。

“八空舍”就是至少空舍1周以上才进猪。空舍的意义巨大,通过空舍可以净化某些疾病,尤其对呼吸道疾病的净化效果较好。

二、选择育肥仔猪

(一)选择性能优良的杂种猪

仔猪质量对育肥效果有很大的影响。在我国的肉猪生产中,大多利用二元或三元杂交(两洋一土)仔猪进行育肥,因为杂种猪具有生长速度快、饲料利用率高、体格健壮等优点。所用的二元杂种猪,大多是以我国地方猪种或培育猪种为母本,与引进的国外品种猪杂交产生的;三元杂种猪大多是以我国地方猪种或培养猪种为母本与引进的国外品种猪杂交产生的杂种一代母猪作母本,再与引进的国外瘦肉型品种作终端父本杂交而产生的。但不同杂交方式及不同环境条件下杂交效果不同,不同杂交组合的杂交效果也不同。在1983—1985年国家“六五”商品猪科技攻关研究中,对17个品种(系)的265个杂交组合在中等营养水平条件下进行了146批次试验,筛选出了8个立足于我国猪种资源利用和市场需求的优良杂交组合(表5-2)。我国各地区通过多年来的试验筛选和生产应用,也筛选出很适应各地条件的优良二元和三元杂交组合,生产中应根据条件选用。

表 5-2　“六五”国家攻关筛选的商品瘦肉猪杂交组合

父本	母本	平均日增重/g	料肉比	胴体瘦肉率/%	试验单位
大白猪	长白×北京黑	625	3.28:1	58.9	中国农业科学院畜牧研究所
杜洛克	长白×北京黑	626	3.10:1	57.6	北京市畜牧研究所
杜洛克	上海白	618	3.38:1	57.9	上海市畜牧研究所
杜洛克	湖北白	611	3.39:1	62.1	华中农业大学
杜洛克	浙江中白	594	2.99:1	61.5	浙江省畜牧研究所
杜洛克	长白×嘉兴黑	562	3.36:1	56.4	浙江省畜牧研究所
杜洛克	长白×太湖	630	3.15:1	58.0	南京农业大学等
杜洛克	三江白	601	3.11:1	62.3	东北农业大学

目前在我国许多猪场采用“洋三元”杂交(三个国外品种猪之间杂交),其杂种猪生长快、瘦肉率高,饲料利用率高,但肉质差。因此,从生产优质猪肉角度出发,在杂交组合中适当安排我国地方猪种参与杂交很有必要。在环境条件一致的情况下,杂种猪的日增重可提高10% ~20%,饲料转化率可提高5% ~10%,胴体瘦肉率可达到50%以上。三元杂交比二元杂交效果更为显著,这主要是利用了杂种一代母猪的杂种优势,以及与第二父本具有较好的配合力所致。

选择合适的杂交组合,对于自繁自养的养猪场来说比较容易做到,在进行商品仔猪生产时只要选择好杂交用亲本品种(系),然后按相应的杂交配套体系进行杂交就可以获得相应的杂种仔猪。但对于从交易市场购买仔猪的生产者来说,选择合适杂交组合的难度就大一些,风险也较大。在我国广大农村饲养的一部分肉猪却是来源不清、血统混杂的“杂种猪”,还有一部分是以纯种来进行生产。显然,这两种情况都不能获得杂种优势,有时(血统混杂的“杂种猪”)还有可能产生劣势,这是养猪生产水平低的一个重要原因。

(二) 选择初生重和断乳重较大的个体

猪的日增重除了受猪的遗传因素、饲养营养水平和生产管理水平影响外,还与初生重有关。在正常情况下,仔猪的初生重、断乳重与育肥效果之间存在正相关的联系。即初生重越大,仔猪生活力越强,体格越健壮,生长越快,断乳重也越大。而断乳重越大,则转群时体重就越大,饲料利用率越高,育肥效果好。

据郭传甲等研究,初生重0.6 ~0.8kg 的仔猪,45 日龄断奶重为6.8kg,断奶至20kg 期间的日增重为244.1g;而初生重1.0 ~1.3kg 的仔猪,45 日龄断奶重为8.3kg,断奶至20kg 期间的日增重为314.1g。从目前的饲养管理水平出发,在育肥猪生产中,仔猪35 日龄断奶体重应达8 ~9kg,70 日龄转群时体重应达25kg 左右。因此,生产中应重视亲本的选择，加强妊娠母猪的饲养管理，科学的接产与护理，使仔猪得到充分的生长发育，从而提高仔猪的初生重和断乳重，达到提高育肥效果的目的。

提高同窝仔猪及同一杂交组合下所产仔猪的整齐度，有利于生长育肥猪的生产。育肥猪是群饲，育肥开始时群内均匀性越好，越有利于饲养管理，育肥效果越好。因此，无论从提高断乳重，还是从提高均匀度考虑，都必须加强哺乳仔猪的培育，为肉猪的育肥打下良好的基础。

（三）健康

仔猪眼大有神，反应敏捷，行走轻健，见生人接近，会警视地凝望四周；喂食时，表现有饥饿感、喊叫，争先恐后地抢食吃，嘴巴伸入槽底，大口吞食，并发出有节奏的清脆的嗄声响，吃食快而有力，时间不长就腹部圆满，离槽而去；在采食后会有规律地饮水，边吃边喝是不良习性；健康仔猪呼吸深长、平和，气流均匀，呼出的气不烫手，呈现胸腹式呼吸，每分钟 10～20 次；猪粪成团松散，尿为淡色或淡黄色；被毛整齐、细密、平顺、有光泽，皮肤干净；尾巴摆动不停，鼻尖潮湿；病态猪尾巴下垂，鼻尖干燥；用手摸猪耳朵根，手感不冷不热者为健康猪，手感烫或凉者为病态猪；仔猪叫声清脆者为健康猪，叫声嘶哑或无力者为病态猪。

（四）选择体型

选择瘦肉型仔猪，应是头小、肩轻、中躯长，前胸宽，嘴中等长，后躯发达，腿肌丰满，四肢较长，粗壮而有力，体长与体宽比例合理。

三、驱虫

（一）寄生虫对育肥猪的危害

能感染猪的寄生虫约有 65 种，分体内寄生虫和体外寄生虫两大类，无论体内寄生虫还是体外寄生虫，它们在致病过程中所产生的症状及危害都是渐进的、缓慢的。寄生虫的直接危害有：掠夺猪的营养；破坏猪体组织，产生毒素；饲料利用率降低，生长速度下降；易继发细菌感染，造成疾病使诊断困难；死亡率低，严重时会引起死亡。寄生虫感染可使育肥猪生长速度下降 8%～15%，饲料利用率下降 13%～25%，严重时会形成“僵猪”，对经济效益影响极大。

（二）寄生虫防治的原则

1. 以流行病学为基础，制定适当的防治对策

寄生虫感染都需传染源、传播途径和易感动物这三个环节才能建立完整的生活史，如消灭或减少传染源，阻断传播途径，保护好易感动物，寄生虫感染就会大大减少。

2. 预防为主，防重于治

有些寄生虫（如猪疥螨）一旦感染，要根除就须付出很大的代价。饲养管理虽然不能

完全控制感染，但能减少感染。所以，在日常饲养管理中应防止虫卵或感染性虫卵污染饲料和饮水；加强猪舍卫生清洁工作，清除猪舍内的感染性虫卵，从传染源方面消除感染；采用先进隔离方式，减少感染猪与未感染猪之间互相接触的机会；采用“全进全出”的管理方式，早期隔离断奶饲养方式以及用条形猪舍地面替代水泥地面。实践已证实，这些先进管理和饲养方式可阻止寄生虫传播和污染环境，能有效地防止寄生虫感染猪。

3. 使用合适的抗寄生虫药物

采用高效、广谱、长效抗寄生虫药。以猪疥螨为例，因目前所有药物无法杀死虫卵，虫卵发育到成虫所需时间因气候及猪体内环境不同而不同，如所采用药物的药效持续时间短，短于疥螨的生活史，即使杀死了各期虫体，但药效结束后，虫卵又会孵化出新的幼虫而发生再感染现象，因此选用高效、广谱且长效的抗寄生虫药是控制疥螨感染和流行的关键。

4. 优化驱虫方案

母猪受孕分娩前驱虫一次，使出生后的小猪睡于无寄生虫的环境中；仔猪断奶保育后驱虫一次，防止生长育肥阶段感染寄生虫。

（三）驱虫措施

在猪的整个生长育肥期间，危害育肥猪的主要有猪蛔虫、姜片吸虫、疥螨和猪虱等体内外寄生虫，通常在90日龄进行第一次驱虫，隔一周再驱一次，必要时在135日龄左右再驱一次。驱虫可有效地提高生长育肥猪的增重和饲料利用率（表5-3）。

表5-3　驱虫对育肥猪日增重和饲料利用率的影响

项目	猪数	始重/kg	末重/kg	增重/kg	日增重/g	饲料/增重
驱虫组	10	18.6	98.4	79.8	453	3.54
对照组	10	17.3	87.5	70.2	398	3.85

引自：杨公社. 猪生产学，2002

驱除体内寄生虫时，可以选择：左旋咪唑（每千克体重10～15mg）、驱虫净（每千克体重20mg）、丙硫咪唑（每千克体重100mg）等，使用时任选一种，拌入饲料中一次喂服。值得注意的是：在喂服药物后，收集猪排出的粪便，堆积腐熟，杀死虫卵。为了保证驱除干净，应在1周后再驱一次。

驱除体表寄生虫，主要是疥螨和虱，常用敌百虫，配制成1.5%～2.0%的溶液喷洒体表，每天一次，连用3天。

近年来，高效、安全、广谱的抗寄生虫首选药物是伊维菌素或阿维菌素及其制剂，口服和注射均可，对猪的体内外寄生虫均有较好的驱除效果。其皮下注射用量为每千克体重0.3mg，2次用药时间间隔5天。口服用量为每千克体重20mg，连喂5～7天。

(四) 抗寄生虫药物进展

常用的抗寄生虫药物有:通灭、伊维菌素、丙硫咪唑、敌敌畏(口服)、左旋咪唑、噻嘧啶类等。20 世纪 80 年代以前,抗寄生虫药的功效是单一的,也就是抗寄生虫药不能同时抗体内和体外的寄生虫,因此,家畜驱虫计划必须分两步进行。80 年代后,大环内酯类抗寄生虫药,特别是阿夫曼菌素类药物的出现,用药后可以同时驱除家畜体内和体外的寄生虫。90 年代,美国辉瑞公司研制开发出新一代大环内酯类抗寄生虫药——通灭,其有效成分为多拉菌素,与伊维菌素类产品比较,其抗寄生虫范围更广泛、效果更好,而且预防寄生虫再感染的有效时间更长,这对防治疥螨尤为重要。

四、去势

(一) 去势的意义

去势就是通过手术的方法摘除公猪的睾丸和精索或母猪的卵巢和子宫角的过程。现代养猪生产的目的不仅要求猪长得快、饲料转化率高,而且需要商品猪的肉质要好。而公猪因含有雄烯酮和粪臭素,有难闻的膻气,影响猪肉的品质;母猪则因性成熟后会发情,食欲减退,影响增重。针对我国猪早熟的特点,供育肥的小公、母猪均以去势为宜。生产实践证明,去势的猪性情安静,食欲增强,增重加快,肉的品质得到改善;而国外的品种猪或杂种猪,性成熟较迟,因此幼母猪一般不去势就育肥,有时也将未去势的小公猪养至 90kg 左右尚未完全性成熟就上市。试验证明,在这种情况下,未去势的小公、母猪的生长比去势的小公、母猪快,对肉质也不产生影响。

近年来,集约化猪场一般只对小公猪去势而小母猪不去势。原因是目前所养的商品猪中,母猪在出栏前尚未达到性成熟。

(二) 去势的原则

宜早不宜迟、宜小不宜大。小公猪去势的时间一般在生后 7 日龄内或断奶前的 10 ~ 15 天。对小公猪应该早去势,因为去势早产生应激反应小,而且出血少,操作简单,伤口愈合快,不易受到感染。

(三) 去势方法

1. 公猪的去势

(1) 保定:将猪左侧横卧,背向术者。术者以左脚踩住颈部,右脚踩住尾根。

(2) 手术:双手、手术器械及手术部位按常规消毒。术者用左手腕部按压猪右侧大腿的后部使该肢向上紧靠腹壁,将术部充分显露。再用微曲的中指、食指和拇指捏住阴囊颈部,把睾丸推向阴囊底部,使阴囊皮肤紧张,将睾丸固定。术者右手持刀,沿阴囊缝际的外侧 1 ~2cm 切开皮肤和总鞘膜 2 ~3cm,挤出睾丸。左手握住睾丸,食指和拇指捏住鞘膜韧带与睾丸连接部，然后切断或用手扯断鞘膜韧带，再以右手向外牵引睾丸，左手把阴囊韧带和总鞘膜推向腹壁，用拇指和食指固定精索，右手放开睾丸，在睾丸上方 1 ~ 2 cm 处的精索上来回刮挫。亦可先捻转后刮挫一直到离断为止。然后再在阴囊缝际的另一侧 1 ~ 2cm 处重新打开一切口，同法除去睾丸。术后对术部涂碘酊，一般不缝合。

2. 母猪的去势

目前大都采用小挑花法（下腹部卵巢摘除术），适用于 15kg 以内的小母猪（图 5-2）。最好在清晨饲喂前手术，因饲喂后腹部膨满，按压不确实且容易冒出肠管。应选择清洁的场地和晴朗的天气进行手术，以防感染。

（1）保定：术者以左手提起小母猪的左后肢，右手抓住左膝前皱襞，使其右侧卧地。头在术者右侧，尾在术者左侧，背向术者。术者立即用右脚踩住猪的左侧颈部或右耳，脚跟着地，脚尖用力。并将左后肢向后伸直肢背侧面朝上，则猪的后驱即接近仰卧姿势。术者左脚踩住猪的左后肢附近。此时小猪则呈头颈胸部侧卧，腹部仰卧的姿势。猪的下颌部、左后肢的膝盖骨至蹄构成一条直线。术者呈“骑马蹲裆式”，使身体重心落在两脚上。小猪即被充分固定。

（2）手术：准确的确定手术部位是手术成败的重要环节之一。目前常用的方法是以左侧髋结节定位：术者以左手中指顶住左侧髋结节，然后以拇指压迫同侧腹壁，向中指顶住的左侧髋结节垂直方向用力压下去，使左手拇指所压迫的腹壁与中指顶住的髋结节尽可能的接近，使拇指和中指的连线与地面垂直，此时左手拇指端的压迫点即是术部。切口位置距左侧乳头 2 ~ 3cm。此切口部位也相当于从膝褶向腹中线引一条垂线，此垂线上 1/3与中 1/3 交界处，也就是距离乳头 2 ~ 3cm 处即为术部。根据猪体肥瘦、饥饱情况的不同，切口位置也略有不同。猪的营养良好，发育早，子宫角也相应地增长快而粗大，因而切口可稍偏前；猪的营养差，发育慢，子宫角也相应地增长慢而细小，因而切口稍偏后；饱饲而腹腔内容物增多时，切口可稍偏向腹侧；饥饿而腹腔空虚时，切口可适当偏向背侧。即所谓“肥朝前、瘦朝后、饱朝内、饥朝外”，术中要根据实际情况加以灵活掌握。

手术时，术部消毒后，将皮肤稍向侧方牵引。术者左手拇指用力按压在术部的稍外侧，压得愈紧离子宫角愈近，则手术愈容易成功。右手持刀用拇指与中食指控制刀刃的深度，用刀垂直切开皮肤，当刀一次切透腹壁各层组织时有一种对刀的抵抗力突然的空虚感，接着可沿刀的尖端向腹腔深部对侧楔形深入 1 ~ 1.5cm，也可轻轻在腹腔内作弧形滑动。随后子宫角即随腹水一起自动冒出体外。一次切透腹壁，子宫角即冒出于切口之外者称为“透花法”。亦可先用刀尖将术部皮肤切开 0.5 ~ 1cm，然后用刀柄钩端呈 45°角深入切口内。在小猪嚎叫时随腹压升高而适当用力透破腹壁基层和腹膜。左手拇指同时下压以增加腹压，子宫角即可冒出。当子宫角和卵巢冒出创口后，术者用右手拇指和食指捏住冒出来的子宫角或卵巢,用右手其他三个手指的背面紧紧压在腹壁上,以防止腹壁弹回,把已经冒出来的子宫角或卵巢抽回。然后用两手食指的第二指节的背面用力压迫腹壁,再用两手拇指交替捻导拉出两侧的子宫角、卵巢和子宫的一部分,亦可用两手其他三指的第一、二指节侧面交换压迫腹壁切口。再用两手拇指、食指交替拉出两侧子宫角,卵巢和子宫的一部分。然后以手指钝性挫断子宫体将两侧子宫角及卵巢一同摘除。切口可不必缝合,提起猪的后腿稍稍摆动一下,即可放开。

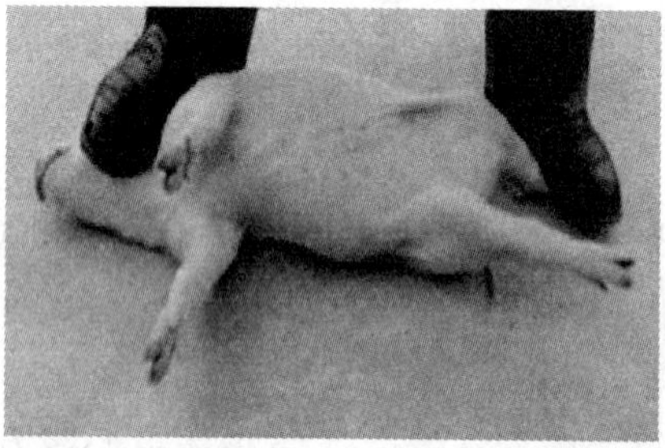
准备

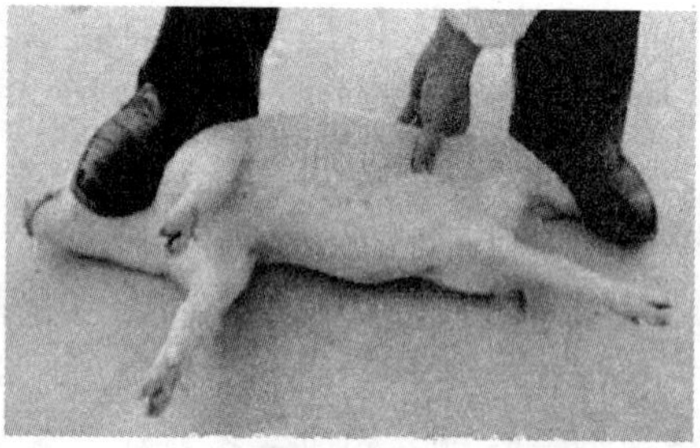
手术部位

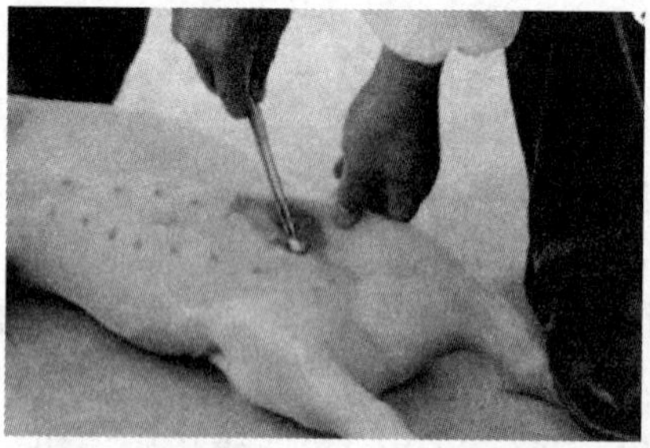
术部消毒

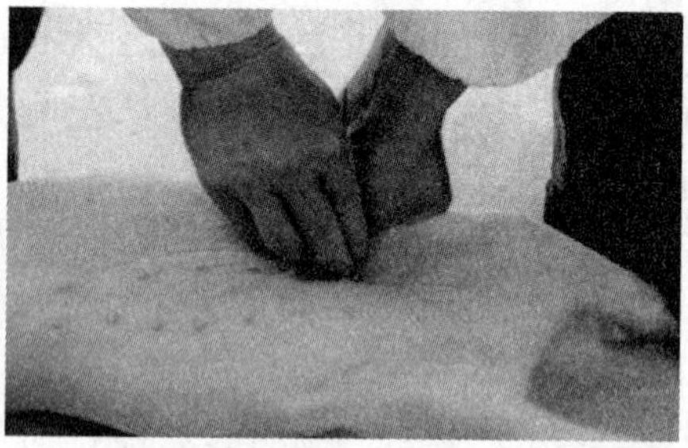
纵向切开腹部约 1cm

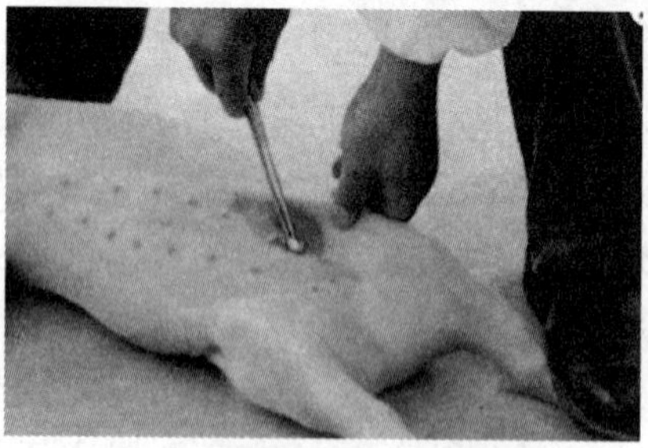
挤压卵巢、术后消毒

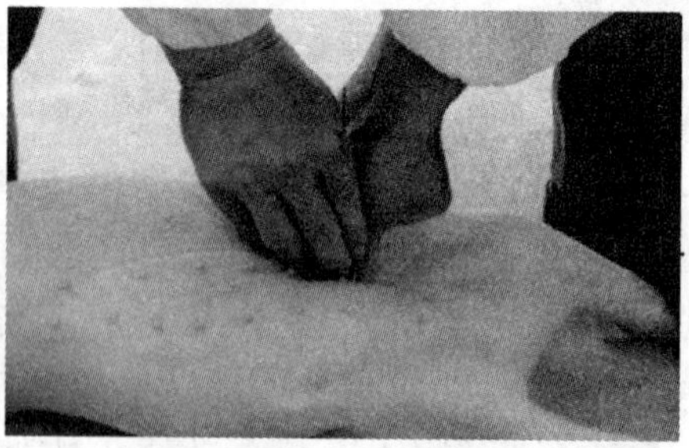
腹内松懈防止肠粘连

图 5-2　小挑花法母猪去势图示

（四）去势注意事项

1. 去势在7～10日龄进行为宜

去势过早，仔猪睾丸小且易碎，不易操作；去势过晚，不但出血多，伤口不易愈合，而且疼痛反应剧烈，影响仔猪的正常采食和生长。生产中许多人在仔猪15日龄去势，但此时去势不妥，因为仔猪15日龄时通过初乳获得的母源抗体开始下降，而仔猪自身的免疫机制尚未健全，处于免疫低谷，病原微生物极易通过伤口感染，引发疫病。7～10日龄的仔猪处于母源抗体的保护之中，此时去势易操作，应激反应相对比较小，出血量少，不易感染疫病。

2. 疫病流行期或有疫情威胁时不宜去势

仔猪去势本身是一种强烈的应激，会使仔猪的免疫力下降，周围病原微生物易通过伤口侵入，引起疫病的发生和流行。因此，仔猪在疫病流行期或有疫情威胁时不宜去势。

3. 防疫和去势不能同日进行

在仔猪去势的当天注射疫苗，往往会增强应激反应，诱使仔猪发病，使防疫起不到预期的效果，也可能导致防疫失败。

4. 不在阴雨天气去势

潮湿的环境有利于细菌繁殖。在阴雨天气去势，细菌极易通过刀口侵入猪体，引发疫病。

5. 病弱仔猪暂缓去势

弱小仔猪及患病仔猪的抵抗力、应激性均差，暂缓去势不但有利于快速恢复体能，而且可以避免因去势应激诱发疫病或死亡。

6. 注意严格消毒

在去势的前1天，对猪舍进行彻底消毒，可以减少环境中病原微生物的数量，减少病原微生物与刀口接触的机会。去势时先用5%碘酒消毒入刀部位的皮肤，防止病原微生物侵入，术后刀口部位撒上抗菌药物，防止感染发炎。

五、免疫接种

商品仔猪在70日龄前应完成各种疫苗的预防接种工作，猪群转入生长育肥舍后，直到出栏无需接种疫苗。因此，在仔猪进入生长育肥之前，必须制订合理的免疫程序（表5-4），认真做好预防接种工作，做到头头接种，防止漏免。

表 5-4　育肥猪 70 日龄前免疫程序表（仅供参考）

日龄	疫苗种类	方法与用量
10	猪败血性链球菌病活疫苗	皮注 1 头份
20	猪瘟活疫苗	皮(或肌)注 2 头份
35	仔猪副伤寒活疫苗	肌注(或口服)1 头份
50	猪丹毒猪肺疫二联活疫苗	肌注 1 头份
60	猪瘟活疫苗	注 2 头份
70	猪 O 型口蹄疫灭活疫苗	肌注 2mL

在生猪免疫注射时,应注意以下事项:①养猪场或养猪户在给猪免疫接种前,首先应对本地猪病流行的规律和情况进行调查研究,制订合理的免疫程序,做到有的放矢;②选购疫苗时,应根据饲养生猪的数量和疫苗的免疫期限制订疫苗用量计划,并到正规的畜牧部门选购疫苗。不购瓶壁破裂、瓶签不清或记载不详的疫苗,不购没有按要求保存和快到失效期的疫苗;③疫苗使用前应充分振荡,使沉淀物混合均匀。细看瓶签及使用说明,按要求剂量严格注射, 疫苗注射过多往往引起疫苗反应,过少则抗原不足,达不到预防效果。详细记录注射剂量、日期、疫苗产地、出厂时间等,防止漏记;④刚出生的仔猪可从母体获得母源抗体(如果母猪进行过产前免疫),能有效地抗病,除遇特殊情况(如超前免疫)外,一般不过早接种疫苗。如果过早地注射疫苗,一会导致仔猪免疫应答较差,二会干扰了母源抗体;⑤注射疫苗以后,仔猪需要一定的时间以产生抗体。如果两种疫苗同时注射,疫苗之间会互相干扰,影响抗体的形成,往往效果不佳。所以注射两种不同的疫苗,应间隔 5 ~7 天,最好 10 天以上;⑥注射疫苗时要做好充分的消毒准备,针头、注射器、镊子等必须事先消毒,准备好,酒精棉球须在 48h 前准备。免疫时,每注射一头猪要换一枚针头,以防针头带毒、带菌。同时,在猪群免疫注射前后,还要避免大搞消毒活动和使用抗菌药物。

有一些养猪场或养猪农户不是自繁自养,而是需要从外地购进仔猪进行育肥,外购仔猪时,一是尽可能从非疫区选购,二是选购的仔猪要有免疫接种和场地检疫证明,三是采用“窝选”,即选购体重大、群体发育整齐的整窝断奶仔猪。规模化猪场外购仔猪时,除了应注意上述问题外,应执行现行的《无公害食品　生猪饲养兽医防疫准则》(NY5031)的规定,并依据国家《动物防疫法》检测以下疾病:口蹄疫、水疱病、猪瘟、蓝耳病、伪狂犬病、乙型脑炎等。另外,购进仔猪后,要进行隔离观察 1 个月左右,应激期过后,根据本地区传染病流行情况进行一些传染病的免疫接种。

六、合理组群

合理组群生长育肥猪是集约化养殖场中有效利用圈舍建筑面积，提高劳动生产率，降低养猪生产成本的必要措施。通过组群，可以充分发挥和利用猪的合群性及采食竞争性的特点，促进猪的食欲，提高肉猪的增重效果。

（一）合理分群

1. 分群原则

将来源、体重、体况、性情和采食等方面相近的猪合群饲养，分群管理，分槽饲喂，以保证猪正常生长发育，同一群猪内体重相差不宜过大，小猪不超过 2 ~ 3kg，架子猪不超过 5kg 为好。分群后要保持相对稳定，一般不要随意变动。

2. 适宜密度

一般每头不断乳仔猪占圈栏面积 0.7m^2，育肥猪每头 1 ~ 1.2m^2。每群以 10 ~ 12 头为宜。冬季可适当提高饲养密度，夏季适当降低饲养密度。

3. 分群方法

在分群时，应尽量把品种类型一致、强弱程度相差较小、体重大小相近、习性相同的个体分为一群。有条件的按窝分群效果更好。分群后，要保持群体的相对稳定，避免频繁调进调出。通常分群后 2 ~ 3 天，便可形成新的群居秩序。

（二）及时调群

肉猪分群后，在短时间内会建立较为明显的群体位次，此时要尽可能地保持群体稳定。但经过一段时间的饲养后，应对猪群进行调整。调群适用于以下 3 种情况：一是群体内个体因增重速度不同而出现较明显的大小不均现象；二是猪群因体重增加而出现过于拥挤的现象；三是群内有的猪因疾病或其他原因已被隔离或转出。

调群可采用以下几种方法：

（1）留弱不留强：把较弱的猪留在原圈不动，较强的猪调出。

（2）拆多不拆少：把猪只少的留原圈不动，把头数多的并入头数少的猪群中。

（3）夜合昼不合：把并圈合群的猪喷洒同一种药，如酒精液，使彼此气味不易分辨，在夜间合群。

（4）同调新栏：两群猪头数相等，强弱相当，并群时同调到新的猪栏去。

（5）先熟后并：把两群猪同关在较大的运动场，3 ~ 7 天后再并群。

（6）饥拆饱并：猪在饥饿时拆群，并群后立即喂食，让猪吃饱喝足后各自安睡，互不侵犯。

（三）加强调教

1. “三点定位”

“三点定位”是指训练猪到固定地点吃食、睡觉和排泄的习惯，并形成条件反射。通常运用守候、勤赶、积粪、垫草等方法单独或几种同时使用进行调教。例如，当小猪调入新猪栏时，已消毒好的猪床铺上少量垫草，食槽放入饲料，并在指定排便处堆放少量粪便，然后将小猪赶入新猪栏。发现有的猪不在指定地点排便，应将其散拉的粪便铲到粪堆上，并结合守候和勤赶，这样，很快就会养成三点定位的习惯。

2. 防止强夺弱食

适用于限量饲喂的猪群。当调入肉猪时，要注意所有猪都能均匀采食，除了要有足够长度的食槽外，对喜争食的猪要勤赶，使不敢采食的猪能得到采食，帮助建立群居秩序，分开排列，同时采食。

模块二　育肥猪的饲养

饲养技术水平的高低，直接关系到育肥猪的生长速度、育肥期的长短、饲料成本的高低和胴体品质的优劣。饲养技术主要包括饲料营养、饲粮配合、育肥方法、饲喂方法、饲喂次数、喂量及饮水等方面。

任务一　划分育肥猪饲养阶段

根据育肥猪的生理特点和发育规律，按猪的体重将其生长过程划分为三个阶段即生长期、发育期和育肥期。体重20～35kg为生长期，35～60kg为发育期，60kg以上至出售前为肥育期。就这三阶段而言，生长期是关键，此阶段猪最易生病和发生生长受阻。过了生长期，饲养管理就相对较简单了。生长育肥猪最大的培育目标是保持猪群良好的健康状况和稳定的生产环境，挖掘遗传潜力，促进快速生长。

一、生长期

体重20～35kg为生长期，又称小猪阶段。此阶段猪的机体各组织、器官的生长发育功能不很完善，尤其是刚刚20kg体重的猪，其消化系统的功能较弱，消化液中某些有效成分不能满足猪的需要，影响了营养物质的吸收和利用，并且此时猪胃的容积较小，神经系统和机体对外界环境的抵抗力也正处于逐步完善阶段。这个阶段主要是骨骼生长。

二、发育期

体重 35 ~60kg 为发育期,又称中猪阶段。此阶段是猪的各器官、系统发育完善的时期。肌肉生长迅速,脂肪沉积缓慢。

三、肥育期

体重 60kg 至出栏为肥育期。此阶段猪的各器官、系统的功能都已完善,尤其是消化系统有了很大发展,对各种饲料的消化吸收能力都有很大的改善;神经系统和机体对外界的抵抗力也逐渐提高,能够逐步适应周围温度、湿度等环境因素的变化。此阶段猪的脂肪组织生长旺盛,肌肉和骨骼的生长较为缓慢。

任务二　确定生长育肥猪的营养需要

生长育肥猪的经济效益主要是通过生长速度、饲料利用率和瘦肉率来体现的,因此,要根据生长育肥猪的营养需要配制合理的日粮,以最大限度地提高瘦肉率和肉料比。

一般情况下,猪日采食能量越多,日增重越快,饲料利用率越高,脂肪沉积也就越多。但此时瘦肉率降低,胴体品质变差。蛋白质的需要更为复杂,为了获得最佳的育肥效果,不仅要满足猪对蛋白质量的需求,还要考虑必需氨基酸之间的平衡和利用率。能量高使胴体品质降低,而适宜的蛋白质能够改善猪胴体品质,这就要求日粮具有适宜的能量蛋白比。由于猪是单胃杂食动物,对饲料中粗纤维的利用率很有限。研究表明,在一定条件下,随着饲料中粗纤维水平的提高,能量摄入量逐渐减少,增重速度和饲料利用率也降低。矿物质和维生素是猪正常生长和发育不可缺少的营养物质,长期过量或不足,将导致代谢紊乱,轻者增重减慢,严重的发生缺乏症或死亡。生长发育期为满足肌肉和骨骼的快速增长,要求能量、蛋白质、钙和磷的水平较高。育肥期要控制能量,减少脂肪沉积。

一、饲料的能量水平

由于生长育肥猪对能量的利用是在满足维持需要以后,多余的才用来生长脂肪和肌肉等,所以饲料中能量水平的高低,可影响其增重速度,也就是说,饲料中的能量水平高时增重速度快,反之增重速度慢甚至不增重,不仅增重速度受饲料能量水平的影响,饲料利用率亦受饲料能量水平的影响。故育肥猪饲料的能量水平应按照不同阶段供给:20 ~35kg 猪以每千克料含消化能 3.1 ~3.2Mcal 为宜;35 ~60kg 猪以每千克料含消化能 2.9 ~3.1Mcal 适中;60 ~90kg 以每千克料含消化能 2.8 ~2.9Mcal 最好。

二、饲料中的蛋白质水平

给育肥猪供应合理的蛋白质水平，一要考虑饲养阶段，在小猪、中猪时期，处在生长发育旺盛期，饲料的蛋白质水平也要高一些，二要看饲养的商品猪的种类，因不同杂种猪的瘦肉率是不同的。如用我国的地方猪与国外瘦肉猪杂交的二元杂种猪，瘦肉率为46% ~ 50%，三元杂种猪的瘦肉率平均在50% ~55%。瘦肉率高的杂种猪，其饲料蛋白质水平应当高一些。虽然蛋白质水平与日增重、瘦肉率有一定的关系，但是并不是越高越好，蛋白质过高会造成浪费，同时会增加内脏器官的负担。蛋白质水平在9% ~18%范围内时，随蛋白质量的增加，日增重和瘦肉率都提高；当蛋白质水平超出18%，日增重不随蛋白质的增加而上升，但瘦肉率仍然增加；当日粮中的蛋白质水平达25%以上时，瘦肉率几乎无明显提高，所以若用高价蛋白饲料仅多增1% ~3%的瘦肉率，在经济上肯定是不合算的。

在考虑蛋白质水平时，还要注意氨基酸的平衡作用，蛋白质对增重和瘦肉率的影响，关键在于质量，即必需氨基酸的配比。猪需要的10种必需氨基酸，缺乏任何一种都会影响增重，赖氨酸、蛋氨酸的影响尤为突出。赖氨酸为猪的第一限制性氨基酸，对提高生长育肥猪的日增重、饲料转化率和胴体瘦肉率有重要作用。国内外研究证实，当赖氨酸占粗蛋白的6% ~8%时，饲料蛋白质的生物学价值最高。因此，如果饲料的蛋白质水平降低些，而氨基酸达到平衡，特别是赖氨酸得到满足，其效果比提高蛋白质水平还好。饲养瘦肉型猪的能量与蛋白质水平见表5-5和表5-6。

表5-5　高瘦肉率杂种猪饲料的营养水平

项目	20 ~ 35kg	35 ~ 60kg	60 ~ 90kg
可消化能/($Mcal \cdot kg^{-1}$)	3.20	3.10	3.00
粗蛋白质/%	20	16	14

表5-6　中等瘦肉率杂种猪饲料的营养水平

项目	20 ~ 35kg	35 ~ 60kg	60 ~ 90kg
可消化能/($Mcal \cdot kg^{-1}$)	3.20	3.00	2.90
粗蛋白质/%	18	13	13

三、适宜的能量蛋白比

育肥猪在不同的时期，能量、蛋白质都是重要，其比例关系更为重要。饲料的能量和蛋白质营养并不是孤立的，二者之间存在必然的联系。当日粮蛋白质和能量保持适当的比例关系时，猪生长最快，饲料转化率最高。

猪饲料的能量蛋白比＝消化能（$kJ \cdot kg^{-1}$）/ 粗蛋白质（%）

简言之，能量蛋白比就是饲料或日粮中每兆卡能量所对应的粗蛋白质克数。育肥猪饲粮能量水平正常而蛋白质水平过高时，其增重比适量蛋白质水平差。饲粮或日粮中的能量蛋白比对动物的能量代谢、生长性能及胴体组成具有一定的作用。日粮能量蛋白比对调节脂肪沉积很重要，饲料能量水平增加，而蛋白质水平相应下降，即能量蛋白比上升，则体脂沉积量增加；相反，体脂沉积减少。

猪的适宜的能量蛋白比为每兆焦消化能含188.28～217.57g粗蛋白。

四、饲料中的粗纤维水平

育肥猪的饲料中需含一定的粗纤维。一方面粗纤维有助于饲料在肠道中运行，在一定程度上可防止猪下痢。另一方面粗纤维有填充作用，使猪有物理性的饱感。但粗纤维过多，就会影响其他饲料的消化率，阻碍猪的增重。在育肥猪的饲料中粗纤维的含量应控制在20～35kg体重阶段粗纤维不宜超过3.5%，35～60kg阶段不超过4%，60～90kg阶段不超过7%为宜。

五、矿物质、维生素水平

生长育肥猪日粮中应添加适量的矿物质和维生素，以保证其充分生长。特别是某些微量元素，当缺乏或过量时会导致生长育肥猪的物质代谢紊乱，使增重速度减慢，饲料转化率降低，甚至引起疾病或死亡。钙磷的补充以骨粉最好，猪所需要的铁、铜、锰、锌、钴、碘和硒等微量元素都用它的化合物配制添加剂，每千克饲料可配入400mg硫酸亚铁，50～150mg硫酸铜，370～400mg硫酸锌，8mg硫酸锰，2mg硫酸钴，0.5mg亚硒酸钠。在配制饲料时，将这些化合物混合均匀，可用玉米细粉10kg加以稀释，按0.05%的比例混入1吨配合饲料中。注意一定要配合均匀，以免猪中毒。维生素的补给可使用猪用复合维生素，每100kg饲料加入15g。

任务三　探究育肥猪的饲养技术

一、选择育肥方式

不同的育肥方式对生长育肥猪的增重速度、饲料转化率和胴体瘦肉率均有很大的影响。

（一）直线育肥式

直线育肥式又称“一条龙”育肥式，也称一贯育肥式，是以应用配合饲料和现代商品瘦肉猪品种为基本特征的一种育肥法，尤其适用于优良品种猪，并且是集约化饲养和工厂化生产的猪群。其主要特点是从断奶到出栏，整个育肥期间按不同生长发育阶段的营养需要，科学配给丰富营养，采用不限量饲喂方法，保持较高的日增重，6 月龄左右能达到 90 ~ 100kg的出栏要求。

直线育肥式的优点是：能充分发挥生长育肥猪潜在的生产性能，猪增重快，育肥时间短，饲料转化率高，经济效益好。

直线育肥式的缺点是：饲料浪费多，无法控制胴体品质，往往使猪沉积大量的体脂而影响其瘦肉率。

（二）阶段育肥式

阶段育肥式又称“吊架子”育肥式，多用于边远山区农户养猪，即把生长育肥猪分为小猪、中猪、大猪三个阶段，按照不同的发育特点，采用不同的饲养方法。仔猪在体重 20 ~ 35kg以前采取充分饲喂，也就是让猪不限量地吃，保证其骨骼和肌肉能正常发育，饲养时间为 2 ~ 3 月龄；从体重 35kg 喂到 60kg 左右，为吊架子阶段，此期为限量饲喂，在不影响生长发育的前提下，尽量限制精饲料的供给量，大量供给一些青绿饲料及粗饲料类，使猪充分长成粗大的身架，饲养时间为 4 ~ 5 月龄；猪体重达 60kg 以上进入催肥阶段，应增加精饲料的供给量，尤其是含碳水化合物较多的精料，并限制其运动，加速猪体内脂肪沉积。一般喂到 80 ~ 90kg，饲养时间 2 个月左右，即可出栏屠宰上市。

阶段育肥式的优点是：能够节省精饲料，充分利用青、粗饲料。

阶段育肥式的缺点是：猪增重慢，饲料消耗多，屠宰后胴体品质差，经济效益低。

（三）前敞后限式

前敞后限式又称“吊尾巴”育肥式。此法是现在广泛采用的一种育肥方式，它以生猪 60kg 体重为分界点，用科学的方法来“前敞”和“后限”育肥，即 60kg 前自由采食，60kg 后采用限量饲喂。此法既能提高生猪胴体重量，又有利于饲料利用率的提高，可避免育肥猪因后期不限量饲喂导致脂肪大量沉积，胴体瘦肉率降低等的缺点。

技术要点是育肥猪 60kg 之前，以生长皮、骨、肉为主，脂肪沉积能力弱，但生长强度大，单位增重耗料少，应抓住这个强度生长时期，进行强度饲养，实行优饲。满足其蛋白质、矿物质、维生素的需求，饲喂适合于猪营养需要的配合饲料，参考配方如下：

（1）20 ~ 35kg 育肥猪配方（%）：玉米 31、麦麸 38、大豆 4、菜籽饼 8、鱼粉 7、统糠 10、磷酸氢钙 1、碳酸钙 0.5、食盐 0.5。

（2）35 ~ 60kg 育肥猪饲料配方（%）：玉米 27、麦麸 28、大豆 3、碎米 7、菜籽饼 8、鱼粉

5、统糠 15、油糠 5、磷酸氢钙 1、碳酸钙 0.5、食盐 0.5。

饲喂方式上应让其自由采食，不限量，以充分发挥其生产潜力，为后期限饲育肥打基础，采用这种"营养前高后低，喂法前敞后限"的育肥方法，对提高猪的胴体、瘦肉率起着决定性的作用。

育肥猪 60kg 之后，适当限饲，降低脂肪沉积速度，后期限饲一般是限制自由采食量的 15% ~20%。其方法有三：一是降低饲料的能量浓度，但实行自由采食；二是限制配合料的喂量，不让完全吃饱，吃至八九成饱；三是加大青、粗饲料的比例，适当减少精料，这样既可达到限饲的要求，又可满足猪对饲料营养的需要，但粗纤维的含量，后期不能超过 10%，前期不超过 6%。60 ~90kg 育肥猪饲料参考配方为（%）：玉米 32、麦麸 28、大豆 3、碎米 5、菜籽饼 8、鱼粉 3、统糠 15、油糠 5、磷酸氢钙 0.5、碳酸钙 0.5。

二、饲喂技术

育肥猪饲喂技术主要包括饲喂方式、饲喂次数和喂量、饲养的调制、饮水的供给、日粮的科学搭配、促生长添加剂的使用和适时屠宰。

（一）饲喂方式

一般分为自由采食和限量饲喂两种。不同的饲喂方式可以得到不同的育肥效果。

1. 自由采食

自由采食即对猪的日粮采食量、日粮营养水平、饲喂时间和饮水等方面不加任何限制的饲喂方法。

自由采食的最大优点是可以最大限度地提高猪的增重速度，而且效果明显。同时也暴露了此法的不足，猪的体脂肪沉积较多，饲料转化率低。

在生产中，一般猪群和二元猪群通常在 60kg 之前会采用自由采食。对优良猪群即三元杂种猪或杂优猪群，从断奶后开始，一直到体重 110kg 左右出栏上市为止，全期使用自由采食。

2. 限量饲喂

第一种是对营养平衡的日粮在数量上控制，即每次饲喂自由采食量的 70% ~80%，或减少饲喂次数。第二种是降低日粮的营养浓度，即把粗纤维含量高的饲料配合到日粮中去，以限制其对养分特别是能量的采食量。

限量饲喂可以明显减少猪体脂肪的沉积，并可提高饲料转化率，但会降低猪的日增重。

由于以上两种饲喂方法各有利弊，故生产中应灵活地运用自由采食和限量饲喂。若要得到较高的日增重，以自由采食为好；若要追求高瘦肉率，则以限量饲喂为好；若既要增重快，又要胴体瘦肉率高，那么两种方法相结合的效果最好，即在育肥期的前阶段采用自由采食，后阶段采用限量饲喂，至于在什么时候转换，应根据各养猪场的条件来决定。采用限量饲喂控制胴体的瘦肉率，会增加生产的操作成本。因此，现代养猪生产主要通过选育来提高育肥猪的胴体瘦肉率。

（二）饲喂次数和喂量

饲喂应定时、定量、定质。定时指每天喂猪的时间和次数要固定，这样不仅使猪的生活有规律，而且有利于消化液的分泌，提高猪的食欲和饲料利用率。要根据具体饲料确定饲喂次数。以精料为主时，每天喂 2 ~ 3 次即可，青粗饲料较多的猪场每天要增加 1 ~ 2 次。夏季昼长夜短，白天可增喂一次，冬季昼短夜长，应加喂一顿夜食。饲喂要定量，不要忽多忽少，以免影响食欲，降低饲料的消化率。要根据猪的食欲情况和生长阶段随时调整喂量，每次饲喂掌握在八九成饱为宜，使猪在每次饲喂时都能保持旺盛的食欲。饲料的种类和精、粗、青料的比例要保持相对稳定，不可变动太大，变换饲料时，要逐渐进行，使猪有一个适应和习惯的过程，这样有利于提高猪的食欲以及饲料的消化利用率。

饲喂次数与喂量应该根据猪的体重、饲料类型、育肥阶段和饲喂方式等合理安排。不同国家和地区，肉猪的饲喂次数和喂量有很大差异。在选择颗粒料或干粉料自由采食时，不存在饲喂次数和喂量的问题，而只是在限量饲喂情况下才需要设计肉猪的每日饲喂次数与喂量。在日本，通常每天分 3 ~ 4 次喂给配合饲料，并且每次在 10min 左右的时间内吃完。我国肉猪日喂次见表 5-7，日喂量见表 5-8。

表 5-7　肉猪日喂次

体重阶段/kg	饲喂次数	给料时间
20 ~ 35	4	6:00、10:00、14:00、18:00
35 ~ 60	3	5:30、11:30、17:30
≥60	2	7:00、17:00

表 5-8　肉猪日喂量

体重/kg	给料占体重的百分比/%	预计给料量/kg
20	6	1.2
30	5	1.5
40	4.5	1.8
50	4.4	2.2
60	4.2	2.5
70	4	2.8
90	3.6	3.2

从猪的食欲与时间的关系来看，猪的食欲以傍晚最盛，早晨次之，中午最弱。所以，对生长育肥猪日喂 3 次的，早晨、中午和傍晚饲喂时的喂料量分别占日粮的 35%、25% 和 40%。

（三）饲料的调制

饲料加工调制与饲料的适口性、转化率有着密切关系。合理的调制，可改善饲料的适口性，提高饲料的转化率，还可以降低或消除有毒、有害物质的危害。

1. 饲料粉碎细度

玉米、高粱、大麦、小麦、稻谷等谷实饲料，都有一层硬种皮或粗硬的颖壳，喂前粉碎或压片，可减少咀嚼消耗的能量，也有利于消化。许多试验和育肥饲料证明，玉米等谷实粉碎的细度，以颗粒直径 1.2～1.8mm 的中等粉碎程度为好。猪吃起来爽口，采食量大，增重快，饲料利用率高。谷实饲料的粉碎也不能绝对看待，当含有较多青粗饲料时，谷实粉碎细一些并不影响适口性，也不致造成胃溃疡。用小麦喂猪时，用压片机压成片状效果好。青绿饲料、块根块茎类、青贮料及瓜类饲料，可切碎或打浆拌入配合育肥一起喂猪，能减少糟损，减少咀嚼，缩小体积，增加采食量。干粗饲料一般都应粉碎，以细为好，能缩小体积，改善适口性和增加采食量。

2. 饲料生喂与熟喂

玉米、高粱、大麦、小麦等谷实饲料煮熟会破坏维生素，降低氨基酸的有效率。美国总结了 26 个系统试验的结果，这类饲料由于煮熟过程的糟损和营养物质的破坏，使其利用率比生喂降低 10%。因此，谷实饲料及其加工副产物应当生喂，不要煮成熟粥喂猪。生喂不仅效果好，而且可节省锅灶、燃料和人工。各种牧草、青草野菜、树叶、胡萝卜、甜菜、白菜、萝卜、瓜类及水生植物等青绿多汁饲料，都应打浆生喂，煮熟不仅会破坏营养成分，还会造成亚硝酸盐中毒。马铃薯、甘薯及其粉渣煮熟喂能明显降低利用率。但大豆、蚕豆炒熟或煮熟喂比生喂利用率高。含有害成分的饲料如棉仁饼、菜籽饼以及剩菜、剩饭、泔水，煮熟喂较好，能避免或减少中毒的可能性。总之，喂猪常用的绝大多数饲料都应当粉碎，配制成全价饲粮生喂，不仅饲养效果好，还能降低饲养成本。传统煮料喂猪的老习惯应当改变。配合好的干粉料，不掺水，直接装入自动饲槽喂猪，省工省事。只要保证充足的饮水，用干粉饲料喂猪可达到良好效果。饲喂干粉料要求的条件是猪栏内必须是硬地面（水泥或木板地面），否则抛撒到外面的饲料会和泥糟损。为有利于肉猪采食，缩短饲喂时间，避免舍内有饲料粉尘，可将干粉料按 1∶0.5 或 1∶1 掺水，调成半干粉料或湿粉料，用槽子喂或在硬地面撒喂，另给饮水。料与水的比例加大到 1∶（1.5～2）时，即成浓粥料或稀粥料，不致影响饲养效果，但必须用槽子喂，费工费事。不要在饲料中掺过多的水。当料与水的比例超过 1∶2.5 时，就会减少各种消化液的分泌，冲淡消化液，降低各种消化酶的活性,影响饲料的消化吸收。饲粮含水过多(超过70%～75%),也会影响饲料氮的利用率和体蛋白的沉积量。据试验,饲粮含水率提高到83%时,氮的利用率降低6.6%。另一项试验表明,饲粮按1:1掺水,肉猪每天体蛋白质沉积量为135.6g。饲粮按1:3掺水,则每天体蛋白质沉积量降为121.3g。试验证明,喂稠料比喂稀料好(表5-9)。因此,农家养猪喂稀料的习惯应当改变。料和水的比例以1:(0.5～2)以内,饲粮含水率在60%～70%以内为宜。从增重速度和饲料利用率看,肉猪喂湿粉料或半干粉料优于干粉料,对胴体品质的影响二者无差别。

表5-9 喂稠料与喂稀料对育肥效果的比较

项目	料:水		
	1:1.5	1:2.5	1:3.5
饲料含水率/%	68	76	80
试验猪开始体重/kg	53.6	53.5	53.5
试验猪结束体重/kg	76.1	75.8	73.0
平均日增重/g	725	719	635
增重1kg所需饲料/kg	4.05	4.09	4.56
育肥猪背膘厚/mm	32	32	31

3. 颗粒料与粉状料

多数试验结果表明,对肉猪喂颗粒料优于干粉料,日增重和饲料利用率均提高8%～10%。但也有一些试验表明,肉猪喂湿粉料的效果并不比颗粒料差。颗粒料的成本高于粉状料。颗粒料中谷实的粉碎程度要比干粉料细一些,颗粒直径为7～16mm。

(四)饮水的供给

水是维持猪体生命不可缺少的物质,水对调节体温,营养物质的消化、吸收和运输以及体内废物的排泄等都有重要的作用,也是血液、细胞的重要组成成分。猪体内水分占体重的50%～65%。如果供水不足,会引起食欲减退,采食量减少,致使猪的生长速度减慢,严重者引起疾病。因此,必须供给猪充足的清洁饮水。

猪的饮水需要量受许多因素的影响,如生理状态、环境温度、体重、饲料类型以及采食量等。一般情况下春秋季节的饮水量为其风干料采食量的3～4倍或其体重的16%,夏季约为其风干料采食量的5倍或其体重的23%,冬季需要较少,为其风干料采食量的2倍或其体重的10%。为了能满足育肥猪的需水要求,既清洁又不浪费,一般以安装自动饮水器最好,让其自由饮水。

(五)日粮的科学搭配

猪的生长需要各种营养物质,单一饲粮往往营养不全面,不能满足猪生长发育的需要。多种饲料搭配应用可以发挥蛋白质及其他营养物质的互补作用,从而提高饲料营养物质的消化率和利用率。研究证明,单一玉米喂猪,蛋白质利用率为51%,单一肉骨粉则为41%。如果把两份玉米加一份肉骨粉混合喂猪,蛋白质利用率可提高到61%。

在设计育肥猪的饲粮配方时,应遵循以下原则:

(1) 坚持经济原则,因地制宜,尽可能地利用本地区的饲料资源,并尽量选用营养丰富、质优价廉的饲料原料。

(2) 选择合适的育肥猪饲养标准,并根据生产实际以及不同育肥阶段的预期生产水平,对育肥猪的营养成分需要量进行适当调整。

(3) 控制育肥猪饲粮中的粗纤维含量,以适应其消化生理特点。

(4) 重视原料的选择,不但要保证饲粮原料有较好的适口性以及无霉变和有毒成分,而且要力求饲粮原料组成的多样化。

(5) 严格遵守国家饲粮法规,所配合生产出的配合饲料营养指标、感官指标和卫生指标及检验方法等应符合国家相关产品的标准规定(表5-10)。

表5-10　配合饲料质量标准

饲料名称	标准编号
仔猪、生长育肥猪配合饲料	GB/T5915—93
生长育肥猪混合饲料	ZBB46003—88
瘦肉型生长育肥猪配合饲料	SB/T10076
仔猪、生长育肥猪浓缩饲料	GB8833—88
仔猪、生长育肥猪复合预混合饲料	GB8832—88
仔猪、生长育肥猪微量元素预混合饲料	GB8830—88

(六) 促生长添加剂的使用

目前,一些新型绿色添加剂如植物提取物、有机微量元素、寡聚糖、抗菌肽、酶制剂等,逐渐被应用到养猪生产中,它们能干扰和阻止大肠杆菌和沙门杆菌在肠道中的黏附和定植,促进有益菌的增殖,提高机体的免疫力;酶制剂能消除饲料中抗营养因子,促进日粮养分的分解、消化、吸收和利用,提高猪的生长速度。

1. 抗生素添加剂

抗生素是一种微生物的代谢产物,对许多其他微生物有抑制作用或有害作用。它作为饲料添加剂始于20世纪50年代初,其目的是促进生长,改善饲料利用率,降低死亡率和改善繁殖性能。试验证明,使用抗生素饲喂生长育肥猪,一般可提高日增重10%~20%,饲料消耗减少5%~10%,还能减少疾病,尤其可减少生长猪腹泻的发生。养猪生产中常用的抗生素有土霉素、泰乐菌素、利高霉素、杆菌肽锌等，添加剂量为每千克饲粮20~50mg。

近年来，人们对抗生素添加剂的安全性问题日益重视，在抗生素的使用问题上争论激烈，一些国家已禁止某些抗生素作为饲料添加剂，并正积极研究、推广抗生素的替代品，使猪体无药物残留、无抗药性，无环境污染。基于抗生素添加剂良好的促生长作用，部分抗生素在近阶段仍将被使用，为了避免对人体、动物及环境造成不利，必须严格控制抗生素使用的种类、剂量和方法，并保证在猪屠宰前有足够的停药期。

目前世界上作为饲料添加剂还在使用的抗生素有20多种，我国批准使用的有10种，包括杆菌肽锌、硫酸黏杆菌素、北里霉素、恩拉霉素、弗吉尼亚霉素、泰乐霉素、土霉素钙、莫能霉素、盐霉素、拉沙里菌素钠。

2. 微生物添加剂

微生物添加剂包括益生素、微生物生长促进剂和酶制剂，是一类既具有抗生素的应用效果又可克服其缺点的添加剂。

（1）益生素：是指摄入猪体内参与肠道微生物平衡的具有直接通过增强猪对肠内有害微生物群落的抑制作用，或者通过增强非特异性免疫功能来预防疾病，而间接起到促进猪生产作用和提高饲料转化率的活性微生物培养物。世界上进行益生素研究较早、成果较多的国家是日本。2003年12月，我国农业部公布的可以直接饲喂动物的微生物名单有15种，即干酪乳杆菌、植物乳杆菌、嗜酸乳杆菌、乳酸乳杆菌、粪肠球菌、屎肠球菌、乳酸肠球菌、枯草芽孢杆菌、地衣芽孢杆菌、双歧杆菌、乳酸片球菌、戊糖片球菌、沼泽红假单胞菌、啤酒酵母、产朊假丝酵母。目前国内用量较大的有乳酸乳杆菌、产朊假丝酵母和枯草芽孢杆菌。益生素的作用机制是形成优势有益菌群，与有害菌争夺附着位点、营养及氧，竞争性地抑制有害菌群扩大，并且代谢产物含有机酸和溶菌酶等，使消化道pH降低，不利于有害菌群生长，从而起到防病、抗病的效果。孙铁虎等用益生康（多种活菌制剂）饲喂断奶仔猪，发现可使日增重提高9.3%，腹泻发生率降低29.4%。

（2）微生物生长促进剂（effective microorganisms，EM）：是指能直接提高动物对饲料的转化率和生长速度的微生物培养物。EM是日本琉球大学比嘉照夫教授于20世纪80年代初研制的，由光合细菌、乳酸菌、酵母菌和放线菌等80多种微生物复合培育而成的有效微生物群，具有提高饲料转化率和日增重，改善环境和产品品质，防治肠道疾病等作用。沈迪翠等（1997）报道，育肥猪使用EM后可提高日增重23.31%，每千克增重的饲料消耗量减少11.26%。

3. 酶制剂

按添加目的分为两类：一类是补充内源酶的不足；另一类是消除饲料中的抗营养因子

的不良影响。饲料酶制剂可提高育肥猪对饲料的消化、吸收和利用，从而促进猪的生长。Gebert 等对 26～106kg 的生长育肥猪的试验表明，在低磷饲料中添加植酸酶，可提高日增重 17.11%，饲料转化率可提高 6.54%。汪儆等报道，在生长育肥猪中添加木聚糖酶，可提高日增重 8.1%，饲料转化率提高 4.3%。胡忠泽等采用复合酶制剂（主要有木聚糖酶、α-淀粉酶制剂、β-葡萄糖酶、纤维素酶、酸性蛋白酶、甘露聚糖酶）对生长猪进行试验，结果可提高日增重 8.29%，每千克增重耗料减少 8.89%。目前，在酶制剂的应用上还存在效价不稳定和成本高等问题。

（七）适时屠宰

育肥猪在不同日龄和体重屠宰，其胴体瘦肉率不同。在一定范围内，瘦肉的绝对重量随体重增加而增加，但瘦肉率却逐渐下降。

育肥猪屠宰时间的确定，一方面要看育肥性能和市场对猪肉产品的要求，另一方面要考虑生产者的经济效益。适宜的屠宰时期通常用体重来表示。

1. 根据育肥性能和市场要求确定屠宰体重

在一定条件下，育肥猪达到一定体重时，出现增重高峰。在增重高峰过后屠宰，可以提高生产者的经济效益。另一方面，屠宰体重过大，胴体脂肪含量增加，瘦肉率下降。因此育肥猪并不是养得越大越好，需要选择一个瘦肉率高，肉脂品质令人满意的屠宰体重。

2. 以生产者的经济效益确定屠宰体重

育肥猪日龄和体重不同，日增重、饲料利用率、屠宰率、胴体瘦肉率也不同。一般情况下，育肥猪体重的增加在 60～67.5 kg 阶段，日增重随体重增加而提高，67.5～100kg 阶段，日增重维持在一定水平，100 kg 以后日增重下降（表 5-11）。体重过大屠宰，随体重增加，屠宰率提高，但维持消耗增多，饲料报酬下降，瘦肉率下降（表 5-12），不符合市场需要，同时经济效益也下降；体重过小屠宰，猪的增重潜力没有得到充分发挥，经济上不合算。

表 5-11　生长育肥猪活重与日增重和饲料转化率的关系

活重/kg	每头日增重/g	每头日耗料/kg	每千克增重耗料/kg
10	383	0.95	2.50
22.5	544	1.45	2.67
45	726	2.40	3.30
67.5	816	3.00	3.68
90	839	3.50	4.17
110	813	3.75	4.61

表 5-12　北京黑猪不同体重屠宰时屠宰率和瘦肉率

宰前体重/kg	屠宰率/%	背膘厚/mm	瘦肉率/%	脂肪含量/%
70	69.99	28.4	55.66	26.32
80	71.63	32.1	53.73	29.08
90	72.41	35.0	51.48	32.31
>90	74.00	41.0	49.29	36.50

我国猪种类型和杂交组合繁多,饲养条件差别很大。因此,增重高峰期出现的时间也不一样,很难确定一个合适的屠宰体重。在实际生产中,生产者应综合诸多因素,根据市场需要和自家的效益确定合适的屠宰体重。根据各地研究和推广总结,小型早熟品种适宜屠宰体重为70 kg左右;体型中等的地方猪种及其杂种肉猪适宜屠宰体重为75~80 kg。我国培育猪种和某些地方猪种为母本、国外瘦肉型品种为父本的二元杂种猪,适宜屠宰体重为80~90 kg;以地方猪为母本、国外瘦肉型品种为父本的三元杂种肉猪,适宜屠宰体重为90~100 kg;国外三元杂种肉猪,适宜屠宰体重为100~114kg。国外许多国家由于猪的成熟期推迟,肉猪屠宰适期已由原来的90kg推迟到110~120kg。

模块三　育肥猪的管理

猪的生长发育及健康状况反映了管理技术水平的高低,管理是否到位直接影响猪场的经济效益。加强管理是猪场获得效益的重要措施之一。

任务一　创造适宜的环境条件

猪的环境,是指猪的内环境和外环境。内环境由生物环境和非生物环境组成,其中生物环境包括猪体内的寄生虫和微生物,非生物环境包括猪的体温、酸碱性、体组织成分和体液渗透压等。猪的外环境由自然环境和人为环境组成,其中自然环境包括生物环境以及空气、土壤、水等非生物环境,人为环境则主要包括猪舍、设施、管理、选种、饲养等养猪生产各种环境因素。

在正常情况下,猪的内环境保持相对平衡,而猪外环境却处于不断变化之中。当外环境变化时,猪的内环境会依靠自身内部的调节来保持相对的稳定。但是,猪体内部的调节能力是有一定限度的。当外环境变化较为剧烈且超出了正常调节能力时,则猪体内部的环境稳定性就会被打破,猪的健康、生产力及胴体的品质就会受到很大的影响,严重时可导致猪的死亡。

我们把猪的外环境变化而导致猪的内环境的稳定性被破坏的现象称为猪的应激。生产中,要人为地控制外环境,尽量保持猪的外环境的稳定性,防止或减少应激的发生,保证猪的健康,提高育肥猪的生产性能。

生长育肥猪多为舍饲,猪舍的小气候是猪的主要环境条件,主要包括温度、湿度、通风、光照、噪音、有害气体、尘埃、病原微生物和圈舍卫生等。

一、温度

“小猪怕冷、大猪怕热”是猪对环境温度要求的一般规律。只有在适宜的环境温度下,育肥猪的生长速度才最快,饲料转化率才最高,猪体健康才最好。研究显示,温度对体重75kg的生长育肥猪的日采食量、日增重、耗料增重比有明显的影响,气温在20℃时猪的增重速度最快,饲料转化率也较高(表5-13)。

表5-13　环境温度对生长育肥猪(75kg)增重和饲料转化率的影响

气温/℃	日采食量/kg	日增重/g	耗料: 增重
0	5.07	540	9.45
5	3.76	530	7.10
10	3.50	800	1.07
15	3.15	790	3.99
20	3.22	850	3.79
25	2.63	720	3.65
30	2.21	450	4.91
35	1.51	310	4.87

引自:杨公社. 猪生产学,2002

猪是恒温动物,体温一直保持在38.7℃ ~39.8℃,受外界气温影响变化很小。猪对气温的适应性随着日龄的增长而提高, 下限临界温度可随日龄的增长而增加,猪舍的温度低于下限临界温度就会影响增重,提高饲料消耗量,甚至冻死、病死。

环境温度过低,猪需要消耗更多的能量用于产热,以维持体温,使日增重降低,采食量增加,但饲料转化率下降。实践证明,当温度降到10℃和5℃时,猪的采食量分别增加10%和20%,而日增重则下降;当生长育肥猪处于下限临界温度以下时,环境温度每下降1℃,日增重减少11 ~20g,日耗料增加25 ~35g。在寒冷环境下,猪的呼吸道、消化道的抗病力降低,常发生气管炎、支气管炎及胃肠炎等。因此,在寒冷季节要做好猪的防寒保暖工作,如关好门窗、保持干燥、圈内铺垫和辅助加热等措施。

环境温度过高，猪为了散发体热而呼吸频率加快，新陈代谢受到影响，食欲减退，采食量明显下降，导致生产力降低。据报道，在28℃～35℃的高温环境下，15～30kg、30～60kg和60～90kg的育肥猪的日增重比预期日增重分别降低6.8%、20%和28%；当猪处于温度适中区上限温度以上时，环境温度每增高1℃，增重减少30g，耗料增加60～70g。因此，高温季节要做好防暑降温工作，如通风换气、充足饮水、勤冲洗地面、多喂青绿饲料及淋雨等措施。

不同的育肥阶段需要的最适温度不同。育肥猪最适温度计算公式为：$T=-0.06W+26$。其中T是最适温度，单位是摄氏度(℃)；W是猪的活重，单位千克(kg)；-0.06、26是常数。例如，育肥猪体重达50kg时，最适温度是$T=-0.06\times50+26=23$，即重达50kg的育肥猪最适温度为23℃。

二、湿度

湿度是用来表示空气中水分含量多少的物理量，常用相对湿度来表示。舍内空气的相对湿度对育肥猪的影响和环境温度有密切关系。当其所处的环境温度在较佳范围之内时，舍内空气的相对湿度对猪的生产性能基本无影响。试验表明，若温度适宜，相对湿度从45%增加到95%，猪的增重无异常。这时，常出于其他的考虑，来限制相对湿度。例如，考虑到相对湿度过低时猪舍内易飘浮灰尘，过低的相对湿度还对猪的黏膜和抗病力不利；相对湿度过高会使病原微生物易于繁殖，也会降低猪舍建筑结构和舍内设备的寿命。所以就算是处于较佳温度范围内，舍内空气的相对湿度也不应过低或过高。

当舍内环境温度较低时，相对湿度大，会使猪增加寒冷感。这是由于猪的毛、皮吸附了潮湿空气中的水分后，导热性增大，使猪体散热量增大。同时，随着通风换气，使蕴含于水气中的大量潜热流失到舍外，降低了舍温。因此，舍温较低，相对湿度较大时，会影响育肥猪的育肥性能，饲料利用率下降，日增重降低。据试验，在冬季相对湿度高的猪舍内饲养的育肥猪，可使生长育肥猪日增重减少36%，每千克增重耗料增加10%。

当舍内环境温度较高时，舍内相对湿度大，同样也会影响猪的育肥性能。高温、高湿会妨碍猪体的散热，从而加剧高温的危害。如果温度超过适宜温度，相对湿度从40%升高到70%，便会减缓猪的增重，甚至提高猪的死亡率。

综合考虑，适宜育肥猪的相对湿度为50%～70%。在某些地区或季节，舍内相对湿度偏高而无法降低时，应采取措施增加或降低舍温，做好卫生防疫工作，这样才能确保育肥猪的正常生产。

三、通风

通风能影响猪的热量散失速度,条件是空气的温度低于体表的温度。猪舍可以是自然通风也可以机械通风(风扇)。在炎热的夏天,通风有助于猪体散热,对猪的健康和生长是有利的。因此,夏天应加强通风(打开窗和风扇)。但在冬天低温度的气流会加速猪的热量散失,加重低温对猪的不利影响。因此,冬天猪舍内的气流速度要小一些。猪舍内气流以0.1~0.2m/s为宜,最大不超过0.25m/s。气流的分布也很重要,如果气流分布不均匀,在夏天如果有气流的死角,猪会感到闷热。冬天有疾气流存在,外面寒冷的空气不与舍内混合直接吹向猪体(贼风),会使猪产生冷应激。办法是:夏天要打开窗户,调整风扇位置,使气流均匀不留死角。冬天进气口的位置应高一些,让冷空气进入猪舍后有机会与舍内的空气相混合,然后从窗户排出,而不是直接吹向猪身。

四、光照

自然光照中红外线和可见光具有光热效应,适量照射对猪只有益。此外,自然光中的紫外线也具有较强的生物学效应。紫外线具有杀死细菌、病毒的作用,还可预防佝偻病。波长272~295nm的紫外线具有将皮肤上的7-脱氢胆固醇转化成维生素D_3的能力,而维生素D_3可以促进猪肠道对钙、磷的吸收,保证骨骼的正常发育。同时,适量照射紫外线还能增强机体的免疫力和抗病力。但紫外线过量照射会造成猪的皮炎、角膜炎、结膜炎等。可见光也可以引起猪的光热效应和光化学效应,但远不如红外线和紫外线强烈。

一般认为,光照对育肥猪的生产水平影响不大。事实证明,适度的光照能促进育肥猪的新陈代谢,提高育肥猪的增重速度和胴体的瘦肉率,增强猪的抗应激能力和抗病力。所以,生产中要尽可能地使用光照,光照强度在40~50lx,每天光照时间在8~10h为宜。但光照过强对猪只不利,会引起猪咬尾。

五、噪音

猪舍的噪音有多种来源:一是从外界传入,如外界工厂传来的噪音,飞机、车辆产生的噪音等;二是舍内机械产生的,如风机、清粪机械等;三是人的操作和猪自身产生的,如清扫圈舍、加料、添水等,猪的采食、饮水、走动、哼叫等。

育肥期间,猪需要安静的环境。若遇到突然发出的噪音会受惊、狂奔,发生撞伤、跌伤或碰坏某些设备。猪对重复的噪音能较快地适应。因此,噪音对猪的食欲、增重和饲料转化率没有明显影响,但突然发出的高强度噪音会使猪群发生应激,造成猪的死亡。噪音不仅对猪造成一定影响,还对饲养管理工作者的健康不利,也严重影响其工作效率。所以饲养管理中应尽量降低噪音的产生。选择猪场场址时就应考虑外界或场内是否有强噪声源存在,选择噪音相对较小的生产工艺,搞好场区绿化也是降低舍内噪音的有效措施。

六、有害气体、尘埃与病原微生物

育肥猪的采食、排泄、活动以及通风、饲养管理操作等,都会在猪舍内产生大量的有害气体、尘埃及病原微生物。

猪舍内的有害气体主要包括氨气、硫化氢和二氧化碳。高浓度的氨气和硫化氢可引起猪的中毒,发生结膜炎、支气管炎及肺炎等。通常情况下,即使浓度达不到中毒程度,对育肥猪的健康和生产性也会产生不良影响。舍内二氧化碳含量过高,会使育肥猪精神萎靡,食欲下降,增重缓慢。猪舍中氨气的体积浓度不得超过0.003%,硫化氢的体积浓度不得超过0.001%,二氧化碳的体积浓度不得超过0.15%。为了减少猪舍空气中的有害气体积聚,应改善猪舍的通风换气条件,及时清理粪尿,不能发酵,并保持育肥猪的适宜饲养密度。

尘埃可使猪的皮肤发痒以致发炎、破裂,对鼻腔黏膜有刺激作用。大量的尘埃,可以降低猪体的抵抗力,增加猪只感染疾病的机会。减少尘埃的措施是保持猪舍一定的湿度并建立有效的喷雾消毒制度等。

病原微生物附着于灰尘上易于存活,对猪的健康有直接影响。因此,猪场必须有一定的绿化面积,及时消除粪尿、污物,保持猪舍通风良好,做好清洗消毒工作。

任务二　做好常规管理

一、观察猪群

观察猪群要做到平时看神态,吃时看食欲,清扫看粪便。发现问题,及时解决。一般健康猪的表现是:反应灵敏,鼻端湿润发凉,皮毛光滑,眼光有神。走路摇头摆尾,喂料争先恐后,食欲旺盛,睡时四肢摊开,呼吸均匀,尿清无色,粪便成团松散,体温38℃～39℃,呼吸每分钟10～20次,心跳每分钟60～80次。如果喂料时大部分猪都争先上槽,若个别猪只仍不动或吃几口就离开,可能这头猪已患病,须进一步检查。如果喂料时,全栏猪都不来吃或只吃几口,可能是饲料方面的问题或猪的中毒。观察猪的粪便:在天亮时猪一般要排一次屎尿,粪便新鲜易于发现问题。如果粪便稀烂、腥臭、混有黏液,有可能是猪的消化不良或慢性胃肠炎。同栏猪个别生长缓慢、毛长枯乱、消瘦,很可能是患消耗性疾病,如寄生虫病、消化道实质器官疾病和热性疾病。

二、“全进全出”制度

所谓“全进全出”制度，也就是说同一栋猪舍(或同一个猪场)内的猪在同一天转进，又在同一天转出(出售)。“全进全出”制度是集约化猪场的一项基本的管理制度。实行“全进全出”不仅便于规模化饲养，更有利于控制传染性疾病的传播。大部分猪场都是按照“全进全出”的模式设计的，但在养猪效益好时，会盲目扩群，导致密度扩大，常常做不到完全的“全进全出”，易造成猪舍的疾病循环。因为猪舍内留下的猪往往是生长不良的猪、病猪或病原携带者，等下一批猪进来后，这些猪就可作为传染源感染新进的猪，新进猪就有可能发病，生长缓慢，或成为僵猪，而转群时又留了下来，成为新的传染源。

三、日常管理

尽量避免外人和无关人员进入栏舍内，必要时须用石灰或2%烧碱消毒鞋底后才可进入；运输的车辆和猪笼一定要消毒后才能装猪，最好在栏舍外装；病猪不能放出栏外，以免传染；做好灭鼠、灭蚊、灭蝇工作；观察猪群时先看小猪，后看大猪，先看健康猪，后看病猪；饲养员不要互窜猪舍，更不要到病猪栏内。若需要，看后必须严格消毒。

任务二　预防异常猪肉发生

异常猪肉一般可以分为肌肉异常和脂肪异常。肌肉异常的主要有PSE肉、DFD肉、RSE肉等；脂肪异常的有黄膘肉、软脂肉等。

一、PSE猪肉

(一) 概念

PSE猪肉是指猪屠宰后呈现颜色苍白(pale)、质地柔软(soft)和汁液渗出(exudative)特征的肉。PSE肉表面粗糙，结构松散，宰后45min肌肉pH低于6，发生酸败，肉色评分为1分，贮存时有水分渗出，煮熟或烹饪后损失大，营养成分损失多。

(二) 产生原因

PSE肉的发生受遗传因素与环境因素的共同影响。有些品种的猪极易发生PSE肉，如皮特兰猪、长白猪等。分子水平研究发现，兰尼定受体基因的突变是导致猪应激综合征，产生PSE肉的根本原因。同时，外界环境的各种刺激性因素，如饲养管理、宰前运输、囚禁、驱赶以及屠宰过程中的各种刺激，屠宰后处理不当，均会导致PSE肉的产生。

(三) 预防措施

1. 选择优良品种

在育种中注意选择抗应激基因的品种,加大消除氟烷阳性基因的力度,建立抗应激品系,充分利用地方猪种肉质优良的特性,引入优质外来种猪,选择合理的多元杂交方案,生产优质商品猪。

2. 加强营养调控

科学的营养调控措施有利于提高猪肉品质。日粮能量、蛋白质水平要适当。高能日粮能促进猪的生长并提高肉质的嫩度。高蛋白水平日粮可增加瘦肉率,也可降低猪肉嫩度;蛋白质不足亦能降低猪肉嫩度。

日粮喂量要适当。育肥前期(60kg 以内)应敞开饲喂不限饲。自由采食能使猪生长快,肉质嫩。育肥后期(60kg 至上市)应限制采食,日喂配合全价饲料 2.0 ~ 3.0kg 即可。在任何时候,必须保证水质清洁,自由饮水。

正确添加矿物质及维生素。育肥猪日粮中 Ca、P、Cu、Fe、Zn 的添加比例要适当。Mg 和 Se 的添加尤为重要,高 Mg 日粮可降低 PSE 肉的发生率。添加 Se 可改善猪肉嫩度,使外观新鲜。维生素 E 和维生素 C 的添加能减缓脂质氧化速度,延长猪肉保鲜时间。

严格选择优质饲料原料。坚决杜绝使用发霉变质的饲料原料,坚持按照饲料卫生标准选购原料。不用或少用菜籽粕、棉籽粕喂猪,需要使用菜籽粕和棉籽粕时,其总量不宜超过日粮的 8%,尽可能选用优质黄玉米、豆粕、鱼粉饲养育肥猪。

采用绿色饲料添加剂。提倡不用或少用抗生素,坚持使用绿色添加剂,如微生态制剂、酶制剂、中草药制剂等。

3. 加强管理措施

为减少 PSE 肉的发生,在管理上强调以下几点:

(1) 加强养猪环境调控,采取科学的保温(冬季)、降温(夏季)、通风等措施,提供清洁卫生、空气新鲜的环境条件。

(2) 做到转群适时、分群合理(按照大小强弱类别分群)、密度适中,尽可能避免咬斗、粗暴驱打等造成的应激反应。

(3) 平时在预防注射、治疗、去势、剪牙、断尾等操作中动作要轻柔,减少对猪只的过度刺激。

(4) 销售运输过程中,要细心护理猪群,装猪车应加盖顶棚,防止日晒雨淋。车厢采用小棚,中间栏隔开,避免装猪过多或不匀引起冲撞拥挤。车内可铺垫一层细砂或木屑,以保护猪蹄。夏季避开正午运猪,气温达 30℃ 以上时,途中要淋洒凉水降温,但不能猛泼冷水。猪上车前不能喂食,只喂给添加维生素 C 的饮水和电解质水,可防止应激。

4. 宰杀前后注意事项

宰前应严格进行兽医卫检，对检验不合格的猪禁止屠宰。如果运输路程较远，卸下的猪应让其充分休息，以免放血不全影响肉质外观。宰前可供给充足清洁的饮水以调节生理功能。宰时先用高压电击晕，再行颈部刺杀放血，放血要完全，然后按照正确的方法去毛，摘除内脏，整理胴体。严禁人为地向肌肉内注水。

二、DFD 猪肉

（一）概念

DFD 肉指的是宰后肌肉外观呈现暗红色（dark）、质地坚硬（firm）、肌肉表面干燥（dry）为特征的肉。猪宰后很少进行糖酵解，乳酸生成少，pH 高，大于 6.0，保水性好，失水率低于 5%。肌细胞内的细胞色素酶活化，氧被消耗，肉呈暗红色。这种肉宜于细菌生存而易腐败，不耐贮存。肉表面干燥、结构致密、嫩度差，肉色评分 5 分。

（二）产生原因

产生 DFD 猪肉与遗传因素无关，任何猪都可能发生，这主要是由于猪在宰前处于持久和长期的应激环境下，肌糖原用于补充动物所需的能量而被耗尽，不能产生乳酸，也就不能正常酸化，pH 也不会降低到 5.5 以下。蛋白变性程度低，失水少，反光性差。

（三）预防措施

应避免使猪长期处于应激条件下，以保证屠宰时肌肉中能量水平适宜。

三、黄膘肉

（一）概念

脂肪颜色对胴体质量评定具有重要意义，正常猪的脂肪颜色应为白色，有些商品猪屠宰后见到脂肪呈淡黄色和黄色，这种猪肉一般称为黄膘肉。黄膘肉脂肪除呈黄色外，且松软不结实，有时有异常腥味，外观很差，失去了经济价值。近年来，黄膘肉屡见不鲜，甚至越来越普遍，引起社会各界巨大的反响。

黄膘肉是脂肪的一种非正常的黄染现象，叫黄脂。黄膘肉分为黄疸肉和黄脂肉。黄疸肉为病肉，坚决不能食用。黄脂肉则可以视情况食用。如果将黄疸肉误判为黄脂肉，则造成肉品安全问题，影响消费者的身心健康；如果将黄脂肉判为黄疸肉，则造成肉品的浪费，影响经营者的经济效益。

（二）产生原因

黄膘是由色素和黄疸引起的。由色素引起的黄膘，主要与饲料有关。如长期饲喂含有较多不饱和脂肪酸的动物性饲料，不饱和脂肪酸又容易被氧化，在氧化腐败中形成黄膘。若饲料中脂肪酸败严重,缺乏维生素 E 和微量元素硒则更易发生黄膘。而由黄疸引起的黄膘,多为肝脏、胆囊发生疾病和饲料中毒引起。

（三）预防措施

形成黄脂的原因很多,针对黄脂形成的机制,找出具体的原因。实际上只有饲料等原因造成的黄脂才可以控制。当各种因素达到一定程度就会导致黄脂,如氧化油脂、工艺问题、米糠、高温、维生素缺乏和抗氧化剂偷工减料等。

1. 限制多量不饱和脂肪酸饲料使用

鱼粉、鱼肝油、蚕蛹等含多量不饱和脂肪酸,在配制育肥猪饲料时应少用或限制在10%范围内,一般 1 天不得超过 100 ~ 250g,并在宰前 2 个月停喂。

2. 合理使用含天然色素的饲料

芜青、南瓜、紫云英、胡萝卜等含天然色素的饲料,要与多种饲料搭配饲喂,避免单一饲喂,在育肥后期最好不喂或少喂。

3. 添加维生素 E、维生素 C 有利于防治黄脂

在新鲜青饲料缺乏时,应定期补喂含维生素 E 多的饲料,如禾本科的种子胚芽(6%小麦胚芽等),另外可以按每千克日粮添加 1 IU 维生素 E,或加米糠等都可以预防。

4. 做好品种的选育工作

即淘汰黄脂病的易发品种,选育抗该病的品种。

四、软脂肉

（一）概念

软脂肉是指脂肪里不饱和脂肪酸含量高,熔点低,屠宰后经 24h 冷藏保存,其脂体仍然是软而松弛的肉。

（二）产生原因

软脂肉主要是饲料配制不合理而引起的。若在宰前 3 个月内大量饲喂含有植物油超过 4% 的饲料,如大豆、玉米等,就会使猪体脂肪变软。另外,软脂肉中的不饱和脂肪酸易于氧化并产生异味而降低肉的风味。

（三）预防措施

控制含不饱和脂肪酸高的饲料用量,在猪育肥后期应尽量少喂米糠、玉米、豆饼、亚麻饼等含不饱和脂肪酸高的饲料,在宰前 2 个月应改换含不饱和脂肪酸低的饲料,可防止形成软脂。同时慎用米糠,米糠脂肪易于氧化,贮存中易腐败。因此,使用过程中要注意通风、温度和贮存时间。

对于剩菜饭泔水下脚料作为育肥猪饲料,原则上不宜喂,如果确需利用,应在宰前 2

个月停止使用。

模块四 无公害肉猪及有机猪的生产

随着人类社会的不断发展,人们的生活水平日益提高,对生活由过去的数量要求逐步向质量要求转化,而且对生活质量的追求越来越高。从对猪肉需求方面来看,在20世纪50年代甚至到80年代的中国,对脂肪含量高的猪肉喜欢程度较高。90年代以后,明显出现肥肉消费停滞,瘦肉供不应求的状况。到了20世纪末,有越来越多的人开始关注猪肉的安全问题。与此同时,猪肉的安全也在影响着政治、社会和经济等各个领域。纵观养猪的发展,口蹄疫、瘦肉精等事件不断出现,在猪肉市场掀起过轩然大波。而作为生猪生产第一大国的中国,在加入WTO后,猪肉已经遇到"绿色壁垒"的极大考验与挑战。

对此,国家农业部制定了《无公害食品猪肉》(NY5029—2001)的农业部行业标准。2002年7月,在全国范围内组织实施了"无公害食品行动计划",推行市场准入制和农产品质量安全认证制度并实施生产全过程的监管。这标志着中国已经开始了无公害食品到绿色食品及有机食品的探索和发展。

无公害食品、绿色食品和有机食品都属于安全食品,但在安全质量的要求上大不相同。其中,无公害食品的生产是建立在常规农业的基础上,通过从农田到餐桌的全程安全质量控制,使产品达到无公害食品要求(有害物质的残留量控制在允许水平以下);绿色食品的生产则依托于有限度地使用人工化学品的可持续农业,追求经济效益和生态效益的结合;有机食品则拒绝使用化学合成物,是一类真正无污染、纯天然、高质量、人们放心食用的健康食品。

任务一 了解无公害肉猪及有机猪的内涵

一、无公害肉猪及有机猪的概念

国际通用、广义的"无公害猪肉"包括无公害、营养合理和清洁卫生等多个方面。其中,"无公害"是指从养殖、屠宰、配送到销售都没有受污染;"营养合理"是指如何降低猪肉中的胆固醇含量并同时增加对人类健康有益的必需脂肪酸的含量;"清洁卫生"是指猪肉必须经过官方认可的兽医部门宰后检验,排除对人类健康有害的病原微生物和寄生虫污染肉品的可能,并保持货架期的清洁卫生。

在国内,狭义的"无公害猪肉"是指在严格控制饲养环境的基础上,限种类、限数量、限时间地,使用国家规定允许使用的药物和添加剂,在确保猪肉中有害物质的残留量控制在允许水平以下的前提下生产出来的猪肉产品。

有机猪肉要求在猪肉的生产和加工过程中不得使用任何化学合成物、激素和饲料添加剂,也不得使用基因工程生物及其产物,是在更高要求之下的无公害猪肉。

无公害猪和有机猪的生产过程是系统工程,涉及猪生产的产前、产中和产后所有生产环节,既受到饲料营养、饲料品质、环境控制、疫病防治等因素的影响,也受到运输、屠宰、加工、销售和贮藏等许多因素的影响。

二、无公害肉猪和有机猪生产过程中安全和质量监管内容

(1) 建立环境和水质符合标准要求的生产基地,并采用自繁自养、全进全出的生产模式,以保证猪群的质量和健康。

(2) 加强疫病,特别是人畜共患病的监测和防治,以净化生产环境。

(3) 实行对饲料及饲料添加剂的严格质量监控,包括饲料原料、饲料加工和储运,尽可能实现饲料原料的定点供应,同时,严格控制违禁药物和高残留药物的使用,建立健全的宰前停药制度。

(4) 实施屠宰环节逐头检疫,并严格检验残留、微生物和寄生虫。

(5) 屠宰、加工、运输、销售等环节实行冷链配送,以确保猪肉质量。

(6) 严格饲养、屠宰、加工、运输、销售等环节的记录制度,并建立安全质量责任交接和追溯机制。

任务二　学习与理解无公害肉猪及有机猪生产技术要求

无公害肉猪生产,是指通过技术和管理等措施,对猪生产过程中的饲养环境、饲料添加剂、动物保健品等生产资料和饲养管理、兽医防疫、无害化处理等生产全过程进行监控,以保持良好的生产场地环境,防止肉猪产品有害物质残留超标,使猪肉品质达到安全、优质和营养的肉猪生产过程。

一、无公害肉猪和有机猪的猪场环境要求

(一) 猪场的场址选择

(1) 猪场应建在地势高燥、排水良好、易于组织防疫的地方,场址用地应符合当地土地利用规划的要求。

(2) 猪场周围3km内无大型化工厂、矿场、皮革厂、肉品加工厂、屠宰场或其他畜禽场的污染源,距离交通干线、城镇居民区和公共场所1km以上。

(3) 场地选择在居民区常年主导风的下风向或侧风向处。

(4) 猪场周围要有围墙或防疫沟,并建立绿化隔离带。

(5) 猪场总占地面积按年出栏一头猪不超过2.5~4.0m^2计算。

(二) 场区布局

场区内要划分出生产区和管理区,二者之间要有一定距离(200m)的缓冲、防疫隔离带。生产区外还应设计检疫隔离间。如果是种猪场,还应有种猪性能测定舍(间)。生产区布置在管理区的上风向或侧风向,污水粪便处理设施和病畜禽处理区应在生产区的下风向或侧风向,场内净道和污道应分开,互不交叉。

(三) 猪舍设计

猪舍要求保温隔热,地面和墙壁应便于清洗,并能耐酸、碱和消毒药液的清洗消毒。猪舍内的温度、湿度环境应满足不同生理阶段猪的需求,舍内通风良好,空气中有毒有害气体的含量符合要求。推荐实行小单元饲养,实施“全进全出”制度的饲养工艺。

(四) 其他

饲养区内不得饲养除猪以外的其他畜禽动物。场内应设置废弃物储存和处理的设施,并防止渗漏、溢流、恶臭等对周围环境造成污染。

二、无公害猪肉和有机猪生产的关键技术

(一) 高效的商品猪杂交繁育体系

只有获得繁殖力高、生长快、耗料少、肉质好的良种猪群,才能保证养猪生产达到高额产值和高额利润。因此,选择优秀的品种(系)为亲本,通过建立完善的杂交繁殖体系来生产杂优猪,是必备的一项技术措施。

(二) 营养全面的优质配合饲料

优秀的猪种必须用优质的配合饲料饲喂,否则既不能保证猪群生产潜力的充分发挥,又会增加养猪生产成本,降低经济效益。

(三) 同期发情和发情鉴定技术

要实行小单元饲养的全进全出、流水式的工业化养猪工艺,必须有一定数量的母猪能够同期产仔。

(四) 猪群周转和饲料供应

科学、合理、周密的猪群周转计划和饲料供应计划,可以保持各生产环节的高度协调。一般猪场,猪群周转和饲料供应应该以“周”为单位作出计划。

（五）仔猪早期断奶技术

在仔猪出生后3～5周断奶，既可提高母猪的繁殖力，又不会影响仔猪的生长，使养猪生产水平得到真正提高。

（六）阶段育肥技术

根据肉猪的特点，将其生长育肥期分成2～3个阶段，灵活运用自由采食和限量饲喂相应的配合饲料，不仅使生长育肥猪一直保持较快的生长速度，而且可又降低饲料消耗，提高经济效益。

（七）高密度饲养技术

母猪的限位栏饲养、保育仔猪的高床养育以及漏缝地板的采用，极大地增加了猪的饲养密度，并减少了仔猪的发病率和死亡率。

（八）严密的卫生防疫体系

卫生防疫体系不但包括常规的卫生消毒、免疫接种、预防性投药，而且渗透于猪的转群、饲料加工、人员卫生、环境控制等方面。特别应该重视猪的慢性病和寄生虫病的防控。

三、无公害肉猪和有机猪的一般饲养管理要求

（1）饲养过程中应按GB8474《猪的饲料标准》、NY5032—2001《无公害食品　生猪饲养饲料使用准则》和NY/T5033—2001《无公害食品　生猪饲养管理准则》等标准进行管理。

（2）饲养人员应定期进行健康检查，并依法取得健康证明后方可上岗工作，传染病患者不得从事养猪工作。

（3）技术人员应有专业学历证明或经过职业培训，并取得绿色证书后方可上岗，场内兽医人员不准对外诊疗猪及其他动物的疾病，猪场配种人员不准对外开展配种工作。

（4）饲喂应按一定的技术规范进行，每次饲料添加量要适当，少喂勤添，防止饲料污染腐败。

（5）应根据生产工艺进行转群。转群时，按体重大小、强弱分群，分别进行饲养，饲养密度要适宜。

（6）每天打扫猪舍卫生，保持料槽、水槽用具干净，地面清洁。

（7）定期投放灭鼠药，及时收集死鼠和残余鼠药，并做无害化处理。

（8）选择高效、安全的抗寄生虫药进行寄生虫控制，控制程序符合NY5030—2001《无公害食品　生猪饲养兽药使用准则》的要求。

（9）调节好舍内的温度和湿度。夏季，确保通风良好、防暑降温；冬季注意保温，防冻防寒。

（10）做好生产计划安排，建立、健全相应的生产管理规章制度，明确各项生产指标与岗位责任制。整个生产过程应严格遵守技术规范，认真做好日常生产记录和销售记录。所有记录档案保存完整，并应尽可能长期保存，最少应在猪出栏后仍保存2年。

任务三　探究无公害肉猪生产技术

无公害肉猪生产过程是安全养猪的过程，其主要任务有三项：一是生产出无污染的健康肉猪产品；二是在整个肉猪生产过程中，按照国家有关规定和标准对猪的重大疫病进行监测和防疫，并严格控制禁用药物和危害人畜健康的重金属添加剂的使用；三是加强养猪场粪尿和废物的无害化处理，防止对环境产生污染。

一、严格选择和引进猪种

引种是无公害肉猪场管理的第一环节和基础环节。

1. 引种原则

（1）正确选择引入猪种。

（2）慎重选择猪种个体。

（3）严格执行检疫制度。

（4）所有猪种必须有检疫证书。

（5）种猪场必须有生产、经营许可证。

（6）要区分引进猪种还是商品配套系。

（7）要考虑猪种原产地与引入地间的环境差异。

（8）要考虑引进猪种的生产性能。

2. 引种要求

无公害肉猪生产的猪群必须来自非疫区。引种时所选择的猪种，应该具有良好的经济价值、育种价值和适应性。

二、合理配制日粮

生产无公害肉猪，必须饲喂无公害日粮。保障日粮的安全以及控制日粮的品质就等于阻止了公害的源头。日粮是否无公害，主要与饲料原料的选购、营养需要的确定以及配合饲料的加工、贮存和运输等过程有关。

（一）合理选购饲料原料并加强质量监测

无公害肉猪生产中所用的饲料原料，必须符合GB13078—2001《国家饲料卫生标准》

和 NY5032—2001《无公害食品　生猪饲养饲料使用准则》的有关规定，原料的产地环境以及原料的生产加工和运输过程要符合无公害生产的要求。

（1）饲料原料、预混料、饲料添加剂、全价饲料要尽可能做到定点供应，产品成分清楚，拥有专用的饲料原料生产基地和供应商是无公害猪场的较佳选择，而且，在了解各种饲料原料营养的基础上，应特别重视饲料原料中某些抗营养因子的存在，以保证饲料的消化率，减少污染物的排泄。

（2）饲料添加剂的选购和使用，是无公害肉猪生产过程中饲料原料选购的重要内容。

（3）严禁将违禁药物，如β－兴奋剂、镇静剂和激素类、砷制剂等作为饲料添加剂使用，并谨慎使用抗生素，严格执行农业部分别在 2001 年 7 月和 2002 年 3 月发布的《饲药料药物添加剂使用规范》和《食用动物禁用的兽药及其他化合物清单》中的有关规定，出栏前严格实行休药期制度。

（4）严禁使用未经处理的泔水和其他畜禽副产品。使用配料的猪场应建立详细的饲料生产记录。

（二）充分满足肉猪的营养需要

不同体重阶段的肉猪的生长速度不同，其采食量和饲料转化率也不相同，而不同的猪种在不同的体重阶段，对饲料营养品需要的差异更大。因此，要合理配制肉猪的饲粮，以充分满足其营养需要。

（三）合理进行配合饲料的加工、贮存和运输

通过选购或订单生产的方式得到符合要求的配合饲料，是无公害肉猪生产的特点之一。

（1）在选购饲料时，无论配合饲料、浓缩饲料、预混合饲料还是添加剂，都要达到一定的要求。例如，要求色泽一致，无发霉变质、结块、异味和异臭现象；饲料包装要完整，无漏洞、无污染、无异味；标签标示要与内容物质量相一致。

（2）在饲料的贮存过程中，贮存场所内外要清洁卫生，具有防潮、防虫、防鼠和防鸟设施，但不得使用化学灭鼠药、杀虫剂、杀鸟剂；化肥、农药等污染物不得与饲料混放；饲料贮存期间，要注意温度和湿度的变化，并定期抽检配合饲料的质量变化，不合格及变质饲料不得使用。

（3）饲料运输工具要干燥、清洁、无异味，具有防雨、防污染设施；装卸过程应防止受到污染，并保持饲料包装完整；饲料不得与有害有毒物品混装混运；不得使用动物运输车辆运输饲料产品；运输车辆和装卸场地要定期清洗和消毒。

三、重视疫病的防控

疫病防控是进行无公害生产的基本保障。随着集约化无公害肉猪生产的发展，养猪生产过程中产生的应激越来越多。这些应激，一方面使猪的疫病更加频繁地发生，另一方面又使古老的猪病表现出了许多新的特点，同时，新发病、变异病及人畜共患病等也愈见复杂。具体表现为：新发猪病如猪繁殖与呼吸综合征、猪断奶后多系统衰弱综合征等不断出现；温和型或持续型猪病如猪瘟等逐渐增多；多病原的继发或并发感染如猪附红细胞体病和猪链球病等日益严重和复杂。

（一）净化猪场环境是实现疫病防控的前提条件

1. 猪场的环境净化有两方面的含义

一是净化猪场外部环境以防止猪场受到外来因素的污染或威胁；二是净化猪场内部环境以防止猪自身污染的产生。

2. 猪场外部环境净化的关键环节

猪场外部环境净化的关键环节包括猪场场址的选择及规划设计，坚持自繁自养和引进猪种隔离观察制度，加强猪场工作人员的卫生管理。

3. 饲猪场内部环境的净化主要包括六大方面

饲猪场内部环境的净化主要包括六大方面，即重视猪种选育和饲料营养以提高猪群的抗应激能力，加强饲养管理和一般控制以减少应激因素的产生；实行小单元饲养的全进全出生产模式；重视消毒、灭鼠、杀虫、防鸟以切断疫病的传播途径；制定科学规范的免疫接种程序、药物预防程序和寄生虫控制程序，原则上要求商品肉猪在70日龄以前结束所有疫苗的免疫接种工作，而在4月龄之后要停止使用任何抗生素药物；加强猪场粪尿和废弃物的无害化处理，以防止自身污染等。其中，制定并执行严格的日常消毒制度，是猪场环境净化中最重要的措施

（二）重视猪群疫检监测是实现疫病防控的必要手段

（1）结合当地实际情况。有选择地进行疫病预防和接种工作。

（2）及时、敏捷地进行疫病检测。检测的种类至少包括口蹄疫、猪水疱病、猪瘟疫、猪繁殖—呼吸综合征、伪狂犬病、乙型脑炎、猪丹毒、布鲁氏菌病、结核病、猪囊尾蚴病、旋毛虫病和弓形虫病等。

（3）一旦发生疫病或疑似情况。要采取果断的应急措施，进行疫病的控制和扑灭。

（4）对每个生产批次的生猪都应有相关的生产记录资料。所有记录都要在肉猪出栏后保存2年以上。

（三）规范猪场的生产管理是实现疫病防控的可靠保证

无公害猪场要制定严格的生产管理制度和饲养管理操作规程。谢绝参观，净道和污

道分开，饲料、人员、猪群和废弃物分流以及转群和出栏管理等，都是猪场生产管理的主要内容，对实现高效的疫病防控意义重大。

四、控制药物使用

使用药物是预防和治疗猪病的重要方法，但药物的滥用、不规范使用以及使用时产生的药物残留，不但对猪群的健康构成威胁，而且严重影响无公害肉猪产品的质量。

（1）使用药物时，要符合 NY5030—2001《无公害食品 生猪饲养兽药作用准则》的要求，禁止使用麻醉药、镇静药、中枢兴奋药、化学保定药及骨骼肌松弛药。禁止使用未经农业部批准或已经淘汰的兽药。

（2）在根据猪群疫病的检测结果以及药敏试验的情况使用允许使用的抗生素和抗寄生虫药时，应严格遵守规定的投药疗程、用法与用量，休药期要遵守规定的时间，未规定休药期的品种休药期不应少于 28 天。要建立、健全药物的采购、发放和使用管理的档案制度和责任追溯制度，做到“一药、一人、一猪、一用、一停”都能有案可稽，工作人员建立并保存免疫程度记录、全部用药记录及相关生产记录。

五、做好猪场粪尿及废弃物的无害化处理

（1）要建立无害化处理设施和病猪隔离区，对疑似病猪和传染病猪的尸体采取扩散方法进行扑杀。

（2）对猪场的粪尿和废弃物进行固液分离，或者生产过程中采用干清粪工艺，采用自然堆腐或高温堆腐方法处理固形物，采用沉淀、曝光、生物膜和光细菌设施处理污水。

（3）分别对固形物和液体进行发酵降解，并利用其发酵降解产物生产出适合和种植物生长的专用固体和液体有机肥料，建议推荐“猪—沼—果”生态模式，就地吸收、消纳、降低污染，净化环境。

六、进行出栏初检

肉猪出栏前，应该由专业人员进行静态、动态、饮食状态检查和抽样屠宰检验。

项目六

猪的常见病

模块一　猪传染病的防控

猪传染病是对养猪业危害最严重的一类疾病，它不仅可能造成猪大批死亡和猪肉产品的损失，而且某些人畜共患的传染病还能给人的健康带来严重威胁。猪传染病的控制和消灭程度，是衡量一个国家畜牧、兽医行业发展水平的重要标志。正确诊断并采取适当措施有效控制传染病是根本任务。要达到这一目的，首先必须认清传染病的发生、传播和流行规律。

任务一　了解猪传染病的传播和流行

一、感染与传染病

病原微生物侵入动物机体，并在一定的部位定居，生长繁殖，从而引起机体一系列病理反应，这个过程称为感染。动物感染病原微生物后会有不同的临床表现，从完全没有临床症状到明显的临床症状，甚至死亡，这是病原微生物的致病性、毒力与宿主特性综合作用的结果。也就是说，病原微生物对宿主的感染力和使宿主的致病力表现出很大的差异，这不仅取决于病原微生物本身的特性（致病力和毒力），也与动物的遗传易感性和宿主的免疫状态以及环境因素有关。

凡是由病原微生物引起，具有一定的潜伏期和临床表现，并具有传染性的疾病，称为传染病。传染病的表现虽然多种多样，但亦具有一些共同特性，根据这些特性可与其他非传染病相区别。这些特性主要是以下几个方面：

(一) 传染病是在一定环境条件下由病原微生物与机体相互作用所引起的

每一种传染病都有其特异的致病性微生物存在,如猪瘟是由猪瘟病毒引起的,没有猪瘟病毒就不会发生猪瘟。

(二) 传染病具有传染性和流行性

从患传染病的病畜体内排出的病原微生物,侵入另一有易感性的健康牲畜(健畜)体内,能引起同样症状的疾病。像这样使疾病从病畜传染给健畜的现象,就是传染病与非传染病区别的一个重要特征。当环境条件适宜时,在一定时间内,某一地区易感动物群中可能有许多动物被感染,致使传染病蔓延散播,形成流行病。

(三) 被感染的机体发生特异性反应

在传染发展过程中,由于病原微生物的抗原刺激作用,机体发生免疫生物学的改变,产生特异性抗体和变态反应等。这种改变可以用血清学方法等特异性反应检查出来。

(四) 耐过传染病的动物能获得特异性免疫

动物耐过传染病后,在大多数情况下均能产生特异性免疫,使机体在一定时期内或终生不再患该种传染病。

(五) 具有特征性的临床表现

大多数传染病都具有该种病特征性的综合症状和一定的潜伏期和病程经过。

二、感染类型

病原微生物的感染与抗感染之间的矛盾是错综复杂的,受多方面的影响,感染过程表现出各种形式或类型。主要包括以下几种:

(一) 外源性和内源性感染

外源性感染是指由来自猪体外的病原微生物所引起的感染。大多数传染病都属于这一类型。猪体内存在的一些病原微生物在正常情况下不表现致病性。当受到不良因素的影响,猪机体抵抗力减弱时,病原微生物伺机大量繁殖,活性和毒力增强,最后致猪发病,称为内源性感染,如猪肺疫。

(二) 单纯感染、混合感染和继发感染

由一种病原微生物所引起的感染,称为单纯感染或单一感染。大多数感染过程都是由一种病原微生物引起的。由两种以上的病原微生物同时参与的感染,称为混合感染。猪感染了一种病原微生物之后,在机体抵抗力减弱的情况下,又由新侵入的或原来存在于体内的另一种病原微生物引起的感染,称为继发感染。

(三) 显性感染、隐性感染、顿挫型和消散型感染

表现出该病所特有的明显的临床症状的感染过程称为显性感染。在感染后不呈现任

何临床症状的称为隐性感染。隐性感染的病猪称为亚临诊型,有些病猪虽然外表看不到症状,但体内可呈现一定的病理变化;有些隐性感染病猪则既不表现症状,又无肉眼可见的病理变化,但它们能排出病原散播传染,一般只能用微生物学和血清学方法才能检查出来。这些隐性感染的病猪在机体抵抗力降低时也能转化为显性感染。

开始症状较轻,特征症状未见出现即行恢复者称为消散型(或一过型)感染。开始时症状表现较重,与急性病例相似,但特征性症状尚未出现即迅速消退恢复健康者,称为顿挫型感染。这是一种病程缩短而没有表现该病主要症状的轻病例,常见于疾病的流行后期。还有一种临床表现比较轻缓的类型,一般称为温和型。

(四)局部感染和全身感染

由于猪的抵抗力较强,而侵入的病原微生物毒力较弱或数量较少,病原微生物被局限在一定部位生长繁殖,并引起局部病变的称局部感染。但是,即使在局部感染中,猪机体仍然作为一个整体,其全部防御机制都参加到与病原体的斗争中去。如果猪抵抗力较弱,病原微生物冲破了猪体的各种防御屏障侵入血液向全身扩散,则发生严重的全身感染。这种感染的全身化,其表现形式主要有菌血症、病毒血症、毒血症、败血症等。

(五)典型感染和非典型感染

典型感染和非典型感染均属显性感染。在感染过程中表现出该病的特征性(有代表性)临床症状者,称为典型感染;而不表现该病的特征性临床症状的称为非典型感染。

(六)良性感染和恶性感染

一般常以病猪的死亡率作为判定传染病严重性的主要指标。如果该病并不引起病猪的大批死亡,可称为良性感染。相反,如果能引起大批死亡的,则可称为恶性感染。猪的抵抗力减弱和病原体毒力增强等都是传染病发生恶性感染的原因。

(七)最急性、急性、亚急性和慢性感染

最急性传染病程短促,常在数小时或一天内突然死亡,症状和病变不显著。发生巴氏杆菌病时,有时可以遇到这种病型,常见于疾病的流行初期。急性感染病程较短,自几天至2~3周不等,并伴有典型症状,如传染性喉气管炎等,主要表现为这种类型。亚急性感染的临床表现不如急性那么显著,病程稍长,和急性相比是一种比较缓和的类型。慢性感染的病程发展缓慢,常在1个月以上,临床症状常不明显或甚至不表现出来,如结核病等。

传染病的病程长短取决于机体的抵抗力和病原体的致病力等因素,同一种传染病的病程并不是经常不变的,一个类型常易转变为另一个类型。例如,急性或亚急性传染性喉气管炎可转变为慢性经过。反之,结核病等在病势恶化时亦可转为急性经过。

(八)病毒的持续性感染和慢病毒感染

持续性感染是指猪长期持续处于感染状态。病毒不能杀死猪体细胞而形成与猪体细胞的共生平衡，感染猪可长期或终身带毒，而且经常或反复不定期地向体外排毒，但常缺乏临床症状，或出现与免疫病理反应有关的症状。慢病毒感染是指潜伏期长，发病呈进行性且最后以死亡为转归的病毒感染。它与持续感染的不同点是：疾病过程缓慢，但不断发展且最后常引起死亡。

三、传染病的病程

传染病的病程在大多数情况下具有严格的规律性，大致可以分为潜伏期、前驱期、明显（发病）期和转归期四个阶段。

（一）潜伏期

由病原体侵入猪体并进行繁殖时起，直到疾病的临床症状开始出现为止，这段时间称为潜伏期。一般来说，急性传染病的潜伏期差异范围较小；慢性传染病以及症状不很显著的传染病其潜伏期差异较大，常不规则。同一种传染病潜伏期短促时，疾病经过常较严重；反之，潜伏期延长时，病程亦常较轻缓。从流行病学的观点来看，处于潜伏期中的动物之所以值得注意，主要是因为它们可能是传染的来源。

（二）前驱期

前驱期是疾病的征兆阶段，其特点是临床症状开始表现出来。但该病的特征性症状仍不明显。从多数传染病来说，这个时期仅可察觉出一般的症状，如体温升高、食欲减退、精神异常等。各种传染病和各个病例的前驱期长短不一，通常只有数小时至1～2天。

（三）明显（发病）期

前驱期之后，疾病的特征性症状逐步明显地表现出来，是疾病发展到高峰的阶段。这个阶段因为很多有代表性的特征性症状相继出现，在诊断上比较容易识别。

（四）转归期（恢复期）

疾病进一步发展为转归期。如果病原体的致病性能增强，或猪体的抵抗力减退，则传染过程以动物死亡为转归。如果猪体的抵抗力得到改进和增强，则猪便逐步恢复健康，表现为临床症状逐渐消退，体内的病理变化逐渐减弱，正常的生理功能逐步恢复。猪在一定时期保留免疫学特性。在病后一定时间内还有带菌（毒）、排菌（毒）现象的存在，但最后病原体可被消灭清除。

任务二　探究传染病流行的规律

一、传染病流行过程的三个基本环节

猪传染病的一个基本特征是能在猪体之间直接接触传染或间接地通过媒介物（生物

或非生物的传播媒介）互相传染，构成流行。猪传染病的流行过程，就是从猪个体感染发病发展到猪群体发病的过程，也就是传染病在猪群中发生和发展的过程。传染病在猪群中的蔓延流行，必须具备三个相互连接的条件，即传染源、传播途径及易感猪群。这三个条件常统称为传染病流行过程的三个基本环节，当这三个条件同时存在并相互联系时就会造成传染病的发生。因此，掌握传染病流行过程的基本条件及其影响因素，有助于我们制定正确的防疫措施，控制传染病的蔓延或流行。

（一）传染源

传染源（亦称传染来源）是指有某种传染病的病原体在其中寄居、生长、繁殖并能排出体外的动物机体。具体说传染源就是受感染的猪，包括患传染病病猪和带菌（毒）猪。猪受感染后，可以表现为患病和携带病原两种状态，因此传染源一般可分为两种类型。

1. 患病猪

患病猪是重要的传染源。不同病期的病猪，其作为传染源的意义也不相同。前驱期和明显（发病）期的病猪因能排出病原体且具有症状，尤其是在急性过程或者病程加剧阶段可排出大量毒力强大的病原体，因此作为传染源的作用也最大。潜伏期和恢复期的病猪是否具有传染源的作用，则因病种不同而异。

病猪能排出病原体的整个时期称为传染期。不同传染病传染期长短不同。各种传染病的隔离期就是根据传染期的长短来制订的。为了控制传染源，对病猪原则上应隔离至传染期结束。

2. 病原携带猪

病原携带猪是指外表无症状但携带并排出病原体的猪。病原携带猪是一个统称，包括带菌猪、带毒猪、带虫猪等。

病原携带猪排出病原体的数量一般不及病猪，但因缺乏症状不易被发现，有时可成为十分重要的传染源。如果检疫不严，疾病还可以随猪的运输散播到其他地区，造成新的暴发或流行。

病原携带猪一般分为潜伏期病原携带猪、恢复期病原携带猪和健康病原携带猪三类。

（1）潜伏期病原携带猪是指感染后至症状出现前就能排出病原体的猪。在这一时期，大多数传染病的病原体数量还很少，此时一般不具备排出条件，因此不能起传染源的作用。但有少数传染病如猪狂犬病、猪口蹄疫和猪瘟等在潜伏期后期能够排出病原体，此时就有传染性了。

（2）恢复期病原携带猪是指在临床症状消失后仍能排出病原体的猪。一般来说，这个时期的传染性已逐渐减少或已无传染性了。但还有不少传染病如猪气喘病、布鲁氏菌病等在临床恢复期仍能排出病原体。

（3）健康病原携带猪是指过去没有患过某种传染病但却能排出该种病原体的猪。一般认为这是隐性感染的结果，通常只能靠实验室方法检出。如巴氏杆菌病和猪丹毒等病的健康病原携带猪为数众多，有时可成为重要的传染源。病原携带猪存在着间歇排出病原体的现象，因此仅凭一次病原学检查的阴性结果不能得出正确的结论，只有反复多次的检查均为阴性时才能排除病原携带状态。消灭和防止引入病原携带猪是传染病防治中的主要任务之一。

（二）传播途径

病原体由传染源排出后，经一定的方式再侵入其他易感猪所经的途径称为传播途径。研究传染病传播途径的目的在于切断病原体继续传播的途径，防止易感猪受传染，这是防治猪传染病的重要环节之一。传播途径可分两大类：一是水平传播，即传染病在猪群之间或个体之间以水平形式横向平行传播；二是垂直传播，即从母体到其后代两代之间的传播。

1. 水平传播

水平传播在传播方式上可分为直接接触和间接接触传播两种。

（1）直接接触传播：病原体通过被感染的猪（传染源）与易感猪直接接触（交配、舐咬等）而引起疾病的传播方式。以直接接触为主要传播方式的传染病为数不多，在猪中以狂犬病具有代表性。直接接触而传播的传染病，其流行特点是一个接一个地发生，形成明显的链锁状。这种方式使疾病的传播受到限制。一般不易造成广泛的流行。

（2）间接接触传播：病原体通过传播媒介使易感猪感染的方式，称为间接接触传播。从传染源将病原体传播给易感猪的各种外界环境因素称为传播媒介。传播媒介可能是具有生命的物体，也可能是无生命的物体。

大多数传染病如猪口蹄疫、猪瘟等以间接接触为主要传播方式，同时也可以通过直接接触传播。两种方式都能传播的传染病也可称为接触性传染病。间接接触一般通过如下几种途径而传播。

① 经空气（飞沫、飞沫核、尘埃）传播：空气不适于任何病原体的生存，但空气可作为传染的媒介，它可作为病原体在一定时间内暂时存留的环境。经空气而散播的传染主要是以飞沫、飞沫核或尘埃为媒介而传播的。

飞散于空气中带有病原体的微细泡沫而散播的传染称为飞沫传染。呼吸道传染病主要是通过飞沫而传播的，如口蹄疫、结核病、猪气喘病和猪流行性感冒等。这类病猪的呼吸道往往积聚不少渗出液，刺激机体发生咳嗽或喷嚏，很强气流把带着病原体的渗出液从狭窄的呼吸道喷射出来形成飞沫飘浮于空气中，可被易感猪吸入而感染。一般来说，干燥、光亮、温暖和通风良好的环境，飞沫飘浮的时间较短，其中的病原体（特别是病毒）死亡较快;相反,如果猪群密度大,环境潮湿、阴暗、低温和通风不良,则飞沫传播的作用时间较长。

从传染源排出的分泌物、排泄物和处理不当的尸体散布在外界环境的病原体附着物,经干燥后,由于空气流动冲击,带有病原体的尘埃在空气中飘扬,被易感猪吸入而感染,称为尘埃传染。尘埃传染的时间和空间范围比飞沫传染要大,可以随空气流动转移到别的地区。但实际上病原体随尘埃的传播作用比飞沫的可能性要小,因为只有少数在外界环境生存能力较强的病原体能耐受这种干燥环境或阳光的曝晒。能借尘埃传播的传染病有猪炭疽、猪结核和猪痘等。

经空气飞沫传播的传染病的流行特征是:因传播途径易于实现,病例常连续发生,患病猪多为传染源周围的易感猪。在潜伏期短的传染病如流行性感冒等,易感猪集中时可导致疾病的暴发。未加有效控制时,此类传染病的发病率多有周期性和季节性升高的现象,一般以冬春季多见。传染病的发生常与猪舍条件差及猪群拥挤有关。

② 经污染的饲料和水传播:以消化道为主要侵入门户的传染病如口蹄疫、猪瘟、结核病、炭疽等,其传播媒介主要是污染的饲料和饮水。传染源的分泌物、排出物和病猪尸体及其流出物污染了饲料、牧草、饲槽、水池、水井、水桶,或由某些污染的管理用具、车船、猪舍等辗转污染了饲料、饮水而传给易感猪。因此,在防疫上应特别注意防止饲料和饮水的污染,防止饲料仓库、饲料加工厂、猪舍、牧地、水源、有关人员和用具的污染,并做好相应的防疫消毒卫生管理。

③ 经污染的土壤传播:随病猪排泄物、分泌物或其尸体一起落入土壤而能在其中生存很久的病原微生物可称为土壤性病原微生物。它所引起的传染病有炭疽、破伤风、恶性水肿、猪丹毒等。

经污染的土壤传播的传染病,其病原体对外界环境的抵抗力较强,疫区的存在相当牢固。因此应特别注意病猪排泄物、污染的环境、物体和尸体的处理,防止病原体落入土壤,以免造成难以收拾的后患。

④ 经活的媒介物而传播:除猪体外,也可能作为传播媒介传播家畜传染病的动物主要有:①节肢动物,如虻类、螯蝇、蚊、蠓、家蝇和蜱等。传播主要是机械性的,它们通过在病猪、健猪间的刺螯吸血而散播病原体。②野生动物,可分为两类:一类是自身对病原体具有易感性,在受感染后再传染给猪,在此野生动物实际上是起了传染源的作用,如狐、狼、吸血蝙蝠等将狂犬病传染给猪,鼠类传播钩端螺旋体病、布鲁氏菌病、伪狂犬病。另一类是自身对该病原体无易感性,但可机械地传播疾病,如乌鸦在啄食炭疽病畜的尸体后从粪内排出炭疽杆菌的芽孢;鼠类可能机械地传播猪瘟和口蹄疫等。③饲养人员和兽医在工作中如不注意遵守防疫卫生制度,消毒不严时,容易传播病原体。例如,在进出病猪和

健康猪的猪舍时可将手、衣服、鞋底沾染的病原体传播给健康猪;兽医的体温计、注射针头以及其他器械如消毒不严就可能成为猪瘟、炭疽等病的传播媒介;有些人畜共患的疾病如口蹄疫、结核病、布鲁氏菌病等,人也可能作为传染源,因此结核病的患者不允许管理猪场。

2. 垂直传播

从广义上讲垂直传播属于间接接触传播,它包括下列几种方式:

(1) 经胎盘传播:受感染的孕猪经胎盘血流传播病原体感染胎儿,称为胎盘传播。可经胎盘传播的疾病有猪瘟、猪细小病毒感染、伪狂犬病、布鲁氏菌病、钩端螺旋体病等。

(2) 经产道传播:病原体经孕猪阴道通过子宫颈口到达绒毛膜或胎盘引起胎儿感染。或胎儿从无菌的羊膜腔穿出而暴露于严重污染的产道时,胎儿经皮肤、呼吸道、消化道感染母体的病原体。可经产道传播的病原体有大肠杆菌、链球菌和疱疹病毒等。

猪传染病的传播途径比较复杂,每种传染病都有其特定的传播途径,有的可能只有一种途径,如皮肤霉菌病、虫媒病毒病等;有的有多种途径,如炭疽可经接触、饲料、饮水、空气、土壤或媒介节肢动物等途径传播。掌握病原体的传播方式及各传播途径所表现出来的流行特征,将有助于对现实的传播途径进行分析和判断。

(三) 易感猪群

易感性是抵抗力的反面,指猪对于某种传染病病原体感受性的大小。该地区猪群中易感个体所占的百分率,直接影响到传染病是否能造成流行以及疫病的严重程度。猪易感性的高低虽与病原体的种类和毒力强弱有关,但主要还是由猪体的遗传特征等内在因素、特异免疫状态决定的。外界环境条件如气候、饲料、饲养管理卫生条件等因素都可能直接影响到猪群的易感性和病原体的传播。

疾病的流行与否,流行强度和维持时间,取决于该疾病的潜伏期,致病因子的传染性,以及猪群体中易感猪所占的比例和易感猪群体的密度(单位面积中动物的头数)。

猪群免疫性并不要求猪群中的每一个成员都是有抵抗力的。如果有抵抗力的猪比例高,一旦引进病原体后出现疾病的危险性就较少,通过接触可能只出现少数散发的病例。另外,发生流行的可能性不仅取决于猪群中有抵抗力的个体数,而且也与猪群中个体间接触的频率有关。一般如果猪群中有70% ~80%是有抵抗力的,就不会发生大规模的暴发流行。这个事实可以解释为什么通过免疫接种猪群常能获得良好保护,尽管不是100%的易感动物都进行了免疫接种,或是应用集体免疫后不是所有动物都获得了充分的免疫力。

当一批新的易感猪引进一个猪群时,猪群免疫性的平均水平可能会出现变化。这些变化就是使猪群免疫性逐渐降低以致引起流行。在一次流行之后,猪群免疫性提高而保护了这个猪体,但随时间的推移和仔猪的出生,易感猪的比例逐步增加,在一定情况下足以引起疾病和重新流行。

二、流行过程的某些规律性

(一) 流行过程的表现形式

在猪传染病的流行过程中,根据一定时间内发病率的高低和传染范围的大小(即流行强度)可将猪群体中疾病的表现分为下列五种表现形式。

1. 散发性

疾病发生无规律性,随机发生,局部地区病例散在发生,各病例在发病时间与发病地点上没有明显的关系时,称为散发。传染病出现散发的可能原因为:一是猪群对某病的免疫水平较高,如猪瘟本来是一种流行性很强的传染病,但在每年进行全面防疫注射后,易感猪这个环节基本上得到控制,如平时预防工作不够细致,防疫密度不够高时,还有可能出现散发病例;二是某病的隐性感染比例较大,如猪钩端螺旋体病、流行性乙型脑炎等通常在猪群中主要表现为隐性感染,仅有一部分猪偶尔表现症状;三是某病的传播需要一定的条件,如破伤风、恶性水肿等。破伤风的发病由于需要有破伤风梭菌、厌氧、深创同时存在的条件,因此在一般情况下只能零星散发。

2. 地方流行性

在一定的地区和畜群中,带有局限性传播特征的,并且是比较小规模流行的家畜传染病,可称为地方流行性。

3. 流行性

所谓疾病流行,是指在一定时间内一定畜群出现比寻常多的病例,它没有一个病例的绝对数界限,而仅仅是指疾病发生频率较高的一个相对名词。因此,任何一种病当其称为流行时,各地各畜群所见的病例数是很不一致的。流行性疾病的传播范围广、发病率高,如不加防治常可传播到几个乡、县甚至省。这些疾病往往是病原体的毒力较强,能以多种方式传播,畜群的易感性较高,如口蹄疫、猪瘟等重要疫病可能表现为流行性。

4. 大流行

大流行是一种规模非常大的流行,流行范围可扩大至全国,甚至可涉及几个国家或整个世界。在历史上如口蹄疫和流行性感冒等都曾出现过大流行。上述几种流行形式之间的界限是相对的,并且不是固定不变的。

5. 暴发

暴发指某种传染病在一个猪群或一定区域范围内,在短时间(该病最长潜伏期内)突然出现很多病例时可称暴发。

（二）流行过程的季节性和周期性

某些猪传染病经常发生于一定的季节，或在一定的季节出现发病率显著上升的现象，称为流行过程的季节性。出现季节性的原因，主要有下述几个方面：

1. 季节对病原体在外界环境中存在和散播的影响

夏季气温高，日照时间长，这对那些抵抗力较弱的病原体在外界环境中的存活是不利的。例如，炎热的气候和强烈的日光下曝晒，可使播散在外界环境中的口蹄疫病毒很快失去活力，因此，口蹄疫的流行一般在夏季减缓或平息。又如，在多雨和洪水泛滥的季节，如土壤中含有炭疽杆菌芽胞，则可随洪水散播，因而炭疽发生可能增多。

2. 季节对活的传播媒介（如节肢动物）的影响

夏秋炎热季节，蝇、蚊、虻类等吸血昆虫大量孳生和频繁活动，凡是能由它们传播的疾病，都较易发生，如猪丹毒、日本乙型脑炎、炭疽病等。

3. 猪活动和抵抗力的影响

舍饲期间，猪聚集拥挤，接触机会增多，如舍内温度降低，湿度增高，通风不良，常易促使经由空气传播的呼吸道传染病暴发流行。季节变化，主要是气温和饲料的变化，对猪抵抗力有一定影响，这种影响对于由条件性病原微生物引起的传染病尤其明显。如在寒冬或初春，容易发生某些呼吸道传染病。

除了季节性以外，某些猪传染病如口蹄疫，经过一定的间隔时期（常以数年计），还可能出现再度流行，这种现象称为猪传染病的周期性。在传染病流行期间，易感猪除发病死亡或淘汰以外，其余由于患病康复或隐性感染而获得免疫力，因而使流行逐渐停息。但是经过一定时间后，由于免疫力逐渐消失，或新的一代出生，或引进外来的易感猪，使猪群易感性再度增高，结果可能重新暴发流行。猪每年更新或流动的数目很大，疾病可以每年流行，周期性一般并不明显。

三、影响流行过程的因素

构成猪传染病的流行过程，必须具备传染源、传播途径及易感猪群三个基本环节。只有这三个基本环节相互连接、协同作用时，传染病才有可能发生和流行。保证这三个基本环节相互连结、协同起作用的因素是猪活动所在的环境和条件，即各种自然因素和社会因素。它们对流行过程的影响是通过对传染源、传播途径和易感畜群的作用而发生的。

（一）自然因素

1. 作用于传染源

例如，一定的地理条件（海、河、高山等）对传染源的转移产生一定的限制，成为天然的隔离条件。季节变换、气候变化易引起猪体抵抗力的变化，如患气喘病的隐性病猪，在寒冷潮湿的季节里病情恶化，咳嗽频繁，排出病原体增多，散播传染的机会增加。反之，在干燥、温暖的季节里，加上饲养情况较好，病情容易好转，咳嗽减少，散播传染的机会也小。当某些野生动物是传染源时，自然因素的影响特别显著。这些动物生活在一定的自然地理环境（如森林、沼泽、荒野等），它们所传播的疫病常局限于这些环境，往往能形成自然疫源地。

2. 作用于传播媒介

自然因素对传播媒介的影响非常明显。例如，夏季气温上升，在吸血昆虫孳生的地区，作为传播流行性乙型脑炎等病的媒介昆虫蚊类的活动增强，因而乙型脑炎病例增多。日光和干燥对多数病原体具有致死作用，反之，适宜的温度和湿度则有利于病原体在外界环境中较长期的生存。当温度降低、湿度增大时，有利于气源性感染，因此呼吸道传染病在冬春季发病率常有增高的现象。洪水泛滥季节，地面粪尿被冲刷至河塘，造成水源污染，易引起钩端螺体病、炭疽等疾病的流行。

3. 作用于易感动物

自然因素对易感动物这一环节的影响首先是增强或减弱机体的抵抗力。例如，低温高湿的条件下，不但可以使飞沫传播媒介的作用时间延长，同时也可使易感动物易于受凉、降低呼吸道黏膜的屏障作用，有利于呼吸道传染病的流行。在高气温的影响下，肠道的杀菌作用降低，使肠道传染病增加。饲养管理因素如畜舍的建筑结构、通风设施、垫料种类等都是影响疾病发生的因素。小气候又称为微气候，是指在确定小空间中的气候，如畜禽舍的小气候或动物体表几毫米处的小气候。小气候对畜禽疫病的发生有很大影响。

（二）社会因素

影响家畜疫病流行过程的社会因素主要包括社会制度，生产力，人民的经济、文化、科学技术水平以及贯彻执行法规的情况等。它们既可能是促进家畜疫病广泛流行的原因，也可以是有效消灭和控制疫病流行的主要因素。因为，家畜和它所处的环境，除受自然因素影响外，在很大程度上是受人们的社会生产活动影响的，而后者又取决于社会制度等因素。应激反应是动物机体对扰乱机体内环境稳定的任何不良刺激的生物学反应的总和，应激可导致畜禽的病理性损害。例如，长途运输、过度拥挤等，都易使机体抵抗力降低或增加接触机会而使某些传染病如口蹄疫、猪瘟等疾病易暴发流行。

总之，影响流行过程是多因素综合作用的结果。传染源、宿主和环境因素不是孤立地起作用，而是通过相互作用引起传染病的流行。

任务三 防控猪的传染病

猪的传染病流行包括传染源、传播途径和易感猪群三个基本环节。在猪传染病防控过程中,上策是避免病原体进入猪群;中策是消灭猪群环境中的病原体和增强猪的抵抗力;下策是出现传染病再采取措施。实践证明,首先做好检疫,搞好种群净化是消灭猪传染病的有效措施。

一、疫病净化、控制传染源

(一)猪群检疫

应用各种诊断方法,定期或不定期地对猪群进行疫病检测,有针对性地采取有效措施,以防疫病的发生和传播。对以下几种情形须严格检疫。

1. 准备从外场购猪

应派专业人员到该地区该猪场了解疫情。可以询问当地的兽医,查询猪场的疾病记录及免疫情况等。

2. 选购猪群

对选购的猪群,每一头都要进行口蹄疫、猪瘟、伪狂犬病、繁殖与呼吸障碍综合征等疾病的检疫,同时还要参照对该地区、该猪场的调查情况重点检疫,检测阴性的猪方可选留。

3. 国外引种

应委托国家动物检测部门依《动物检疫操作规程》进行检疫,检疫阴性方可选购。

无论怎样检疫,都是在一定程度上起到预防的作用,但总有一些疫病因各种原因而漏检。因此,提倡自繁自养,引进猪时在满足需要的前提下尽可能避免从多家猪场进猪,否则不但会发生疫病组合,造成疫病增加,而且会使疫病严重程度超过任何一个原来的猪场。购进猪后,必须隔离饲养,停喂药物添加剂,进行驱虫和必要的免疫接种,经过 45 天左右,再次检疫阴性方可正式进入猪场。

(二)猪种群净化

检疫不能彻底根除疫病,所以必须用疫苗接种结合血清学检测,淘汰野毒感染猪和接种疫苗后不产生免疫应答及虽产生应答但抗体水平低的猪,从而控制和消灭进入猪场的疫病,达到逐步净化。

1. 药物净化

在饲料或饮水中添加化学药物,对感染或可能感染的猪群施行药物净化处理,以抑制或杀灭病原体,消除其危害。

2. 疫苗净化

通过免疫接种来达到对某种疾病的净化。例如，丹麦在全国实行血清抗体筛检和非免疫扑杀政策净化猪伪狂犬病。

3. 猪种净化

通过自繁自养、无特定病原猪的培养和仔猪早期隔离断奶法来净化猪群，通过兽医检验室的建立，开展临床观察、免疫监测，定期抽检猪只抗体水平，促进净化措施的落实和评价免疫效果。

二、猪场消毒、切断传播途径

猪场消毒是贯彻“预防为主”方针的一项重要措施。其目的在于消灭外界环境中的病原微生物，切断传染病的传播途径，防止传染病的发生和流行，是综合性防疫措施中最常用的重要措施之一。

（一）消毒的种类

1. 预防性消毒

预防性消毒是指未发生传染病的安全猪场，为防止传染病的传入，结合平时的清洁卫生工作和门卫制度所进行的消毒。如猪圈消毒，猪场进出口的人员和车辆的消毒，饮用水的消毒等。

2. 疫源地消毒

疫源地消毒是指该猪场现在或不久前曾发生过烈性传染病，对可能被病原体污染的区域进行的消毒，其目的是杀灭由传染源排出的病原体。根据实施时间的不同，可分为随时消毒和终末消毒两种。

(1) 随时消毒：指猪场内存在传染源的情况下开展的消毒工作，其目的是随时、迅速地杀灭刚排出体外的病原体。对于被污染的场所和物体也应立即消毒，包括猪舍、地面、用具等，其特点是需要多次反复地进行。

由于病原体排出的方式及各种传染病的传播途径不同，目前不是对所有的传染病都能实施随时消毒，如呼吸道传染病就较难随时消毒。

(2) 终末消毒：指被某些烈性传染病感染的猪群已经死亡、淘汰或痊愈，传染源已不存在，这时对猪场内外环境和用具需要进行一次全面、彻底的大消毒。

（二）消毒的方法

1. 物理消毒法

猪场中的物理消毒主要包括清扫冲洗、通风干燥、太阳曝晒、紫外线照射、火焰喷射等。

（1）清扫冲洗:猪圈、环境中存在的粪便、污物等,用清洁工具进行清除并用高压水泵冲洗,不仅能除掉大量肉眼可见的污物,而且能清除许多肉眼见不到的微生物,同时也为提高使用化学消毒法的效果创造了条件。

（2）通风干燥:通风虽不能杀灭病原体,但可在短期内使舍内空气交换,减少病原体的数量。特别在寒冷的冬春季节,为了保温常紧闭猪舍的门窗,在猪群密集的情况下,易造成舍内空气污浊,氨气积聚,注意通风换气对防病有重要作用。同时,通风能加快水分蒸发,使物体干燥,缺乏水分,致使许多微生物都不能生存。

（3）太阳曝晒:病原微生物对日光尤为敏感,利用阳光消毒是一种经济、实用的办法。但猪舍内阳光照不进去,只适用于清洁工具、饲槽、车辆的消毒。

（4）紫外线照射:即用紫外线灯进行照射消毒。紫外线的穿透力很弱,只对表面光滑的物体才有较好的消毒效果,而且距离只能在1m以内,照射时间不少于30min。此外,紫外线对人的眼睛和皮肤有一定的损害,所以并不适宜放置在猪场进出口处对人的消毒。

（5）火焰喷射:用专用的火焰喷射消毒器,喷出的火焰具有很高的温度,这是一种最彻底而简便的消毒方法,可用于金属栏架、水泥地面的消毒,不能消毒木质、塑料等易燃的物体。专用的火焰喷射器需用煤油或柴油作为燃料。消毒时应注意安全,并按顺序进行,以免遗漏。

2. 化学消毒法

具有杀菌作用的化学药品,可广泛地应用于猪场的消毒。化学消毒药的使用方法有以下几种。

（1）喷雾法:即将消毒药配制成一定浓度的溶液,用喷雾器对需要消毒的地方进行喷洒消毒。此法方便易行,大部分化学消毒药都可用喷洒消毒法。消毒药的浓度,按各种药物的说明书配制。喷雾器的种类很多,一般农用喷雾器都适用。消毒药液的用量,按消毒对象的性质不同而有差别。

（2）擦拭法:用布块浸沾消毒药液,擦拭被消毒的物体,如猪舍内的栏杆、笼架以及哺乳母猪的乳房。

（3）浸泡法:将被消毒的物品浸泡于消毒药液内,如食槽、铲子及各种用具。

（4）熏蒸法:常用的有甲醛溶液配合高锰酸钾等进行熏蒸消毒,此法的优点是熏蒸药物能分布到各个角落,消毒较全面,省工省力,但要求畜舍密闭。消毒后有较浓的刺激性气味,畜舍不能立即应用。

3. 猪场常用的化学消毒剂

（1）酚类:包括石炭酸及其衍生物,如来苏尔、克辽林(臭药水)等。它的作用机制是使菌体蛋白质凝固而呈现杀菌作用,同时酚类还能抑制细菌专一酶的活性,起到抑菌作用。

酚类化合物的特点是:在适当浓度下几乎对所有不产生芽胞的繁殖型细菌均有杀灭作用,但对病毒、结核杆菌和芽胞的作用不强;对蛋白质的亲和力较小,它的抗菌活性不易受环境中有机物和细菌数量多少的影响,可用于消毒分泌物和排泄物;化学性质稳定,不会因贮放时间过久或遇热而改变药效,但有强烈的气味。

(2)碱类:常用的碱类消毒剂是氢氧化钠、氨水、石灰等。

氢氧化钠:常用2%~4%的浓度,适用于猪圈、地面、运输车船、饲槽的消毒及用做猪场进出口消毒池的药液。本品对口蹄疫、猪瘟等的病毒及巴氏杆菌、沙门氏菌等多种细菌都有较强的消毒作用。碱还有皂化去垢作用,无臭无味,对木质、金属笼具也没有严重的腐蚀作用。粗制的烧碱价格低廉,但对人、畜的皮肤和纤维有一定的灼伤和损害,所以在运输、使用过程中要注意安全防护。消毒猪舍时,应驱出猪群,消毒后6~12h,再用清水冲洗饲槽和地面,方可进入。

氨水:氨水价廉易得,又可增加粪便污水的肥效。据试验,以5%的氨水(用含氨量18%的农用氨水2.5L,加自来水6.5L配成),喷洒消毒,对常见的细菌、病毒都有较强的杀灭作用。本品有强烈的刺激性臭味,喷洒消毒时工作人员应戴用2%硼酸湿润的口罩和风镜,以减少对黏膜的黏激。

石灰:要求使用新鲜呈块状的氢氧化钙,若存放过久,吸收了空气中的二氧化碳,即成为碳酸钙,则失去了消毒作用。一般用含20%碳酸钙的石灰乳涂刷墙壁、栏杆、地面等处,也可直接将石灰撒在阴湿的地面、粪池周围及污水沟等处进行消毒。石灰必须在有水分的情况下才会游离出 OH^-,改变介质的酸碱度,夺取微生物细胞的水分,并与蛋白质形成蛋白化合物而起消毒作用。有的猪场在场门进出口放置石灰干粉,这对鞋底是不能起消毒作用的,仅可起到吸收水分和除湿的作用。若是猪只通过,反而会使蹄部干燥开裂。

(3)氧化剂和卤素类:这类消毒剂是通过氧化作用破坏细菌代谢所必需的营养,使代谢失去平衡而致细菌死亡。常用于畜舍的消毒药有过氧乙酸、氯与含氯化合物、碘与碘化合物等。

过氧乙酸:又称过醋酸。为强氧化剂,纯品呈无色透明的液体,易溶于水,市售成品为40%的水溶液,性质不稳定,须密闭避光贮放在低温处(2℃~4℃),有效期半年。遇热(70℃以上)易引起爆炸,但浓度在10%以下则无此危险。本品属广谱、高效杀菌剂,常配制成0.5%溶液消毒猪舍及环境,能杀死细菌、霉菌、芽胞及病毒。过醋酸的原液对动物的皮肤和金属有腐蚀性,其稀释液对人畜的呼吸道、眼结膜有刺激性,对有色纺织品有漂白作用,使用时应引起注意。

氯与含氯化合物:本类产品的制剂有多种,使用较广泛,剂型以粉剂为主。氯是一种气体，虽有强大的杀菌作用，但不稳定，易从空气中吸湿而成盐，使有效氯散失，所以保存时应装于密闭、干燥的容器中。其有效氯的含量与杀菌作用密切相关，如漂白粉（含氯石灰）新鲜制剂含有效氯为25% ~36%，即使在妥善保存的情况下，有效氯每月散失1% ~3%。本品常用于饮水和排泄物的消毒，饮水消毒可在1kg水中加漂白粉6 ~10g，经30min后即可应用。消毒后的饮水有轻度氯气味，但对人、畜的健康无害。此外还有次氯酸钠等制剂。

碘与碘化合物：碘的杀菌谱广，对细菌、病毒、真菌、细菌芽胞等均有杀灭作用，0.03%碘溶液5min即可杀灭芽胞。但碘的氧化性远没有氯强。碘可用于饮水消毒，其优点是杀菌作用不取决于酸碱度、温度和接触的时间，也不受有机物的影响，无不良气味。用量是每千克饮水中加入2%碘酊5 ~6滴搅匀，15min后即可饮用。

（4）表面活性剂：依其在水中溶解后在活性基团上电荷的性质，可分为阴离子型和阳离子型两种。阴离子型清洁剂能产生大量泡沫，有较强的去污力，如常用的肥皂和肥皂粉等；阳离子型清洁剂去污力较差，但抗菌作用较强，能杀死多种细菌和霉菌，但对病毒的杀灭效果较差。本类产品目前广泛地用于畜牧业，市场上销售的商品名有新洁尔灭、洗必泰、百毒杀等。

新洁尔灭：为常用的表面活性剂，兼有杀菌和去垢效力。常用于猪场的橡胶制品和医用金属器械的贮存消毒（在0.1%的溶液中煮沸15min后再浸泡15min，为防止金属生锈，可在溶液中加0.5%的亚硝酸钠）。

百毒杀：属于季胺盐类阳离子表面活性消毒剂。由于本品无色、无味、无刺激性、无毒性，因此，消毒范围很广，适用于饮用水的消毒以及猪舍、环境和猪场进出口消毒池的消毒。

（5）醛类及其他消毒剂：本类药物的杀菌作用较强，对细菌、芽胞、病毒、霉菌均有杀灭能力，常用气体消毒。主要代表物是甲醛，其40%的水溶液称为福尔马林溶液。甲醛对皮肤黏膜的刺激性极大，其蒸气可引起眼和呼吸道炎症，滴在皮肤表面，能使皮肤变粗变硬。本品的消毒方法如下：

用于熏蒸消毒时，室内温度不得低于18℃，消毒前应将舍内的门窗关闭，避免气体向室外扩散，舍内存放的用具、箱橱及工作服等都应打开，以便使气体能通过周围。盛福尔马林的容器不得放在地面上，应悬吊在猪舍中。消毒的用量是：每立方米空间，需福尔马林25mL、高锰酸钾10 ~12.5g（可用生石灰代替）。计算好被消毒猪舍的用量后，先放高锰酸钾，后加福尔马林，用木棒搅拌，经几秒钟后即见有浅蓝色刺激眼鼻的气体挥发出来，经过12 ~24h后方可将门窗打开通风，但在较长的时间内仍可嗅到对猪有刺激性的气体。若急需进猪，则可用氨水中和，用量是每100m^3猪舍需25%的氨水1 250 mL，中和20 ~

30min 后，打开猪舍门窗，通风 20～30min，即可放猪进入。

4. 消毒时的注意事项

（1）猪舍进行大消毒前，必须将猪群迁出。

（2）猪舍中有机物的存在，可使药物的杀菌作用大为降低，而且有机物被覆于菌体上，阻碍与消毒剂接触，对细菌起着机械的保护作用，因此，对猪舍中的有机物，包括粪便、分泌物、排泄物、饲料残渣等，必须清扫、冲洗干净。试验表明：清扫猪圈可除掉 20% 的细菌，高压冲洗可除掉 50% 的细菌，消毒药只能杀灭 20% 的细菌，三者相加可使猪舍内的细菌减少 90% 以上。

（3）影响消毒药物作用的因素很多。一般来说，消毒药液的浓度、温度和作用时间与消毒杀菌的效果成正比，即消毒药液的浓度越大、温度越高、作用时间越长，其消毒效果越好。

（4）每种消毒剂的消毒方法和浓度各有不同，应按产品说明书配制。对于某些有挥发性的消毒药（如含氯制剂），应注意其保存方法是否适当，是否已超过保存期，否则会使效果减弱或失效。

（5）有些消毒剂具有刺激性气味，如甲醛等；有的消毒剂对猪的皮肤有腐蚀性，如氢氧化钠等。当猪舍使用这些消毒剂后，不能立即进入。有的消毒剂有挥发性气味，如臭药水、来苏儿等，应避免污染饲料、饮水，否则会影响猪的食欲。

（6）几种消毒剂不能同时混合使用，以免影响药效。但在同一场所，用几种消毒药先后搭配使用，则能增加消毒效果，如经喷雾消毒后又用熏蒸消毒。

三、猪场灭虫、灭鼠，防疫病传播

蚊、蝇等节肢动物是猪传染病的重要传播媒介，因此杀灭蚊蝇是控制传染病传播途径之一。常用的杀灭方法可分为物理、化学和生物学等方法。物理方法除拍打、捕捉等外，电子灭蝇灯有一定的应用价值。化学方法是：使用有机磷杀虫剂和拟除虫菊酯类杀虫剂，可以使用蝇蛆净（环丙氨嗪）拌料以消灭苍蝇。生物学方法主要是搞好环境卫生，做好粪便堆积封存工作。

灭鼠既可减少饲料损失，又可控制疾病传播。鼠可以传播口蹄疫、伪狂犬病等多种传染病。灭鼠的方法大致可分为器械灭鼠和药物灭鼠。一般猪场采用药物灭鼠，在鼠常出入的地方撒布毒饵，或将氯化苦注入鼠穴，杀灭野鼠。

四、免疫接种、保护易感猪群

免疫接种就是通过给猪接种疫苗、菌苗和类毒素等生物制剂使其产生抗原物质，从而激发猪产生特异性抵抗力，让易感猪转化为非易感猪的一种手段。有组织有计划地进行免疫接种，是预防和控制猪场疫病流行的重要措施之一。

（一）免疫接种分类

根据免疫接种时机的不同，分为预防接种和紧急接种两大类。

1. 预防接种

在经常发生某种传染病的地区，或在某些传染病潜伏的地方，或受到邻近地区某些传染病经常威胁的地区，在发生传染病流行之前，给猪注射（接种）某种疫（菌）苗，就可预防某一传染病的发生，这种方法叫预防接种，或叫预防注射，俗称“打预防针”。

2. 紧急接种

紧急接种是指在发生传染病时为了迅速控制和扑灭传染病的流行，而对疫区和受威胁区尚未感染的动物进行的应急性接种。对于受威胁区的紧急免疫接种，其目的是建立“免疫带”包区，以防蔓延。受威胁区的大小视疫病的性质而定。

（二）疫苗接种注意事项

1. 注意预防接种的反应

猪预防接种后，在1～5天内会出现各种反应。疫苗对机体来说都是异物，经接种后总会有一个反应过程，根据反应的性质和强度有所不同分为以下几种反应类型：

（1）正常反应：指由于疫苗本身的特性而引起的反应，其性质与反应强度因疫苗而异。某些活疫苗接种后实际是一次轻度感染，会发生某种局部反应或全身反应。

（2）严重反应：和正常反应在性质上没有区别，但程度轻重或发生反应的猪超过正常比例。引起反应的原因较多，包括疫苗质量差、疫苗使用方法不当、接种量过大、接种途径不正确等。

（3）并发症：指与正常反应性质不同的反应。主要包括过敏反应，扩散为全身感染和诱发潜伏感染。

2. 紧急接种要注意安全

紧急免疫接种应根据疫苗或抗血清的性质、疫病发生及流行的特点进行科学、合理的安排。由于疫苗接种能够激发潜伏期动物发病，且在操作过程中易造成病原体传播，因此紧急接种时应首先对动物群进行临床检查，以排除潜伏期和感染期的动物。紧急免疫必须在疾病流行的早期进行，或者是尚未感染的动物可使用疫苗，也可使用高免血清或其他抗体预防，但已感染或已发病动物则只能使用高免血清或其他抗体进行治疗。

3. 正确使用疫苗

目前常用的疫（菌）苗有弱毒苗和灭活苗两大类。弱毒苗中除菌苗外，都需要冷冻保存和运输，否则就会失效。

灭活苗包括油乳剂、蜂胶制剂、氢氧化铝制剂等，常温下可保存，但以2℃～8℃的保存效果最佳，注意不能受阳光照射，也不可冻结，使用前要将其回升至室温；应仔细核对疫（菌）苗的名称与预防疾病是否相符，是否在有效期内，使用的接种用具如注射器、针头、滴管等应清洗、消毒并保持干燥；稀释疫（菌）苗时，只能使用指定的稀释液，并按规定的方法进行，灭活疫（菌）苗不得作任何稀释、掺和；在做好接种部位的消毒工作后再接种疫（菌）苗，并确保接种剂量准确，不能随意增加或减少剂量；吸取疫（菌）苗时使用固定的针头而不能用已经与猪接触过的针头，而且已吸出的疫（菌）苗不能再回注瓶内，以防污染，稀释后的疫（菌）苗应在限定的时间内一次用完，未用完的疫苗应作消毒销毁处理；接种弱毒菌苗时要在使用前后几天内停止给予各种抗菌药物；两种或两种以上的疫（菌）苗不能随意混合或同时使用，以免影响应有的免疫效果，产生毒副作用，加重应激反应；猪在屠宰前6周内不应接种油佐剂或氢氧化铝佐剂类疫苗。

（三）制定免疫程序注意事项

1. 调查本地和本猪场疫病流行情况或疫病程度

根据猪群中所存在的疾病和所面临的威胁来确定接种疫苗的种类，制订免疫计划。对于从来没有发生过也没有可能从别处传来的传染病，就没有必要进行预防接种。对于场外引进的猪要及时进行接种。

2. 猪群生理状态调查

在接种之前，应了解猪的所有情况，如年龄、健康、生理时期等。若处于年龄不适、患病、妊娠期等状态最好暂时不要接种，以免引起猪的死亡、母猪流产。对于猪体不适情况下预防接种会产生免疫不应答或应答不理想的现象。

3. 仔猪母源抗体水平检测

初生仔猪吃初乳后，乳汁中的抗体会很快被仔猪吸收，从而获得母源抗体，增强了仔猪对疾病的抵抗力，但是母源抗体也可干扰首次免疫的效果。所以，制定免疫程序时，首次免疫必须等母源抗体的水平降到一定程度才可进行，否则不能产生预期的免疫效果。

4. 了解疫苗、菌苗的特性

油佐剂或氢氧化钠灭活疫苗注射后2～3周才能产生较强的免疫力，且注射剂量较大，一般免疫期较短，但受母源抗体的干扰小。弱毒活苗注射后，3天即能产生良好的免疫力，而且注射剂量小，一般免疫期长，但受母源抗体的干扰大。接种联苗时，需要考虑疫苗之间的相互影响。若疫苗之间或者接种后互不干扰甚至相互促进，则可同时接种，否则不能使用。

5. 选择免疫接种的方法

疫苗、菌苗一般采用皮下或肌肉注射。有的疫苗可以口服、滴鼻或气雾免疫，个别的菌苗如气喘病弱毒苗,须做胸腔内注射才能产生较好的免疫力。

（四）免疫程序的制定

免疫程序的制定,要考虑本地区疫病流行情况,母猪母源抗体状况,仔猪、生长猪、肉猪的发病日龄、发病季节、免疫间隔时间等因素,以及以往免疫效果。拟定猪场免疫程序,不仅要有严密的科学性,而且要符合当地猪群的实际情况,还要考虑疫苗厂家推荐的免疫程序。根据综合的分析,最终拟定出适合本猪场的免疫程序。以下是一般猪场常用的免疫程序,仅供参考。

1. 仔猪

1日龄猪瘟单苗免疫。仔猪出生,不让吃奶,先注射一头份猪瘟单苗,隔1.5h后,再让仔猪吃奶,叫超免。适用于常发猪瘟、比较难控制的猪场。20日龄对未进行猪瘟超免的猪接种猪瘟、猪丹毒二联苗(或加猪肺疫的三联苗)。30日龄接种仔猪水肿苗疫苗。40日龄接种仔猪副伤寒苗(在疫区,首免后,隔3～4周再二免)。50日龄接种猪肺疫苗(也可1～2周龄首免,隔4～5周再二免)。60日龄接种猪瘟、猪丹毒二联苗(或加猪肺疫的三联苗)。

注意:联苗不如单苗,联得越多,效价越低,最好用单苗。接种菌苗前后禁用一切抗菌药物。

2. 后备公、母猪(尚未参加配种的公、母猪)

初配前接种猪瘟、猪丹毒二联苗(或加猪肺疫的三联苗)。初配前1～2个月接种细小病毒苗和乙型脑炎苗以预防流产、死胎、木乃伊胎。

3. 经产母猪

空怀前(断奶至配种前)接种猪瘟、猪丹毒二联苗(或加猪肺疫的三联苗)。每年一次细小病毒苗(3年后可不接种)。每年春天3～4月份接种一次乙型脑炎苗(3年后可不接种)。母猪分娩前1～1.5个月,分别接种K88、K99、987P苗,对预防仔猪黄痢有特效,对预防白痢也有一定的效果。

4. 配种公猪

每年3月份和9月份各接种一次猪瘟、猪丹毒二联苗(或加猪肺疫的三联苗)。每年接种一次细小病毒苗(3年后可不接种)。每年春季3～4月份接种一次乙型脑炎苗(3年后可不接种)。

5. 其他疫苗

(1) 口蹄疫(5号病):一般每年初冬对25kg以上所有猪接种,种猪每6个月一次,按照说明严格免疫。

(2) 猪传染性肠胃炎和流行性腹泻:按照说明接种孕猪和仔猪。初冬对育肥猪全群免疫。

（3）伪狂犬病：母猪配种前1个月接种1次，产前1个月进行第2次接种，以后每半年接种1次，仔猪25～30日龄接种1次。疫苗按照说明使用。

（4）气喘病：仔猪7～15日龄肺内接种一次，或1～2周龄、2～3周龄各肌注1次。疫苗按照说明使用。

（5）猪传染性胸膜肺炎：仔猪6～8周龄接种1次，2周后再加免1次。

（6）猪传染性萎缩性鼻炎：初产母猪和青年公猪在进入猪场时进行首免，4～6周后加强接种1次。然后根据猪场中的免疫程序进行接种。

母猪和成年公猪：对所有经产母猪（怀孕和哺乳期的母猪）和所有种公猪接种疫苗1头份，间隔4～6周后进行第2次接种。在第2次接种3个月后，对怀孕母猪再接种1次（分娩前30～40日时进行）。对种公猪，每隔6个月接种1次。

（7）仔猪红痢：母猪与产前1个月及半个月各免疫1次。

（8）猪链球菌病：成年猪每年春秋各1次，仔猪10日龄首免，60日龄再免；或出生后24h首免，断奶后2周加免1次。

各猪场应根据实际情况，确立本场的免疫程序，疫苗应按说明使用。

五、药物预防、提高猪的抵抗力

对猪来说，疫苗的预防作用是非常明显的。但因疾病种类繁多，并不是所有的病都有疫苗可防，即使所有的猪病都有疫苗可防，注射众多的疫苗，会对猪的生产带来非常不利的影响。同时，养猪过程中难免遇到一些无法控制的应激因素，单纯靠猪自身抵抗力不足以抵抗疾病。若适当添加某些药物，就能预防相关疾病。但是药物预防也有不足之处，会增加生产费用，产生毒副作用，易使猪产生抗药性，为以后的治疗带来不利影响等。常用的药物预防有以下几种：

（一）内服动物微生态制剂

微生态制剂是利用动物体内正常微生物或促进微生物生长的物质，通过一系列工艺制成的一种活菌制剂。目前关于微生态制剂的称谓较多，如微生物促生长剂、益生菌、促生素、生菌剂、活菌制剂等。我国农业部1999年6月第105号公告公布允许使用的饲料添加剂品种目录中，饲料级微生物添加剂菌种仅有12种。饲料添加剂品种目录2005年版（修订318公告目录）允许使用的微生物菌种增加到18种，包括地衣芽胞杆菌、枯草芽胞杆菌、两歧双歧杆菌、粪肠球菌、屎肠球菌、乳酸肠球菌、嗜酸乳杆菌、干酪乳杆菌、乳酸乳杆菌、植物乳杆菌、乳酸片球菌、戊糖片球菌、产朊假丝酵母、酿酒酵母、沼泽红假单胞菌、保加利亚乳杆菌、凝结芽胞杆菌、侧孢芽胞杆菌。养猪生产中应用的动物微生态制剂多数是由以上单一或多种菌株加工而成的。研究的热点集中在乳酸菌制剂、芽胞杆菌制剂、真菌制剂、光合菌制剂、复合微生态制剂。

（二）抗生素添加剂

某些抗生素不仅可预防和治疗某些疾病，同时有刺激猪生长的作用，对发展养猪业有很大的积极作用，曾受到许多国家的重视。但许多生物学家、医务工作者、微生物遗传工作者及环境保护人员却持反对意见，认为在饲料中广泛使用抗生素，将导致病原微生物对这些抗生素产生耐药性，使一些在医疗上有积极作用的药物失去应有的价值。因此，联合国世界卫生组织提出了一些限制性意见，劝告饲养业主少用或不用抗生素类药物，必须把抗生素向畜禽产品的转移或残留量限制在最低的范围内，禁止乱用抗生素。我国也有禁止使用土霉素残渣等的规定。虽然如此，但抗生素添加剂的使用仍然有增无减。实践证明，在预防猪传染病时，短时间适量使用抗生素添加剂是有效的。目前使用比较广泛的抗生素有以下几种：

1. 黄霉素

抗菌作用强、性能稳定，与其他添加剂不产生拮抗作用，不易产生耐药性，无残留，无污染。在仔猪饲料中添加20mg/kg，育肥猪饲料中添加5mg/kg黄霉素，可使猪增重提高7%，饲料利用率提高5%以上。

2. 杆菌肽锌

杆菌肽锌是目前应用最广的畜禽专用抗生素饲料添加剂。杆菌肽锌在肠道几乎不被吸收，毒性小，使用安全，几乎不产生耐药性。和其他药物也不易产生交叉耐药性。杆菌肽锌在畜禽饲料中用量很小，也无停药要求。作为饲料添加剂无需考虑其残留和转移问题，每吨饲料添加50～100g。若为了促进生长，则每吨饲料添加10～50g。使用时须注意制造商提供的使用说明书。

3. 弗吉尼亚霉素

弗吉尼亚霉素是一种含有内酯环的多肽类抗生素，主要抵抗革兰阳性菌，广泛用于猪饲料添加剂，以促进育肥猪的生长。毒性低，极少在体内蓄积，有较好的生物降解性。在饲料中添加极少剂量的弗吉尼亚霉素便可有效地促进猪生长；而较高剂量则能很好地治疗急性痢疾和预防慢性痢疾，每吨饲料添加10～25g用于预防疾病，添加50～100g可用于治疗疾病。

4. 盐霉素

盐霉素是一种聚醚类离子载体型抗生素，具有广谱抗菌作用，主要对革兰阳性菌、真菌、病毒及疟原虫有很高的敏感性，用于仔猪时，有提高增重，预防仔猪下痢的效果。在育肥猪日粮中添加也都有明显的提高增重和饲料利用率的作用。

5. 恩拉霉素

恩拉霉素是放线菌的发酵产物，对革兰阳性菌有很强的抑制作用，长期使用不会产生耐药性。它能改变肠道内的细菌群落分布，有利于饲料营养成分的消化吸收，促进猪增重和提高饲料的利用率。恩拉霉素不易被吸收，故在猪体内残留较少。建议仔猪饲料中每吨添加2.5～20g。无停药期规定。

（三）药物驱虫

对猪定期进行药物驱虫是减少或预防病原体扩散的有效措施。寄生虫病对育肥猪危害十分严重，除了肠道寄生虫外，猪囊虫病、弓形体病等均属人畜共患病，其中弓形体病还可造成季节性、地区性流行。大多数寄生虫病目前尚无有效疫苗，必须定期通过药物进行驱虫和预防。目前，我国养猪业中应用较多的驱虫药主要有以下几类。

1. 有机磷酸酯类

有机磷酸酯类系低毒有机磷化合物，常用做杀虫药和驱虫药，主要有敌百虫、敌敌畏、蝇毒磷等，其中以敌百虫应用较多。

敌百虫为广谱驱虫药，对多种猪消化道线虫，如猪蛔虫、毛首线虫、食道口线虫均有驱除作用。外用还可杀灭体外寄生虫，如螨、虱、蚤、蜱等。敌百虫每千克体重80～100mg混料投服，外用可按1%浓度涂擦或喷雾。但敌百虫毒性较大，安全范围窄，使用时注意勿超量，妊娠猪及胃肠炎患猪禁用，不要与碱性药物配合应用。由于此类药物毒性和副作用较大，而且驱虫效果不够理想，所以近些年使用者逐渐减少。此药的停药期为7天。

2. 咪唑丙噻唑类

目前在兽医临床上应用的主要是左旋咪唑，它属广谱、高效、低毒的驱线虫药，对猪蛔虫、食道口线虫有良好的驱除效果。内服或注射的剂量均为每千克体重7.5mg，注射于皮肤或肌肉。注射液对局部有一定的刺激性，同时常引起精神不振、流涎、咳嗽等症状，但如果猪感染猪肺丝虫（猪后圆线虫）时，流涎、咳嗽有助于加速虫体的排出。此药的停药期为7天。

3. 苯丙咪唑类

苯丙咪唑类属于广谱、高效、低毒的驱虫药，此类药物有多种，但在兽医领域临床使用最广的是阿苯达唑（又名丙硫咪唑、抗蠕敏），还有芬苯达唑、甲苯达唑等，有的制成复合制剂使用。此类药物对许多线虫、吸虫和绦虫均有驱除效果，并对某些线虫的幼虫有驱杀作用，对虫卵的孵化也有抑制作用。阿苯达唑给猪内服量为每千克体重10～30mg。阿苯达唑适口性较差，混饲投药时应每次少添，分多次投服，该药有致畸的可能性，应避免大量连续应用。此药的停药期为14天。

4. 阿维菌素类

阿维菌素类具有可同时驱除猪体内外寄生虫的优点，它对胃肠道线虫，如猪蛔虫、猪胃圆线虫、猪食道口线虫（结节虫）和猪毛首线虫（鞭虫）等的成虫和大部分的第四期幼虫以及肺线虫病的猪后圆线虫（肺丝虫）、猪冠尾线虫（猪肾虫）的成虫都具有驱杀作用，同时对猪体表疥螨和血虱也有很好的杀灭作用，但对虫卵没有杀灭作用。阿维菌素类对绦虫和吸虫、结肠小袋纤毛虫、猪球虫等没有作用。阿维菌素类驱虫药的剂型有口服剂、注射针剂和外用的浇泼剂等，口服剂型有粉剂、片剂、胶囊、糊剂等。在这些不同的剂型中，以纯粉制成的0.2%或1%的口服预混剂较为常用，因此把它混入饲料中内服较为方便。但是，针剂的生物利用度最高，且在注入皮下后药物与皮下脂肪结合可起到一定缓释作用，这样它除了对已感染的寄生虫起到驱杀治疗作用外，还因血药浓度维持时间较长而在一定时间内防止再次感染，起到治疗和预防的双重效果。再者，针剂的投药较口服投药的剂量准确，所以在有条件时最好以使用针剂注射为首选。

5. 伊维菌素

伊维菌素是在阿维菌素基础上改进的，它的优点是降低了毒性，所以应尽量选用伊维菌素。但是伊维菌素的市售价格略高于阿维菌素。伊维菌素注射剂对猪多用1%的制剂，一般可按每10kg体重注射0.3g计算，要用短针头注射于皮下，不要注入肌肉或血管内。注射剂的使用程序一般可在猪40日龄左右、后备猪配种前、妊娠猪产前2周时各注射1次，但在感染较重的猪场应在转入育肥舍时增加注射1次，以及繁殖母猪于配种时也加注1次，对种公猪每年注射3~4次。种猪尤其是种公猪患有顽固性疥癣，如局部结有厚痂、久治不愈的，可增加注射剂量和用药次数。每疗程可用1%伊维菌素按每10kg体重0.4mL用量，每隔5~7天注射1次，连续应用直至痊愈。口服粉剂多用0.2%预混剂，对小猪群一次性驱虫时，一般按每30kg体重5g的用量混入饲料中1次性投服。如果按全场性驱虫方案并为提高驱虫效果，则最好采用分次投服的方法，应根据猪的日龄按每吨饲料拌入0.2%预混剂计算，对保育猪、生长育肥猪、种猪分别为1.5kg、2.0kg和2.5kg的用量使用；对感染严重的种猪用量可增加到3.5kg，上述各剂量如折合成纯粉则约为每千克体重为0.1mg，或每千克饲料含2mg，使用上述各剂量的猪群均应拌料连续饲喂7天。投药时间应在繁殖母猪分娩前3周和配种前各1次，后备母猪在配种前1次，种公猪每年3~4次，转入育成舍的仔猪也应投药1次。在制订和执行驱虫方案时要特别注意，首次驱虫要统一对全场所有的猪（除吃奶仔猪外）同时投药，以消灭传染源。

防治猪寄生虫病应以使用化学药物驱杀为主，必须选择合适的药物，制订完整的驱虫方案，在见到虫体（如猪蛔虫成虫）或出现症状（如猪皮肤上的疥螨病变）再进行驱杀则为时已晚，养猪驱虫不可随意。每年春秋两季应对猪群各驱虫一次，断奶后到6月龄的猪应驱虫1~3次，怀孕母猪在产前1~2周驱虫，驱虫前应做粪便虫卵检查，搞清猪体内的寄生虫种类和危害程度，以便有的放矢地选择驱虫药。

许多养猪场往往存在猪体内外寄生虫同时感染，以及数种寄生虫的混合感染现象，在制订驱虫方案时应予以充分考虑。

猪寄生虫病属于全年发生的疾病，虽然天暖季节线虫病容易发生，潮湿寒冷季节猪疥螨发生较多，且疥螨潜藏于皮肤的厚痂皮之下（尤其是种猪），成为疥螨的传染源，但猪寄生虫对猪的侵袭是长年存在的，所以控制猪寄生虫病应是全年性的。

对猪的体外寄生虫（如猪疥螨、猪血虱等）涂擦或喷洒药物虽有一定的效果，但费时、费力，难以完全杀灭虫体，而在气候寒冷时更难以实施，所以应以使用针剂或口服剂药物为首选。

注意猪舍及场内的清洁卫生，中小猪场可将猪粪堆积发酵，经 1 ~6 周可杀灭大部分虫卵。

任务四　防控猪的常见传染病

一、猪瘟

猪瘟是由猪瘟病毒引起的猪的一种高度传染性疾病，可表现为最急性、急性、亚急性、慢性、不典型或隐性感染。

急性猪瘟由强毒所致，其特征为急性经过，高热稽留，发病率和病死率都很高，表现为器官组织出血、梗死和坏死。

（一）流行特点

在自然条件下，只有猪和野猪感染猪瘟病毒后才发病。任何年龄、性别、品种的猪都可感染发病。免疫母猪所生仔猪，因哺乳可获得一定的被动免疫保护力，对该病有一定的短期抵抗力。

病猪是主要的传染源，可终身排毒。传播途径主要是消化道，食入被病猪分泌物（唾液、汗液、泪液、鼻液等）和排泄物（尿、粪等）污染的饲料、饮水、土壤等即可染病。污染的猪舍、运动场地和饲养管理用具都能传播本病。该病也可通过呼吸道、生殖道、眼结膜及皮肤创口感染。猪的买卖、运输、尸体处理不当、肉品卫生检验不严、兽医卫生执行不力都可促进本病的流行。人、动物、飞禽和昆虫等都可成为该病的传染媒介诱发本病。因此，严禁本场职工食用场外猪肉及其制品。

本病不受气候和季节等因素的影响，一年四季都可能发病，且常可继发感染猪副伤寒、猪丹毒等细菌性疾病，导致更大的经济损失。

（二）防控

1．治疗无效

因本病治疗无效，必须贯彻“预防为主”的方针，采取综合性措施，以减少猪瘟的发生，提高猪场生产效益。用猪瘟疫苗进行免疫接种是目前我国控制猪瘟的主要措施。

2．加强猪群的饲养管理

对哺乳母猪应给予充足的营养和高质量的母猪料，保证哺乳仔猪吃到初乳，给予高质量的乳猪料。

3．加强检疫工作

严禁从疫区引进种猪、猪肉或未经充分消毒的猪肉制品。引进种猪应进行隔离观察，无病时方可引入猪场。

4．做好兽医卫生、消毒工作

对猪场周围环境和猪舍、垫草、饲养用具等定期进行严格消毒。

5．猪瘟的净化

有猪瘟强毒感染的种猪场应进行净化，在做好疫苗免疫接种的同时，应对种猪群和后备种猪群进行检疫，淘汰阳性带毒种猪和后备种猪。

二、口蹄疫

口蹄疫是由口蹄疫病毒引起的，以患病动物的口、蹄部出现水疱性病症为特征的传染性疫病。

（一）流行特点

口蹄疫的特点是起病急，传播极为迅速。除通过感染动物污染的固性物传播外，还能以气溶胶的形式通过空气长距离传播。发病率可达100%，仔猪常不见症状而猝死，严重时病死率可达100%。

（二）防控

1．免疫接种

免疫接种的目的是保护易感动物，提高易感动物的免疫水平，降低口蹄疫流行的严重程度和流行范围。现行油佐剂灭活疫苗的注射密度达80%以上时，能有效遏制口蹄疫的流行。疫苗接种可分为常年计划免疫、疫区周围环状免疫和疫区单边带状免疫。实施免疫接种应根据疫情选择疫苗种类、剂量和次数。

2．扑杀病畜及染毒动物

扑杀病畜及染毒动物的目的是消除传染源。病毒是最主要的传染源，其次是隐性感染动物和牛、羊等持续性感染带毒动物。疫情发生后，可根据具体情况决定扑杀动物的范围,扑杀措施由宽到严的次序可为:病畜→病畜的同群畜→疫区所有易感动物。

3. 限制动物、动物产品和其他染毒物品移动

限制动物、动物产品和其他染毒物品移动目的是切断传播途径。

4. 动物卫生措施

疫区除对场地严格消毒外,还要关闭与动物及产品相关的交易市场。

三、猪传染性胃肠炎

猪传染性胃肠炎是一种常见的易发、多发高度接触性的急性肠道传染病,主要发生在冬季和春季;成年猪和仔猪都会感染、发病,尤以仔猪感染、发病严重;5 日龄内的仔猪染病的病死率为 95% ~100% 。

(一) 流行特点

只引起猪发病,各种年龄的猪均可感染。病猪和带毒猪是本病的主要传染源,它们通过粪便、呕吐物、乳汁、鼻分泌物以及呼出气体排泄病毒,污染饲料、饮水、空气等,通过消化道和呼吸道而传染,传播速度很快。呈散发性或流行性,全年都可发病,但以寒冷季节(冬季、早春)和产仔季节发病最多。

(二) 防控

(1) 晚秋、冬季和早春一定要做好猪舍的防寒保温工作,加厚保温垫料并勤更换,必要时可给猪舍加温。

(2) 从外地引进猪时,一定要隔离观察 30 ~35 天,无疫情方可进栏饲养。

(3) 严禁猫、狗等进入猪舍。

(4) 经常及时地打扫、清理猪舍粪水等,无疫情时每周用 3% ~4% 氢氧化钠溶液冲洗、消毒 1 ~2 次,后用清水冲洗 1 ~2 次。

(5) 怀孕母猪在产前 25 ~30 天,每头后耳穴注射猪传染性胃肠炎灭活苗 3mL,仔猪可通过吃母乳获得被动免疫。

(6) 初生仔猪每头后耳穴注射 0.5 ~1mL 本病毒灭活苗,10 ~15kg 猪每头注射 2mL,50kg 以上猪每头注射 3mL,都能获主动免疫。

四、猪繁殖与呼吸障碍综合征

该病以妊娠母猪的繁殖障碍(流产、死胎、木乃伊胎)及各种年龄猪特别是仔猪的呼吸道疾病为特征。

(一) 流行特点

该病是一种高度接触性传染病,呈地方流行性。各种品种、不同年龄和用途的猪均可

感染，但以妊娠母猪和1月龄以内的仔猪最易感。患病猪和带毒猪是该病的重要传染源。主要传播途径是接触感染、空气传播和精液传播，也可通过胎盘垂直传播。易感猪可经口、鼻腔、肌肉、腹腔、静脉及子宫内接种等多种途径而感染病毒，猪感染病毒后2～14周均可通过接触将病毒传播给其他易感猪。感染猪的流动也是该病的重要传播方式。

（二）防控

1. 坚持自繁自养的原则

建立稳定的种猪群，不轻易引种。如果必须引种，首先要搞清所引猪场的疫情，此外，还应进行血清学检测，阴性猪方引入，坚决禁止引入阳性带毒猪。

2. 实行“全进全出”制

至少要做到产房和保育两个阶段的“全进全出”。

3. 建立生物安全体系

定期对猪舍和环境进行消毒，保持猪舍、饲养管理用具及环境的清洁卫生。一方面可防止外面疫病的传入，另一方面通过严格的卫生消毒措施把猪场内的病原微生物的污染降低到最低限。

4. 做好猪群饲养管理

在猪繁殖与呼吸综合征病毒感染猪场，应做好各阶段猪群的饲养管理，用好料，保证猪群的营养水平，以提高猪群对其他病原微生物的抵抗力，从而降低继发感染的发生率和由此造成的损失。

5. 接种疫苗

总的来说，目前尚无十分有效的免疫防制措施，目前国内外已推出商品化的弱毒疫苗和灭活苗，国内也有正式批准的灭活疫苗。然而，弱毒疫苗的返祖毒力增强的现象和安全性问题日益引起人们的担忧。国内外有使用弱毒疫苗而在猪群中引起多起该病的暴发。因此，应慎重使用活疫苗。虽然灭活疫苗的免疫效力有限或不确定，但从安全性角度来讲是没有问题的，因此在感染猪场，可以考虑给母猪接种灭活疫苗。

五、猪气喘病

猪气喘病或猪喘气病，又称猪肺炎支原体病，是猪的一种慢性呼吸道传染病。本病的主要临床症状是咳嗽和气喘，发病猪的生长缓慢，饲料利用率低，育肥饲养期延长。

（一）流行特点

猪气喘病仅发生于猪，不同品种、年龄、性别的猪均能感染，其中以哺乳猪和幼猪最易感，发病率和病死率较高。其次是妊娠后期的母猪和哺乳母猪，育肥猪发病较少。母猪和成年猪多呈慢性和隐性感染。

病猪和带菌猪是本病的传染源。病原体存在于病猪及带菌猪的呼吸道及其分泌物中，在猪体内存在的时间很长，病猪在症状消失之后半年至一年多仍可排菌。本病冬春寒冷季节多见，四季均可发生。

（二）防控

1. 坚持自繁自养

杜绝外来发病猪的引入。如需引入，一定要严把隔离检疫关（观察期至少为2个月），同时做好相应的消毒管理。

2. 疫苗免疫

疫苗一定要注入胸腔内，肌肉注射无效；注意注射疫苗前15天及注射疫苗后2个月内不饲喂或注射土霉素、卡那霉素等对疫苗有抑制作用的药物。

3. 药物预防和净化

生产母猪：水溶性阿莫西林250μg＋支原净100μg＋强力霉素100μg，于产前、产后1周各拌料喂饲。

仔猪：出生后3日龄、7日龄、21日龄分别注射长效土霉素0.2mL/kg体重。

保育猪：转群阶段复方替米先锋每袋（40g）拌料80kg连喂15天。

后备猪：水溶性阿莫西林250μg＋支原净100μg＋强力霉素100μg，每月喂饲1周，直至配种。

育肥猪：于13周龄、18周龄分别预防给药1周。

发病猪：泰乐菌素＋鱼腥草注射液（0.2ml/kg体重），肌肉注射。

六、猪链球菌病

猪链球菌病是由多种致病性猪链球菌感染引起的一种人畜共患病。

（一）流行特点

各种猪易感，常发于16周龄以下的猪，3～12周龄的猪最易感。一年四季均可发生，夏秋季多发。该病传播缓慢，一旦传入很难根除。本病发病率低，本病呈地方性流行，新疫区可呈暴发流行，发病率和病死率较高。老疫区多呈散发，发病率和病死率较低。

病猪和带菌猪是本病的主要传染源。对病死猪的处置不当和运输工具的污染是造成本病传播的重要因素，但人链球菌病也可经其他途经感染。传播途径是呼吸道、消化道及受损的皮肤。

（二）防控

1. 紧急预防性给药

对疫点内的同群健康猪和疫区内的猪，可使用高敏抗菌药物进行紧急预防性给药。

例如，青霉素、金霉素、红霉素、四环素、土霉素、先锋霉素和磺胺类药物对该病均很敏感。

2. 紧急免疫接种

对疫区和受威胁区内的所有猪按使用说明进行紧急免疫接种，建立免疫档案。根据当地猪病流行的主要菌株，选择有针对性的菌苗。

（1）猪链球菌弱毒菌苗：肌内或皮下注射1头份/头，7天后产生免疫力，保护期半年。

（2）猪链球菌氢氧化铝菌：每只猪肌内或皮下注射5mL（浓缩菌苗为3mL），2周后产生免疫力，免疫期4～6个月。

3. 消毒

可用5%～10%石灰乳、1%～2%烧碱、1%有效氯、0.5%过氧乙酸等进行喷洒或擦拭消毒。

七、猪大肠杆菌病

猪大肠杆菌病是由病原性大肠杆菌引起的一组仔猪肠道传染性疾病。常见的有仔猪黄痢、仔猪白痢和仔猪水肿病三种，以发生肠炎、肠毒血症为特征。

（一）仔猪黄痢

1. 流行特点

本病发生于出生后1周以内的仔猪，以1～3日龄最为常见。传染源主要是带菌母猪，其排出粪便带有病原菌，散布于外界，以致污染母猪的皮肤和乳头。仔猪吮奶或舔母猪皮肤时导致感染。发生黄痢的仔猪由粪便排出病原菌，通过饮水、饲料、用具传染给其他猪。本病的发生没有季节性。

2. 防控

由于本病发病急、死亡快，所以对本病要综合防治。抓好母猪产前、产后的管理，做好产房消毒工作，母猪产前全身清洗消毒，仔猪吃奶前给母猪乳房消毒。做好免疫接种，在母猪产前40天和15天各注射1次。

（二）仔猪白痢

1. 流行特点

本病发生于10～30日龄仔猪，以2～3周龄仔猪多见。一年四季均可发生，但以寒冷、炎热及阴雨连绵季节发生较多；每当气候突然变坏（如大雪、寒流等）时，发病数显著增多；母猪泌乳过多、过浓或不足等都可促进本病的发生和增加严重性。

2. 防控

主要采取综合防治措施，积极改善饲养管理及卫生条件，做好经常性的预防工作。对于初产母猪，做好预防接种，建议使用大肠杆菌6价苗预防接种。

（三）仔猪水肿病

猪水肿病又名猪胃肠水肿，是由病原性大肠杆菌的毒素引起断奶仔猪的一种急性散发性疾病。主要表现为突然发病，运动共济失调、惊厥、局部或全身麻痹及头部水肿。

1. 流行特点

本病主要发生于断奶前后的仔猪，常突然发生，病程短，迅速死亡，致死率高；发病多是营养良好和体格健壮的仔猪；一般局限于个别猪群，不广泛传播；多见于春季和秋季，该病的发生与饲料和饲养方式的改变、饲料单一或喂给大量浓厚的精饲料等有关。

2. 防控

主要采取以下综合防治措施：加强断奶前后仔猪的饲养管理，提早补料，训练采食，使仔猪断奶后能适应独立生活；断奶不要太突然，不要突然改变饲料和饲养方法；饲料喂量应逐渐增加，防止饲料单一或过于浓厚，增加富含维生素的饲料。

模块二　猪的非传染病防治

任务一　防治饲料中毒病

猪的中毒性疾病危害较广，中毒的原因很多，大多数由植物性毒素引起，主要因饲料的贮存不当、调制不合理，或饲喂某些含毒的饲料而引起猪中毒。

一、霉饲料中毒

（一）病因

猪场常用的饲料如玉米、小麦、麸皮等，在收获季节或贮存期间，自然环境中有许多机会接触各种真菌。只有在温度、湿度适宜时，这些真菌才会生长繁殖，同时还能产生大量毒素。目前已知的真菌毒素有百种以上，最常见的有黄曲霉毒素、赤霉菌毒素和镰刀菌毒素。猪吃了含有这些毒素的饲料就会发生中毒，造成发病与死亡。

（二）预防

做好饲料保管工作，防止饲料因受潮、受热而发霉腐败。严禁用发霉、变质的饲料喂猪。

（三）治疗

霉菌毒素中毒，没有特效的解毒药，须立即停喂发霉饲料，不喂精料，改喂青绿饲料，一般可恢复。药物治疗应排除毒物，可给予泻剂硫酸镁 200～300g，水 500mL，口服。鱼石脂 10g、酒精 500mL 口服，保护胃肠黏膜。为解毒保肝，可静脉放血 200～300mL。然后补 25% 葡萄糖、林格尔氏液 500～1 000mL，并加安钠咖 10mL、维生素 C 注射液 10mL。

二、甘薯黑斑病中毒

（一）病因

甘薯黑斑病的病原菌是一种霉菌。它侵害甘薯的块根，在甘薯的表面有暗褐色的斑点或黑色斑点，内部变干硬，有苦味。黑斑病的有毒成分虽经过蒸、煮、烤等高温处理，其毒性也不能被破坏，因此，甘薯黑斑病薯片经切片、晒干、磨粉及酿酒后的副产品仍含有一定量的毒素，若用于喂猪，会发生中毒。

（二）预防

禁止用带有甘薯黑斑病的甘薯喂猪，如用霉变薯类作饲料时，必须将病变部分切除，洗净后再用。

（三）治疗

应迅速排出毒物、解毒，缓解呼吸困难，并对症治疗。若早期发现，先用 1% 的高锰酸钾或 1% 的双氧水洗胃，然后灌服硫酸钠 25～50g，或其他泻剂，以促进毒物排泄。后用 5～20% 的硫代硫酸钠注射液 20～50mL，同时加入适量维生素 C 静脉注射，可缓解呼吸困难。在初期可用贯众、甘草，煎服。1 天 2 次，连服 3 天。对肺水肿严重的可用高渗葡萄糖，加入 10% 的氯化钙、20% 的安钠咖，混合静注。

三、亚硝酸盐中毒

（一）病因

喂猪的青绿饲料中的白菜、菠菜、萝卜叶、包心菜、甜菜和一些野菜等，都含有数量不等的硝酸盐，在适宜的条件下，如较长时间保持在 40℃～60℃，存放或蒸煮的青菜，导致饲料中的硝酸盐可以还原为亚硝酸盐。猪吃了含有亚硝酸盐的饲料后，经肠道吸收，进入血液，能使血液中的氧化血红蛋白变为变性血红蛋白，使血液失去携氧的能力，从而引起猪全身缺氧，导致呼吸中枢麻痹，严重的会因窒息而死。常见于猪吃饱后 15min 到数小时发病，故俗称“饱潲病”或“饱食瘟”。

（二）预防

青绿饲料要新鲜、生喂，可避免中毒。严禁饲喂腐烂变质的青绿饲料，煮青绿饲料时不要盖锅盖，煮时要勤搅拌，现煮现喂，一定不能煮后焖锅过夜后再喂，以防中毒。

（三）治疗

迅速使用特效解毒药如美蓝或甲苯胺蓝。静脉注射 1% 的美蓝，按每千克体重 1mL，也可深部肌肉注射1%的美蓝；甲苯胺蓝每千克体重5mg，可内服或配成5%的溶液静脉注射、肌肉注射或腹腔注射。使用特效解毒药时配合使用高渗葡萄糖300～500mL，以及每千克体重10～20mg维生素C。同时对症治疗，呼吸急促时，可用尼克刹米、山梗菜碱等兴奋呼吸的药物。对心脏衰弱者，注射0.1%盐酸肾上腺素溶液0.2～0.6mL，或注射10%安钠咖以强心。

四、马铃薯中毒

（一）病因

马铃薯毒素是一种配糖体生物碱，也叫龙葵素，存在于马铃薯的嫩绿茎、叶、外皮中。猪吃了带有毒素的马铃薯，毒素会被胃肠黏膜吸收，引起黏膜炎症；毒素进入血液，损害延脑和脊髓，以致感觉神经末梢麻痹。

（二）预防

禁止饲喂已经发芽或腐烂的马铃薯，即使好的马铃薯也要少喂，而且要与其他饲料搭配饲喂。对于新鲜的马铃薯茎、叶、花也不宜喂猪，需经晒干或制成青贮饲料再喂。在加工处理马铃薯时可加入醋酸使龙葵素分解，或加热处理。

（三）治疗

发病后应立即停喂有毒饲料。起病初期可采用催吐、洗胃及导泻治疗。口服1%的硫酸铜溶液20～50mL或皮下注射阿扑吗啡0.01～0.02g催吐，用0.01%～0.05%高锰酸钾溶液或1%鞣酸洗胃。内服硫酸镁导泻。出现神经症状时应用2.5%的盐酸氯丙嗪1～2mL。病重时，注射强心剂，10%安钠咖5～10mL，或10%樟脑磺酸钠5～10mL，同时静脉注射5%的葡萄糖250mL。皮肤有大片疹块者，外用消毒药及涂擦软膏等。

五、饼、粕、糟、糠类饲料中毒

（一）病因

这些饲料中含有一定量的有毒物质。例如：菜籽饼含有葡糖硫苷，棉籽饼含有棉酚；使用有机溶剂加工的豆饼、豆粕中含有三氯乙烯等；酒糟和糠麸类因贮存方法不当或放置过久时，会腐败霉烂，产生大量毒素及有机酸如醋酸、乳酸等有害物质。

（二）预防

对饼、粕类饲料，进行脱毒处理，脱毒的方法有蒸煮法、发酵法、加热法等。对糠麸、酒糟类饲料，以新鲜为好，妥善保管。酒糟不宜堆放过厚，糠麸应放于干燥、通风、温度低的地方，以防发霉变质。酒糟的喂量不宜过多，应与其他饲料搭配使用。

(三) 治疗

该类饲料中毒应具体问题、分别处理。菜籽饼中毒,无特效解毒药,中毒后立即停喂菜籽饼;用0.1% ~1%的单宁酸或0.05%的高锰酸钾洗胃。内服淀粉浆、蛋清、牛奶等以保护黏膜,减少对毒素的吸收。可适当静脉注射维生素C、维生素K、肾上腺皮质激素、10%葡萄心剂、利尿剂、止血药进行对症治疗;棉籽饼中毒,立即停喂棉籽饼、棉粒壳,内服硫酸亚铁、葡萄糖酸钙解毒。用5%碳酸氢钠、0.05%高锰酸钾洗胃或灌肠,内服盐类泻剂。用止血敏、维生素K止血。使用消炎药治疗胃肠炎。静脉注射10% ~25%的葡萄糖溶液、安钠咖、葡萄糖酸钙;糟中毒主要是酒糟中毒,应立即停喂酒糟,用1%碳酸氢钠1 000 ~2 000mL内服或灌肠,同时内服缓泻剂,如硫酸钠30g,植物油150mL,加适量水混合后内服,并静脉注射5%葡萄糖生理盐水500mL,加10%氯化钙液20 ~40mL,效果更好。可用10% ~20%安钠咖5 ~10mL强心。糠类饲料喂猪中毒是因为糠麸腐败霉变引起,所以与霉饲料中毒治疗方法相同。

六、食盐中毒

(一) 病因

配制饲料时,添加食盐过量或鱼粉含盐量过高都导致食盐总量超标。或者是利用酱渣、酱油渣、咸菜水及咸的剩饭剩菜等含盐量高的饲料喂猪均可造成中毒。饮水不足也可促使本病发生。

(二) 预防

根据猪的不同生长阶段,按照日粮标准添加食盐,防止过量,并供给充足的饮水,以利于体内多余的氯离子和钠离子随尿液排出,维持体液离子动态平衡。要限制酱渣、酱油渣以及咸的剩菜剩饭的饲喂量,并与其他饲料混喂。

(三) 治疗

停喂含盐高的饲料,供给充足清洁饮水,但要防止暴饮,以免加重脑水肿,使病情恶化。为了使脑内脱水和降低脑内压,可静脉注射20%甘露醇,按每千克体重0.5 ~1.0g,缓慢注射。为缓解神经症状,静脉注射5%葡萄糖酸钙50 ~100mL。病猪兴奋不安时,可肌肉注射氯丙嗪,每千克体重1 ~3mg。促进利尿,可口服双氢克尿噻,每千克体重0.5mg,同时加入溴化钾5 ~10g。另外肌肉注射10%的安钠咖5 ~10mL强心。

任务二　预防营养代谢病

一、佝偻病

（一）病因

本病是仔猪生长迅速，发育期软骨内骨化障碍的一种营养不良性疾病。仔猪患佝偻病的主要原因是缺磷，成年猪患软骨病主要是钙的缺乏。维生素 D 不足与缺少日光照射，可妨碍钙及磷的代谢从而诱发本病。

（二）预防

饲喂全价配合饲料，禁止饲喂单一饲料。根据猪的生长、妊娠、泌乳等不同生理阶段的需要，给予各种含钙、磷比例合理的矿物质饲料和维生素 D。有条件的猪场，可饲喂青绿多汁饲料。猪舍保持光照、暖和、干燥、清洁而且通风良好的卫生环境。有放牧条件的应加强放牧。

（三）治疗

补充哺乳母猪的维生素 D 的需要量，确保冬季猪舍有足够日光照射和摄入经太阳晒过的青干草。饲料中补加鱼肝油或经紫外线照射过的酵母，饲喂配合饲料，补充骨粉、鱼粉、磷酸钙以平衡钙、磷。注射或口服碳酸钙、磷酸钙、乳酸钙 2～10g 内服，葡萄糖氯化钙，成年母猪也可用 10% 的葡萄糖酸钙 50～100mg 静脉注射，隔日一次，注射 2～3 次。也可肌肉注射维丁胶钙 2～4mL，配合维生素 D 应用，有很好的疗效。

二、白肌病

（一）病因

白肌病是一种急性非传染性疾病。多发生在 20 日龄以后的小猪，成年猪很少发病，每年的 3～4 月份为多发季节。发病的原因尚不完全肯定，但一般认为是由于缺乏微量元素硒和维生素 E 引起。本病多发生于山区、半山区、沙土地和沼泽地带。因为这些地区土地中可溶性的硒容易被雨水冲刷流失或向土地深层渗透，以致植物不能吸收，使饲料中硒的含量不足或缺乏。另外，玉米、豆类等饲料保管不当，变质酸败时，可使其所含的维生素 E 破坏，长期用这样的饲料喂猪，可引起维生素 E 不足或缺乏。如果长期给猪饲喂缺乏硒或维生素 E 的饲料，就不能满足猪生长发育的需要，使其肌肉的代谢过程发生障碍，从而引起肌纤维变性、坏死。

（二）预防

主要预防措施是加强饲养管理。饲料要多样化，特别是怀孕母猪，应当给予足够的青绿饲料，尤其是冬季，要给予含丰富维生素A和E的饲料，如胡萝卜、黄玉米、豆类等。发病的猪场，怀孕母猪在临产前半月左右，可给予亚硒酸钠10mg，混入饲料喂服，产后再给1次。可能的话，给怀孕母猪配合注射或喂鱼肝油更好。山区、半山区、沙土地和沼泽地区，应设法由外地调换饲料，搭配饲喂，或在日粮中混入亚硒酸钠5~10mg饲喂。不要用变质酸败的玉米、豆类等饲料喂猪。

（三）治疗

对个别病猪可用0.1%亚硒酸钠溶液1~2mL，肌肉注射，20天后再重复注射一次，同时喂给维生素E 300mg。对大群猪发病时，可在饲料中添加亚硒酸钠0.05mg或用0.1mg/kg亚硒酸钠饮水，每周一次，连喂2周，共计2次，同时喂饲维生素E 300mg。

三、维生素A缺乏症

（一）病因

维生素A缺乏症是体内维生素A或胡萝卜素长期摄入不足或吸收障碍所引起的一种慢性营养缺乏症，以夜盲、干眼病、角膜角化、生长缓慢、繁殖功能障碍及脑和脊髓受压为特征，仔猪和育肥猪易发，成年猪少发。饲料中胡萝卜素或维生素A受日光曝晒、酸败、氧化等，饲料单一或配合日粮中维生素A的添加量不足均会导致本病的发生。母乳中维生素A含量低下，过早断奶可引起仔猪维生素A缺乏。机体维生素A或胡萝卜素的吸收、转化、储存、利用发生障碍是内源性病因。妊娠、哺乳期母猪及生长发育快速的仔猪对维生素A需要量增加，或长期腹泻、患热性疾病时维生素A排出和消耗增多，均可引起维生素A缺乏。此外，饲养管理不良、缺乏运动等因素亦可促进发病。

（二）预防

主要预防措施是保持饲料中有足够的维生素A原或维生素A。日粮中应有足量的青绿饲料、优质干草、胡萝卜、块根类等富含维生素A的饲料。妊娠母猪在分娩前40~50天注射维生素A或内服鱼肝油、维生素A浓油剂，可有效地预防初生仔猪的维生素A缺乏。

（三）治疗

用维生素AD注射液治疗。母猪2~5mL，仔猪1mL，肌肉注射；可以直接用维生素A注射液。1次肌肉注射2.5万~5万IU；也可用1次口服鱼肝油。母猪20mL，仔猪3mL。

四、仔猪营养性贫血

（一）病因

仔猪营养性贫血主要是由铁不足或缺乏引起。仔猪出生后前几周，生长发育迅速，全血容量增长快，每天需铁7~15mg，而母乳供给的铁每天仅为1mg，于是动用体内极其微量的贮存铁(含量为40～47mg)。而此期仔猪若生长在以水泥或木板为地面的猪舍内不能与土壤接触,失去了对铁的摄取来源,同时又没有采取人工补铁措施,而使仔猪缺铁严重;加上仔猪出生后7天内胃液缺乏盐酸,获得的铁就更少了,结果血红蛋白合成不足而出现生理性贫血。另外,仔猪补饲日粮中碳酸钙和锰的含量过多可以引起条件性缺铁和贫血,这主要是由于碳酸钙和锰都对铁的吸收具有拮抗作用。当日粮中蛋白质、铜、钴、锌、维生素 B_{12}、叶酸、烟酸、硫胺素、核黄素等缺乏时,也可引起或促进仔猪营养性贫血的发生。磷酸、植酸、鞣酸、草酸等均能与铁结合,阻碍铁的吸收,日粮中这些物质的含量过高,同样可促进本病的发生。

(二)预防

首先,对妊娠后期和哺乳母猪多喂富含蛋白质、铁、钴、锌、维生素A和B族、维生素E的饲料,并适当增加青绿多汁饲料,保证充足高质的母乳供给。其次,加强仔猪的饲养管理,在气候条件许可时,让仔猪在自然环境中有充足的运动和光照;多给仔猪接触土壤的机会并提前开食,增加铁、铜元素和矿物质的摄取。对在水泥、木板地面的猪舍内长期喂饲仔猪,应在3～5日龄即开始补加铁剂,其方法是将铁铜合剂撒在土盘或粒料内,或涂于母猪乳头上,或逐头按量灌服;也可于3日龄肌肉注射右旋糖酐铁100～150mg。

(三)治疗

用右旋糖酐铁(葡聚糖铁)注射液。深部肌肉注射,每头仔猪100～200 mg/次,必要时隔周再注射1次,可以使用血多素注射液。深部肌肉注射,每头仔猪注射1mL;也可以用葡聚糖铁钴注射液。生后4～10日龄的仔猪2mL/次,重症贫血隔2日同等剂量重复注射1次。

五、维生素B缺乏症

维生素B族是一组水溶性维生素,包括维生素 B_1、维生素 B_2、维生素 B_6、维生素 B_{12}、叶酸、泛酸等。

(一)病因

猪长时间摄入维生素B不足,可致缺乏。维生素B在青绿饲料、酵母、麸皮、米糠及发芽的种子中含量最高,只有玉米缺乏烟酸,但有些饲料中缺乏一种或几种B族维生素,如玉米中维生素 B_1、维生素 B_2、泛酸、烟酸、胆碱等B族维生素含量极低。如果饲料单一,长时间饲喂可造成维生素B的不足或缺乏。动物患慢性胃肠病、长期腹泻或患有高热等消耗性疾病,维生素B族吸收减少,消耗增加;长期、大量应用抗生素等能抑制维生素B的合成;妊娠、哺乳期母畜,仔猪代谢旺盛,维生素B需求增加;仔猪由于初乳、母乳中维生素B含量不足或缺乏等均可造成维生素B缺乏症。

（二）预防

对猪维生素 B 缺乏症的预防措施主要有以下两点：

（1）调整日粮组成，添加复合维生素饲料添加剂，补充富含维生素 B 的全价饲料或及青绿饲料。

（2）根据猪所处的生理状态的营养需要，及时添加。

（三）治疗

维生素 B 缺乏症主要是维生素 B_1 缺乏症和维生素 B_2 缺乏症。维生素缺乏症治疗的原则是缺什么补什么，缺多少补多少。治疗维生素 B_1 缺乏症用维生素 B_1 注射液，25kg 体重的猪给 200mg，采用肌肉或皮下注射，每日 1 次，连用 3 天。治疗维生素 B_2 缺乏症用维生素 B_2 注射液，肌肉注射，每天 1 次，用量 10～30mg，连用 5 天。

任务三　综合防控猪的疾病

应用生物安全技术养猪，可以防止猪病的发生与传播，保证猪只安全生产及猪肉的安全性，提高养猪的经济效益，促进养猪业的发展。疾病是影响猪的性能和限制养猪效益的主要因素之一。在 20 世纪 80 年代后期，新的猪病不断出现，而且通过药物来控制疾病变得越来越困难，费用也越来越高，因此通过生物安全的预防措施和改善饲养环境，得到了高度重视。由于疾病造成的损失，远比防控措施花去的成本多得多。所以集约化猪场必须严格执行一套综合的生物安全措施，从而最大限度地防止疾病传入和在猪场内传播。

一、建立猪群健康的监测体系

建立健康监测体系的目的是：及时发现亚临床症状，早期控制疫情，把疾病消灭在萌芽状态；及时解决营养、饲料以及管理等方面存在的问题；及时改进环境条件的不利因素。猪群健康的监测主要是通过对猪群的观察、测量、测定、统计等来实现的。

（一）猪群观察

猪场技术员和兽医每日至少巡视猪群 2～3 遍，结合遥控监测系统对猪场的整个生产环境实施全天候监测，并经常与饲养员取得联系，互通信息，以掌握猪群动态。不管是饲养员还是技术人员，观察猪群要认真、细致，掌握好观察技术、观察时机和方法。生产上可采用“三看”，即平时看精神，喂饲看食欲，清扫看粪便。并应考虑猪的年龄、性别、生理阶段、季节、温度、空气等，有重点、有目的的观察。对观察中发现的不正常情况，应及时分析，查明原因，尽早采取措施加以解决。如果属一般疾病，应采取对症治疗或淘汰，如果是烈性传染病，则应立即捕杀，妥善处理尸体，并采取紧急消毒、紧急免疫接种等措施，防止其蔓延扩散。对异常猪应及时淘汰，提高生产水平，减少耗料和用药，更有利于维护全群的安全，因为这些猪往往对传染病易感或者带菌带毒，是危险的传染源或潜在的传染源。

（二）测量统计

特定的品种或杂交组合，要求特定的饲养管理水平，并同时表现特定的生产水平。通过测量统计，便可了解饲养管理水平是否适宜，猪群的健康是否在最佳状态。低劣的饲养管理水平，发挥不出猪的最大遗传潜力，同时也降低了猪的健康水平。

猪所表现的生产力水平的高低是反映饲养管理好坏和猪健康状况的标志。例如，猪的受胎率低、产仔数少，往往与配种技术不佳、饲养管理不当和某些疾病有关；出生重低与母猪怀孕期营养不良有关；21 天窝重小、整齐度差与母乳不足、补料过晚或不当、环境不良或受到疾病侵袭有关；肉猪日增重低、饲料报酬差的原因有可能是猪群中潜藏某些慢性疾病或饲养管理不当。

（三）饲料监测

饲料中的营养是猪生长、发育、繁殖、育肥以及健康的基础。目前饲料种类繁多，在生产中应用效果大不相同。由于饲料原料自然变异、加工方法与技术的不同、掺杂使假、不当储藏等因素，造成饲料营养缺乏、不平衡或出现有毒有害物质，不仅降低了猪的生产性能，而且危及猪的健康，所以必须建立饲料监测体系。

从 1984 年开始，国家和地方投入大量的人力物力，用于我国饲料监测体系的建设，到 2000 年为止，全国饲料质量监督检验体系的法规体系、质检体系和标准化体系已基本建成。《中华人民共和国产品质量法》《中华人民共和国标准化法》《中华人民共和国计量法》《饲料和饲料添加剂管理条例》《饲料卫生标准》等以及与《饲料和饲料添加剂管理条例》相配套的“生产许可证管理办法”“户品批准文号管理办法”“进口产品登记制度”“饲料标签管理制度”“新品种管理制度”和“允许使用的饲料添加剂品种目录”等管理制度的颁布实施，标志着我国饲料质检工作有法可依。

（四）环境监测

环境监测主要是指对大气、水质、土壤、污水等进行监测，有计划地调查环境污染对猪群的危害情况。如果发现污染，必须进一步追查其污染源及污染原因，以掌握污染的变化与趋势。通过对长期连续监测资料的综合分析，并在对污染范围、程度、影响等规律了解的基础上，为合理布局、制定全面规划、控制污染、保护猪场环境、保证猪产品质量提供科学依据。

二、建立猪生产安全体系的措施

（一）猪场的选址选择

猪场的场址是猪病防制中的关键因素之一。传染病传播的天然屏障就是距离。在养猪密集的地区是很难防止某些高度接触性的传染病不传入邻近猪场的，因此，猪场最好应选在远离其他养殖场和交通要道的隔离区内，并建在上风区。另外，猪场的环境也是引起猪发病不可忽视的因素，猪场应选择在空气清新、水质良好、土壤未被污染的生态环境地区，远离生活居民区、屠宰场、畜产品加工厂等。

（二）控制传染因子进入猪场

1. 坚持自繁自养，严格引猪制度

坚持自繁自养是建立猪场生物安全体系的重要环节，引进新猪是迄今为止最重要的猪病传入途径之一。细菌、病毒、真菌、支原体和内寄生虫等都会随买进猪只一起进入猪场。特别是购进无临床症状的带毒种猪可造成巨大损失。在目前的技术条件下，一般猪场对引进种猪由于缺乏有效的监测手段，因此当引进新猪种时，必须了解来源猪群的健康状况，要求供猪者出示原猪场疫病免疫情况、驱虫记录以及当地的疫病流行情况。实施严格的检疫，隔离观察3～4周，经认定确已安全，体表消毒后方可转入猪舍饲养。这是控制外源传染因子进入猪场的有效措施。

2. 控制人员进出猪场

在猪场，人员进出是容易被忽视的环节，人员有可能会造成病原微生物的传入，既包括机械性也包括生物性的传播。当人员接触了患猪或被病原微生物污染的设施之后再进入猪场，就会发生机械性传播。对于既感染人又感染猪的病原微生物，则可能通过人员造成生物性传播。感染了这种病原微生物的人员接触猪之后，就可能将病原微生物传给猪。所以要加强猪场人员的生物安全意识教育，增强防范意识。原则上猪场谢绝参观，对外来人员要求换穿工作服、鞋、帽，并经消毒后方可进入生产区，且只能外观，不可入内。

3. 加强进出场的车辆管理

猪场的车辆或外来的车辆，它们接触的东西很多，车身就可能成为传染因子的携带者，是猪场发病的隐患。因此，对于车辆应尽可能停在场外，必须进入的，车轮和车身要消毒。

4. 禁止其他动物进入场内

动物是将新疾病引入猪场的最重要的危险因素之一，如老鼠、狗、猫、鸟、蚊、蝇等。猪场内应禁止养狗和猫，并且要尽可能消灭老鼠和昆虫。

5. 不使用被污染的饲料

选择合适的饲料厂，其原料不能含有污染源；谨慎使用动物性饲料（如肉骨粉）；所购饲料必须先放仓库中干燥消毒1周后方可使用。

（三）控制传染因子在猪场内产生与传播

1. 合理安排猪舍布局

各阶段猪舍由上风向到下风向依次安排为：配种舍→妊娠母猪舍→产房→带仔母猪

舍→保育舍→育成舍→育肥舍→出猪台，并实行隔离饲养。

2. 各类猪群严格执行“全进全出”制度饲养

尽量做到同日龄范围内的猪全进全出，只要不重新引进猪只，在一定时间内出完，也算全出。全进全出并不强调一场一地的大规模全进全出，一栏或一舍也可用全进全出。采用全进全出的饲养方式可阻断猪个体间疾病的横向传播。

3. 猪场人员不许串舍，饲养工具不许交叉使用

不同猪群的饲养人员不能串舍，饲养工具不能借用，以防猪病的传播或交叉感染。技术员检查猪群情况时，必须穿工作服、戴帽、换鞋。检查顺序应该是从健康猪到病猪，从小猪到大猪。然而，实际生产中很难做到这一点。但至少应做到，人员在患病猪的猪舍或附近工作过或接触过死亡猪之后应先将身体上暴露部位的可视污染物洗净，换上干净的外套和靴子，才能到健康猪的区域活动。戴手套可降低手的操作带来的感染，但手套不能代替洗手。原则上讲，进入不同类型的猪群都应更换服饰。

4. 定期免疫接种，保护易感猪群

常规免疫接种是生物安全的基本措施。免疫接种的目的可分为预防和控制两种。对于大多数流行病来说，免疫接种旨在预防动物免受感染。在本地区不存在某些传染病时，是否要接种应该视被传播的危险性而定。制定一套良好的免疫程序是预防疾病暴发的保证。

5. 加强饲养管理，提高猪体的抵抗力

应用科学的饲养管理技术，可提高猪的非特异性抗病能力。全价的配合饲料，可以满足猪的营养需要，防止营养缺乏或过剩而引起的抵抗力下降或产生免疫抑制。良好的通风可大大降低疾病的发病率，尤其是呼吸道疾病，而在猪场密集的地区，这个问题尤其突出。良好的通风可使猪舍干燥，而干燥则可使绝大部分病原体死亡。环境条件差（如通风不良、潮湿、拥挤、炎热、寒冷以及肮脏等），易引起猪的应激反应，损害猪的免疫系统从而降低对猪对病原体的抵抗力。

6. 采用人工授精配种

人工授精技术的应用不再需要公猪的移动，避免了因公、母猪接触所可能带来的接触性疾病的传播。但人工输精并不是不可能带来疾病，有的疾病是可以通过精液传播的，如猪瘟病毒、猪繁殖—呼吸综合征病毒、猪伪狂犬病毒等。因此，在输精前对精液做常规检查的同时，应该检查精液中是否带有病毒。

7. 早期隔离断奶（SEW）和多点生产模式的应用

通常情况下，高日龄猪身上所携带的微生物种类较多，对于低日龄猪来说，高日龄猪就是传染源。1993 年以来，美国开始试行了一种新的养猪法，称之为 SEW，即早期隔离断

奶。其核心内容是母猪在分娩前按常规程序进行有关免疫注射，初生仔猪保证吃到初乳后，按常规程序进行预防注射，根据本猪群需根除的疾病，在10～20天之间进行断奶，然后将仔猪在隔离条件下进行保育饲养。SEW认定母猪是最危险的传染源，因为绝大多数成年母猪以及很多进入繁殖年龄的后备母猪在某些传染病的血清学检验中结果是阳性的。对许多疾病，母体自身是安全的、有免疫力的，但它却可以使这些疾病在无临床症状的情况下，当初乳的免疫力在仔猪出生后10～20天逐渐消失时传播给仔猪。采用早期隔离断奶就可阻断猪个体间疾病的纵向传播。早期隔离断奶的断奶年龄取决于猪场疾病种类和相应的被动免疫抗体的保护时间之间的关系。保育仔猪舍要与母猪舍及生产猪舍分离开，隔离距离3km左右，根据隔离条件不同而异。

8. 无特定病原(SPF)猪生产技术的应用

SPF猪是指无特定的病原微生物和寄生虫感染的猪。无特定病原是指无猪的喘气病、萎缩性鼻炎、传染性肠胃炎、血痢、弓形体、伪狂犬病等疾病的病原体。在猪生产中，完全采用SPF猪生产技术是比较困难的，但有的技术可以借鉴。如猪生产时，可用剖宫产或自然分娩无菌接产，剖腹取胎隔断特定病原比较彻底，但所需设备复杂，操作难度大，投资多。因此，目前大多采用自然分娩无菌接产法，临产前，对猪体、环境、用具及接产人员进行消毒。接产时，让仔猪不要接触地面，直接送入处理室。

9. 废弃物的处理

健康猪的粪、垫料等废弃物应用专车通过专用通道运出，经发酵后进行无害化处理；对病猪的粪、垫料及死猪进行焚化或发酵处理；厕所设置化粪池，避免粪水直接进入环境。

10. 定期消毒

消毒可以极大地减少猪场内外环境中的病原微生物，降低疫病的发生率。对各类猪舍，出去一批猪后，应经清洗消毒后方允许进入新的猪群。

主要参考文献

[1]苏振环. 现代养猪实用百科全书. 北京:中国农业出版社,2004.

[2]杨公社. 猪生产学. 北京:中国农业出版社,2002.

[3]高翔. 畜禽无公害高效养殖实用新技术. 北京:中国农业出版社,2003.

[4]田振洪. 家畜无公害饲料配制技术. 北京:中国农业出版社,2003.

[5]李立山,张周. 养猪与猪病防治. 北京:中国农业出版社,2006.

[6]李和国. 猪的生产与经营. 北京:中国农业出版社,2001.

[7]韩俊文. 养猪学. 北京:中国农业出版社,1999.

[8]冯继金. 种猪饲养技术与管理. 北京:中国农业大学出版社,2003.

[9]覃能斌,杜宗亮. 仔猪科学饲养新技术. 北京:中国农业出版社,2006.

[10]耿明杰. 畜禽繁殖与改良. 北京:中国农业出版社,2006.

[11]许振英. 家畜饲养学. 北京:农业出版社,1980.

[12]苏振环,陈隆等. 科学养猪. 北京:金盾出版社,1995.

[13]陈清明,王连纯. 现代养猪生产. 北京:中国农业大学出版社,1997.

[14]山西农业大学,江苏农学院主编. 养猪学. 北京:农业出版社,1982.

[15]张仲葛,等. 中国猪品种志. 上海:上海科学技术出版社,1986.

[16]许振英. 中国地方猪种种质特性. 杭州:浙江科学技术出版社,1989.

[17]王爱国. 现代实用养猪技术. 北京:中国农业出版社,2002.

[18][美]国家研究委员会著,谯仕彦等译. 猪营养需要(第10版). 北京:中国农业大学出版社,1998.